环境影响评价实用手册

赵济洲　编著

中国纺织出版社

内 容 提 要

《环境影响评价实用手册》系统地讲解了环境影响评价人员应该掌握的职业技能。包括人际关系的处理、现场调研、环境影响评价文件的质量把关、环境影响评价机构经营风险的防范、环境影响评价人员的修养与素质、环境影响报告书（表）的编写、如何获得环境影响评价基础知识、环保管家服务、排污许可证制度、环境保护税法常识等内容。书后收录了环境影响评价人员经常用到的一些规章制度。

本书为想从事环境影响评价工作的学生，环保审批工作人员，环境影响评价机构管理人员、开发人员、技术人员提供了宝贵的实战经验和必备的相关规章制度，是环境影响评价工作必备的工具书。

图书在版编目（CIP）数据

环境影响评价实用手册/赵济洲编著. --北京：
中国纺织出版社，2018.9（2024.3重印）
ISBN 978-7-5180-5296-7

I.①环… II.①赵… III.①环境影响—评价—中国
—手册 IV.①X820.3-62

中国版本图书馆 CIP 数据核字（2018）第 172304 号

策划编辑：孔会云　　责任编辑：沈　靖　　责任校对：寇晨晨
责任印制：何　建

中国纺织出版社出版发行
地址：北京市朝阳区百子湾东里 A407 号楼　邮政编码：100124
销售电话：010—67004422　传真：010—87155801
http://www.c-textilep.com
E-mail:faxing@c-textilep.com
中国纺织出版社天猫旗舰店
官方微博 http://weibo.com/2119887771
北京兰星球彩色印刷有限公司印刷　各地新华书店经销
2018 年 9 月第 1 版　2024 年 3 月第 2 次印刷
开本：787×1092　1/16　印张：18
字数：390 千字　定价：98.00 元

前 言

环境是人类赖以生存和发展的基本条件。人类生产和生活既可以有意识地改造自然环境，又能不由自主地影响环境。环境影响评价就是为了科学地引导人类活动，落实科学发展观，尽可能减小人类活动对环境的不良影响。从 20 世纪 60 年代初环境影响评价概念的提出，到 21 世纪初我国环境影响评价法的颁布实施，环境影响评价已经成为环境管理过程中一项重要的制度，并且也成为环境科学体系中的一门专业学科。

我国的环境影响评价经历了近四十年的历程，从最初的理论探索发展到目前，已经形成了较为完整的法律法规、技术导则、评价标准和管理体系。环境影响评价制度的建立和贯彻执行，对于保障我国社会经济可持续发展起着不可替代的作用，今后其作用更将日益彰显。

作者三十多年来一直从事环境影响评价工作，编制和审核了几十部报告书、上千册报告表，工作中积累了很多经验和教训。鉴于目前环境影响评价行业中实操性图书不多，遂将长期以来在工作中的经验和心得进行总结，将从事该工作的必备知识进行归纳整理，编撰成书。希望此书的出版能让从事这一职业的人们顺利掌握基本职业技能，少摔跤，少走弯路。

本书共分六章。第一章为环境影响评价业务概述；第二章为环境影响报告书（表）的编写；第三章为环境影响评价基础知识；第四章为环保管家服务；第五章为排污许可制度；第六章为环境保护税法常识；书后附录了环境影响评价从业人员经常用到的一些国家标准和规章制度。

本书编写过程中得到了中国环境科学院任阵海院士的指导和帮助，得到了中国纺织工程学会毕国典副理事长的大力支持和帮助，在此表示衷心的感谢。

由于作者水平有限，不妥之处敬请同行批评指正。

谨以此书献给热爱环境影响评价事业、愿为祖国环保事业做出奉献的人们。

编者

2018 年 3 月于北京

目　录

第一章 环境影响评价业务概述

第一节 环境影响评价制度的重要性

一、保证建设项目选址和布局的合理性

合理的经济布局是保证环境与经济持续发展的前提条件，而不合理的布局则是造成环境污染的重要原因。环境影响评价（简称环评）从建设项目所在地区的整体出发，考察建设项目的不同选址和布局对区域整体的不同影响，并进行比较和取舍，选择最有利的方案，保证建设选址和布局的合理性。

二、指导环境保护设计，强化环境管理

一般来说，开发建设活动和生产活动，都要消耗一定的资源，给环境带来一定的污染与破坏，因此，必须采取相应的环境保护措施，环境影响评价针对具体的开发建设活动和生产活动，综合考虑开发活动特征和环境特征，通过对污染治理设施的技术、经济和环境论证，可以得到相对最合理的环境保护对策和措施，把因人类活动而产生的环境污染或生态破坏限制在最小范围。

三、为区域的社会经济发展提供导向

环境影响评价可以通过对区域的自然条件、资源条件、社会条件和经济发展等进行综合分析，掌握该地区的资源、环境和社会状况，从而对该地区的发展方向、发展规模、产业结构和产业布局等做出科学的决策和规划，指导区域活动，实现可持续发展。

四、促进相关环境科学技术的发展

环境影响评价涉及自然科学和社会科学的广泛领域，包括基础理论研究和应用技术开发。环境影响评价中遇到的问题，必然会对相关环境科学技术提出挑战，进而推动相关环境科学技术的发展。

第二节 环境影响评价工作的进展

1979 年 9 月，《中华人民共和国环境保护法（试行）》颁布，规定："一切企业、事业单位的选址、设计、建设和生产，都必须注意防止对环境的污染和破坏。在进行新建、改建和扩建工程中，必须提出环境影响报告书，经环境保护主管部门和其他有关部门审查批准后

才能进行设计。"我国的环境影响评价制度正式确立。2002 年 10 月 28 日，第九届全国人大常委会通过《中华人民共和国环境影响评价法》并于 2003 年 9 月 1 日起正式实施。环境影响评价从项目环境影响评价进入到规划环境影响评价，这是环境影响评价制度的最新发展。

一、我国环境影响评价工作的进展

1. 引入和确立阶段（1973~1979 年）

从 1973 年第一次全国环境保护会议后，环境影响评价的概念开始引入我国。高等院校和科研单位的一些专家、学者，在报刊和学术会上，宣传和倡导环境影响评价，并参与了环境质量评价及其方法的研究。同年，"北京西郊环境质量评价研究"工作组成立，随后，官厅流域、南京市、茂名市开展了环境质量评价。

1977 年，中国科学院召开"区域环境学"讨论会，推动了大中城市环境质量现状评价，北京市东南郊、沈阳市、天津市河东区、上海市吴淞区、广州市荔湾区、保定市、乌鲁木齐市等，相继开展了环境质量现状评价。同时，也开展了松花江、图们江、白洋淀、湘江及西湖等重要水域的环境质量现状评价。

1978 年 12 月 31 日，中发［1978］79 号文件批转的国务院环境保护领导小组《环境保护工作汇报要点》中，首次提出了环境影响评价的意向。1979 年 4 月，国务院环境保护领导小组在《关于全国环境保护工作会议情况的报告》中，把环境影响评价作为一项方针政策再次提出。在国家支持下，北京师范大学等单位率先在江西永平铜矿开展了我国第一个建设项目的环境影响评价工作。

1979 年 9 月，《中华人民共和国环境保护法（试行）》颁布，规定："一切企业、事业单位的选址、设计、建设和生产，都必须注意防止对环境的污染和破坏。在进行新建、改建和扩建工程中，必须提出环境影响报告书，经环境保护主管部门和其他有关部门审查批准后才能进行设计。"我国的环境影响评价制度正式确立。

2. 规范和建设阶段（1979~1989 年）

环境影响评价制度确立后，相继颁布的各项环境保护法律、法规不断对环境影响评价进行规范，并通过部门行政规章，逐步明确了环境影响评价的内容、范围和程序，环境影响评价的技术方法也不断完善。

1989 年颁布的《中华人民共和国环境保护法》第十三条中规定："建设污染环境的项目，必须遵守国家有关建设项目环境管理的规定。""建设项目的环境影响报告书，必须对建设项目产生的污染和对环境的影响进行评价，规定防治措施，经项目主管部门预审，并依照规定的程序报环境保护行政主管部门批准。环境影响报告书经批准后，计划部门方可批准建设项目设计任务书。"在这一条款中，对环境影响评价制度的执行对象和任务、工作原则和审批程序、执行时段和与基本建设程序之间的关系做了原则规定，是行政法规中具体规范环境影响评价制度的法律依据和基础。

1982 年颁布的《中华人民共和国海洋环境保护法》第六条、第九条和第十条，1984 年颁布的《中华人民共和国水污染防治法》第十三条，1987 年颁布的《中华人民共和国大气污染防治法》第九条，1988 年颁布的《中华人民共和国野生动物保护法》第十二条以及 1989 年颁布的《环境噪声污染防治条例》第十五条等，都有类似规定。配套制定的部门行政规章保证了环境影响评价制度的有效执行，环境影响评价的技术方法也进行了广泛研究和探讨，取得明显进展。这一阶段主要的部门行政规章如下。

（1）《基本建设项目环境保护管理办法》，国家计委、国家经贸委、国家建委、国务院环境保护领导小组 1981 年 12 号文，明确把环境影响评价制度纳入基本建设项目审批程序中。

（2）《建设项目环境保护管理办法》，国务院环境保护委员会、国家计委、国家经贸委 [86] 国环字第 003 号，对建设项目环境影响评价的范围、程序、审批和环境影响报告书（表）编制格式都做了明确规定。

（3）国家环境保护局 1986 年颁布的《建设项目环境影响评价证书管理办法（试行）》，确立了环境影响评价的资质管理要求，并据此核发综合和单项环境影响评价证书 1536 个，建立了一支环境影响评价的专业队伍。

（4）《关于颁发建设项目环境影响评价收费标准的原则与方法（试行）的通知》国家环境保护局、财政部、国家物价局 [89] 环监字第 141 号，确定了环境影响评价"按工作量收费"的收费原则。

同时制定的主要部门行政规章还有《关于建设项目环境影响报告书审批权限问题的通知》，国家环保局 [86] 环建字第 306 号；《关于建设项目环境管理问题的若干意见》，国家环保局 [88] 环建字第 117 号；《关于重申核设施环境影响报告书审批程序的通知》，国家环保局环监辐字 [89] 第 53 号；《建设项目环境影响评价证书管理办法》，国家环保局 [89] 环监字第 281 号，将环境影响评价证书改为甲级和乙级。

各地方也根据《建设项目环境保护管理办法》制定了适用于本地的建设项目环境影响评价行政法规，各行业主管部门也陆续制订了建设项目环境保护管理的行业行政规章，初步形成了国家、地方、行业相配套的建设项目环境影响评价的多层次法规体系。

3. 强化和完善阶段（1990~1998 年）

从 1989 年 12 月 26 日通过《中华人民共和国环境保护法》到 1998 年国务院颁布《建设项目环境保护管理条例》，是建设项目环境影响评价强化和完善的阶段。

《中华人民共和国环境保护法》第十三条重新规定了环境影响评价制度，并且随着我国改革开放的深入发展和社会主义计划经济向市场经济转轨，建设项目的环境保护管理也不断地得到改革和强化。这期间加强了国际合作与交流，进一步完善了中国的环境影响评价制度。针对建设项目的多渠道立项和开发区的兴起，1993 年国家环境保护局及时下发了《关于进一步做好建设项目环境保护管理工作的几点意见》，提出了先评价、后建设，环境影响评价分类指导和开发区进行区域环境影响评价的规定。随着外商投资和国际金融组织贷款项目的增多，1992 年，国家环境保护局和外经贸部联合颁发了《关于加强外商投资建设项目环境保护管理的通知》；1993 年国家环境保护局、国家计委、财政部、中国人民银行联合颁布了《关于加强国际金融组织贷款建设项目环境影响评价管理工作的通知》。为规范第三产业的蓬勃发展，1995 年国家环保局、国家工商行政管理局又联合颁发《关于加强饮食娱乐服务企业环境管理的通知》。

1994 年起，开始了环境影响评价招标试点，国家环境保护局选择上海吴泾电厂、常熟氟化工厂等十几个项目陆续进行了公开招标，甘肃、福建、陕西、辽宁、新疆、江苏等省（自治区）也积极进行了招标试点和推广，江苏、陕西、甘肃等省还制订了较规范的招标办法，对提高环境影响评价质量、克服地方和行业的狭隘保护主义起到了积极推动作用。这期间马鞍山市、海南洋浦开发区、浙江大榭岛、兰州西固工业区等有影响的区域开发活动都进行了区域环境影响评价，开发区的环境管理也得到明显加强。

环境影响评价技术规范的制订工作得到加强，1993~1997 年，国家环境保护局陆续发布了《环境影响评价技术导则》（总纲、大气环境、地表水环境、声环境）、《辐射环境保护管理导则》、《电磁辐射环境影响评价方法与标准》及《火电厂建设项目环境影响报告书编制规范》《环境影响评价技术导则》（非污染生态影响）等。

1996 年召开了第四次全国环境保护工作会议，各级环境保护主管部门认真落实《国务院关于环境保护若干问题的决定》，严格把关，坚决控制新污染，对不符合环境保护要求的项目实施"一票否决"。各地加强了对建设项目的审批和检查，并实施污染物总量控制，环境影响评价中提出了"清洁生产"和"公众参与"的要求，强化了生态影响评价，环境影响评价的深度和广度得到进一步扩展。国家环境保护局又开展了环境影响后评价试点，对海口电厂、齐鲁石化等项目做了认真的后评价研究，积累了宝贵经验。

4. 提高阶段（1999~2002 年）

1998 年 11 月 29 日，国务院 253 号令颁布实施《建设项目环境保护管理条例》，这是建设项目环境管理的第一个行政法规，环境影响评价作为其中的一章做了详细明确的规定。

1999 年 1 月 20~22 日，在北京召开了第三次全国建设项目环境保护管理工作会议，认真研究贯彻《建设项目环境保护管理条例》，把中国的环境影响评价制度推向了一个新的阶段。1999 年 3 月，国家环境保护总局令第 2 号公布《建设项目环境影响评价资格证书管理办法》，对评价单位的资质进行了规定；1999 年 4 月，国家环境保护总局《关于公布建设项目环境保护分类管理名录（试行）的通知》，公布了分类管理名录；1999 年 4 月，国家环境保护总局《关于执行建设项目环境影响评价制度有关问题的通知》（环发〔1999〕107 号文件），对《建设项目环境保护管理条例》中涉及的环境影响评价程序、审批及评价资格等问题进一步明确。这些部门行政规章成为贯彻落实《建设项目环境保护管理条例》、把环境影响评价推向新阶段的有力保证。

国家环境保护总局还下发了《关于贯彻实施<建设项目环境保护管理条例>的通知》，加强了国家和地方建设项目环境影响评价制度执行情况的检查，环境影响评价制度迈进了继续提高的阶段。

5. 新拓展阶段（2003~2013 年）

2002 年 10 月 28 日，第九届全国人大常委会通过了《中华人民共和国环境影响评价法》并于 2003 年 9 月 1 日起正式实施。环境影响评价从项目环境影响评价进入到规划环境影响评价，是环境影响评价制度的最新发展。

国家环境保护总局依照法律的规定，初步建立了环境影响评价基础数据库；颁布了《规划环境影响评价技术导则（试行）》，明确了规划环境影响评价的基本内容、工作程序、指标体系以及评价方法等；还会同有关部门制定了《编制环境影响报告书的规划的具体范围（试行）》和《编制环境影响篇章或说明的规划的具体范围（试行）》，并经国务院批准，予以发布。制定了《专项规划环境影响报告书审查办法》（国家环保总局令第18号）、《环境影响评价审查专家库管理办法》（国家环保总局令第16号）；设立了国家环境影响评价审查专家库。

为了加强环境影响评价管理，提高环境影响评价专业技术人员素质，确保环境影响评价质量，2004年2月，人事部、国家环境保护总局决定在全国环境影响评价行业建立环境影响评价工程师职业资格制度，对环境影响评价这门科学和技术以及从业者提出了更高的要求。

2008年3月15日，第十一届全国人大第一次会议第五次全体会议通过，成立中华人民共和国环境保护部。说明中国对环境保护事业更加重视，中国的环境保护事业进入了一个崭新的阶段。

6. 新发展阶段（2014年以后）

2014年12月27日，国务院发布了《国务院办公厅关于推行环境污染第三方治理的意见》（国办发〔2014〕69号），首次提出环境污染第三方治理。第三方治理是推进环保设施建设和运营专业化、产业化的重要途径，是促进环境服务业发展的有效措施。环境咨询业紧跟国家形势，提出环境影响评价机构要在经营上转型，提出"1+3"模式，"1"即环境影响评价，加"3"模式即开展环保管家、排污许可申请、生态红线等业务。当前，我国环评机构都在大力开展环保管家、排污许可业务。

2015年1月1日起施行新的《中华人民共和国环境保护法》。2016年1月1日起，施行新的《中华人民共和国大气污染防治法》。2016年9月1日起，施行新的《中华人民共和国环境影响评价法》。

这些新法规的颁布施行，将环境影响评价制度推向新阶段。目前，环境影响评价制度已经深入人心，受到各级政府、各级领导和广大公众的密切关注和支持。

二、国外环境影响评价工作的发展历程

环境影响评价制度始于美国，1969年，美国在《国家环境政策法》中率先用法律形式把环境影响评价制度化。目前，全球100多个国家建立了环境影响评价制度。到目前，环境影响评价制度已经有近40年历程。各国实施环境影响评价制度的情况不同，重视程度也不同。

环境影响评价制度，目前已从项目环境影响评价上升到了战略环境影响评价（SEA），即对规划、计划、政策进行环境可行性评价。

战略环境影响评价是一个全新的概念，主要由英国的N. Lee、C. Wood和F. Walsh等数位学者于20世纪70年代提出，是指对政策（Policies）、计划（Plans）、规划（Programs）（简称3P）及其替代方案的环境影响进行系统的和综合的评价过程。它是在3P层次上及早协调环境与发展关系的一种决策和规划手段，也是实施可持续发展战略的有效工具和手段。

SEA 研究对象的界定为：部门政策，即能源、自然资源、土地利用、交通和环境保护等方面的专门政策；区域政策，如区域发展计划、市政计划、农村发展计划等；间接政策，如科学技术政策、财政金融政策等。可以看出，战略环境影响评价的突出特点是具有高层次性，这是单个项目环境影响评价所不具备的。战略环境评价正是为了弥补目前单个项目环境影响评价的缺陷而提出的，通过 SEA 消除或降低因战略失误造成的环境影响，从战略源头上控制环境问题的产生。

1. 国外战略环境影响评价进展概述

自 20 世纪 80 年代中后期正式提出以来，国际上已经开展了不少研究和实践工作，大多数发达国家和一些发展中国家建立了某些领域的正式的战略环境影响评价制度，已经开展了很多战略环境影响评价工作。

战略环境影响评价思想一般认为起源于美国。欧盟战略环境影响评价指令的实施被认为是一个重大突破，它统一了各成员国在规划和计划层次上的战略环境影响评价程序，在欧盟层次上已经开展了一些部门性的战略环境影响评价，如 1996～1998 年开展的跨欧交通网（Trans-European Transport Network，TEN）的战略环境影响评价研究，它是在此前开发的多模式交通环境影响评价通用方法（COMMUTE）支持下进行的，随后出版了方法手册。

（1）战略环境影响评价重大里程碑事件。1969 年，美国国家环境政策法（NEPA）要求所有联邦机构要考虑和评价立法议案和重大项目提案的环境影响。

1978 年，美国环境质量委员会（USCEQ）发布 NEPA 实施条例，即关于适用于美国国际开发署（USAID）及计划性评价的特定要求。

1989 年，世界银行通过了关于 EIA 的内部指令（O. D. 4. 00），考虑到部门和区域评价。

1990 年，欧洲经济共同体（ECE）发布关于 PPP 环境评价的第一份提案。

1991 年，联合国欧洲经济委员会（UNECE）关于跨界 EIA 协议在芬兰埃斯波签署，促进了 PPP 环评的应用。

1991 年，经济合作与发展组织（OECD）开发援助委员会通过了要求分析和监测援助计划环境影响的原则。

1992 年，联合国开发计划署（UNDP）引入了作为规划工具的环境概略（Environmental Overview）。

1997 年，欧洲委员会（European Commission）发布了关于评价某些规划和计划的环境影响的指令草案，该草案最终于 2001 年通过。

（2）主要国家和地区环境影响评价进展情况。欧盟于 1985 年 6 月颁布了 85/337/EEC 法令，规定了公共和私营项目进行环境影响评价的范围、行业和要求。为了预防欧盟各国工业发展的畸形竞争需要协调欧洲立法，不给日趋流动的欧洲企业转移到立法较松的地方以机会。同时，多数成员国要求最大限度保留其自主性。法令中规定除了应进行环境影响评价的项目外，各成员国还可规定其他类型项目，制定相应的标准和阈值。事实上，在 20 世纪 70 年代，欧盟中的英、法等国就已制定了与环境影响评价相关的条例和规定。1997 年，欧盟发布了《战略环境评价导则（草案）》，要求其成员国最迟在 1999 年底以前开始执行战略环评。

加拿大联邦政府于 1973 年 12 月规定了第一个 EIA 程序，并要求在最终决策前的规划过程中评价联邦计划对环境潜在的不利影响。1990 年，加拿大政府以内阁决议的形式要求所有联邦部门对其提交内阁审查的可能产生环境影响的政策与规划议案并实施 SEA。1993 年初，《加拿大环境影响法》正式实施。

美国的 SEA 始于 1969 年的《国家环境政策法案》，并于 1970 年 1 月 1 日正式实施。法案要求对联邦机构的所有立法建议和大多数严重影响环境质量的联邦行为进行详细的环境影响评价。三十多年来，美国的环境影响评价方法和程序以及环境影响报告书的审批过程都有了许多修改和发展，环境影响评价制度实施的范围也从联邦政府机构扩大到各个州的机构和私人公司。其中加利福尼亚州拥有全世界最先进和最具操作性的 SEA 系统。美国实施 SEA 的典型实例包括煤炭技术实施规划、环境恢复和废物管理规划、水资源管理规划、大气质量法规、交通计划等许多方面。

美国各州和很多联邦机构提倡计划性 EIA 形式的 SEA，其中以加利福尼亚州的最为全面和完善，但是，事实上开展得并不多。近年比较成功的一个例子是 Bonneville 电力局的商业规划（Business Plan）SEA。在美国建立正式的 SEA 制度存在一些障碍（与美国司法制度有关）。由于判例法的原因，人们更愿意自愿性质的较为灵活的 SEA。

原苏联部长会议于 1972 年底通过了《关于加强环境保护和改善自然资源利用》的决议，提出了对建设项目进行系统的环境研究的要求。1988 年初又制定了《关于国家环境保护活动的根本重组》的决议，要求所有组织和企业的拟议经济活动均应开展环境影响评价，并与公众讨论。俄罗斯成立后，公布了《联邦环境影响评价条例》，将环境影响评价的范围确定为五大类，环境影响评价的对象不仅包括具体的建设项目，而且包括规划、计划等经济技术决策。

日本在 20 世纪 70 年代初建立了环境影响评价制度，之后许多都、道、县、市结合本地情况也都建立了环境影响评价的程序。

此外，包括世界银行在内的许多国际组织对战略环境影响评价的研究与实践也给予了高度重视，并启动了相应的研究计划及探索性实践。

第三世界国家普遍缺乏开展 SEA 的经验。近年来他们的项目 EIA 制度发展很快，但是由于国家的管理能力有限，项目 EIA 制度经常是无效的，甚至很多制度是为存在而存在。但对发展中国家而言，开展 SEA 是提高国家环境影响评价能力的最有效途径，正是因为项目 EIA 的实施困难，而 SEA 的开展相对成本更低、作用更大，因而必须尽快开展 SEA 工作。

（3）战略环境影响评价实践。

①从地域上来看，研究和实践开展得最集中最普遍的是西欧。

②从层次上来看，规划、计划层次上的 SEA 要明显多于政策层次上的 SEA。

③从类型上来看，区域开发（土地利用）、交通、能源、水资源、废物处理等是开展 SEA 较多的领域，尤其是区域土地利用或开发规划，而工、农、林、渔业等领域的开展相对较少。

（4）国外 SEA 管理程序模式。

①在规划、计划层次上，规划或计划制定部门制定规划或计划的同时准备一份环境报告书；就规划或计划及其环境报告书开展公众评论和机构咨询；根据环境报告书、评论及咨询意见修改规划或计划；将规划、计划及其环境报告书提交审批；规划、计划通过后向公众和机构反馈结论。

②在政策层次上，政策制定部门制定政策的同时准备一份环境报告书，将政策及其环境报告书提交审批。

（5）战略环境影响评价的三类评价模式。

①简单说明型。政策层次上的 SEA 基本上属于简要说明型，通常由负责制定政策的部门在提交审批时简要说明政策的环境影响，无替代方案、公众参与和外部审查。典型的是加拿大的政策评价及荷兰的 E-test。

②影响评价型。各种规划、计划层次上的 SEA 基本上属于影响评价型，比较深入地评价它们的环境影响，考虑基线资料，有替代方案、公众参与，有或无外部审查。典型的是美国计划性 EIA、荷兰战略性 EIA、欧盟结构调整基金 SEA、世界银行区域和部门规划 SEA 等，这种类型占据 SEA 的主导地位。

③目标评估型。通常由制定部门根据国家或地区环境目标来评估规划或计划是否符合目标要求及如何反映目标，以及其内容之间是否冲突，不考虑基线资料，有或无替代方案，无公众参与和外部审查。典型的是英国土地利用规划环境评估。

SEA 提出近 30 年来，国际上 SEA 的研究重点已从提出之初的"SEA 是否可能、必要"，转移到"如何建立 SEA 制度"，在西欧，经过近十年的实践，针对实践中出现的问题及对未来的展望，目前的研究重点已转移到"如何改善 SEA 制度的有效性"及"SEA 的未来"上来，这两方面是紧密联系的。随着作为成员国制度框架的欧盟 SEA 指令的通过，这种趋势将更为突出。

2. 国外大气环境影响评价主流模式

环境影响评价报告书，其中重要内容是环境影响预测。大气环境影响评价中，应该选用国家法定预测模式，保证预测结果的可信度。

（1）美国 EPA 模式。CALPUFF 多层、多种非定场烟团扩散模型，模拟在时空变化的气象条件下对污染物输送、转化和清除的影响。CALPUFF 适用于几十至几百千米范围的评价。它包括计算次层网格区域的影响（如地形的影响）和长距离输送的影响（如由于干湿沉降导致的污染物清除、化学转变和颗粒物浓度对能见度的影响）。

AERMOD 适用于定场的烟羽模型，是一个模型系统，包括三方面内容：AERMOD（AER-MIC 扩散模型）、AERMAP（AERMOD 地形预处理）和 AERMET（AERMOD 气象预处理）。

AERMOD 特殊功能包括对垂直非均匀的边界层的特殊处理，不规则形状的面源的处理，对流层的三维烟羽模型在稳定边界层中垂直混合的局限性和对地面反射的处理，在复杂地形上的扩散处理和建筑物下沉的处理。

AERMAP 是 AERMOD 的地形预处理模型，仅需输入标准的地形数据。输入数据包括计算点地形高度数据。地形数据可以是数字化地形数据格式。输出文件包括每一个计算点的位置和高度，计算点高度用于计算山丘对气流的影响。

AERMET 是 AERMOD 的气象预处理模型，输入数据包括每小时云量、地面气象观测资料和一天两次的探空资料，输出文件包括地面气象观测数据和一些大气参数的垂直分布数据。

（2）英国模式。ADMS 是一个三维高斯模型，以高斯分布公式为主计算污染浓度，但在非稳定条件下的垂直扩散使用倾斜式的高斯模型。烟羽扩散的计算使用当地边界层的参数，化学模块中使用远处传输的轨迹模型和箱式模型。

ADMS 主要功能包括：应用基于边界层高度和 Monin-Obukhov 长度的边界层结构参数的物理知识，Monin-Obukhov 长度是一种由摩擦力速度和地表热通量而定的长度尺度；"局地"高斯模型被嵌套在一个轨迹模型中以便较大的地区（如大于 50 千米× 50 千米）也可以使用此扩散模型；可同时模拟 3000 个网格污染源、1500 个道路污染源和 1500 个工业污染源（由点、线、面和体污染源）；一个内嵌的街道窄谷模型；化学反应模块包括计算一氧化氮、二氧化氮和臭氧之间的反应；使用污染排放因子的数据库计算交通源的排放量；直接与排污清单数据库连接；气象预处理器可自动处理各种输入数据，计算边界层参数，气象数据可以是原始数据、小时值或经统计分析的数据；模型中使用了在对流情况下的非高斯的垂直剖面，这可以容许考虑在大气边界层中湍流歪斜的性质，解决因这种现象导致的近地表的高浓度现象；计算复杂地形和建筑物周围的流动和扩散。

ADMS 模型于 2001 年 11 月在我国北京通过国内同领域资深专家的鉴定。专家鉴定意见为："ADMS 模式系统反映了近年来对大气边界层扩散规律的新认识，比以往的简化模式有更扎实的科学基础并且更精确；该模式已经过比较充分的比较验证，证明模式有较佳的性能；ADMS 模式系统的构成完整，适合建设项目环境影响评价的大气模拟计算要求，也可用于城市和工业区的区域环评、区域环境规划等管理应用；该模式的平台、界面便于使用，并已针对中国的实际情况进行了再开发和试用。基于以上评估，会议认为，ADMS 作为第二代先进的大气扩散模式系统之一，可以引入中国，在大气环境管理规划和环境影响评价等方面应用。建议，在现阶段 ADMS 可以作为发展中国第二代的法规性模式的参考，今后也可以作为可选用的替代模式。"

ADMS-EIA 模式的特点是能处理所有的污染源类型（点源、道路源、面源、网格源和体源），使用先进的倾斜式高斯模型，带有气象预处理模块、内嵌式烟羽抬升模型，考虑了建筑物和复杂的地形影响，并带有干湿沉降和化学模块。

第三节 环境影响评价业务的承接

一、关系篇——六方关系谈

编制一部出色的环境影响报告书（表），需要多方努力，相互支持，密切配合。环评项目负责人是环评文件的灵魂，应具有高水平的环评职业技能，并处理好各种人际关系。可参考表 1-1 中的经验。

表 1-1　六方关系谈

序号	部门	角色	应对方案
1	环保局	政府官员	加强沟通，搞好关系
2	评估中心	专家	1. 敬仰，尊重 2. 理解的要执行，不理解的不反驳
3	建设方	顾客	1. 理解建设方迫切的心情 2. 耐心解释程序 诚心为建设方服务好 热心为代表建设方的人解决实际问题 感动建设方，让他觉得"物"有所值
4	评价机构领导	上司	1. 尊重领导，服从安排 2. 有理、有力、有节地争取到劳工的权力和待遇
5	协作单位	友军	1. 为友军解决实际问题 2. 互惠互利，有福同享，有难同当 3. 把好协作项目质量关
6	同事或下属	战友	1. 互相关心，互相帮助 2. 学会宽容人、包容人 3. 多看他人的长处，向身边的人学习 4. 不要斤斤计较，患得患失，吃亏是福

二、现场篇——环境影响评价现场踏勘须知

（一）目的与作用

现场踏勘是环评工作的基础，环评人员以此获得第一手资料，直观认知并辨识建设项目选址及其与周围环境、相关规划的协调性等；同时对环评工作的进一步开展确立基本前提。

（二）工作目标

现场踏勘的基本目标是进行现状调查并对实际情形与书面资料进行对照和确认，确定评价等级与评价范围，同时提高环评工作的有效性和工作效率，现场踏勘要完成下列工作。

（1）索取基本资料，如现状分析所需的地理地质、气候气象、水文、功能区划、政府规划、社会环境以及已有的环境监测数据等。

（2）确认选址具体位置、平面布置，选址选线周围的环境敏感点，拟定的水源和排放点、纳污水体，拟定的大气排放点和固废排放地址，厂址的土地性质和归属等。

（3）了解新建及原有工程的生产过程、工艺流程、排污环节、治理措施及排放去向等。

（4）开展公众参与的相关事项，如环评公示与意见收集。

（5）其他必要的事项，如安排环境监测计划或监测布点、当地环保局应出具的相关意见等。

（6）相关方联系人与联系方式，如建设单位、可研编制单位、当地环保局开发科、监测单位等。

（三）准备事项

（1）项目类别判断：有可研、可研在做、无可研，污染型、非污染生态型，新建、改扩

建，建设方是否处于前置审批阶段，行业特点、产业政策明确与否，环评报告类别要求与专题设置与否等。

（2）政策法规研读：项目相关法律、环保审批机关要求、技术导则与方法、已完成的可研报告或项目建议书。

（3）资料清单准备：资料清单，包括：现状资料、规划资料、总量控制资料或环保意见、环境质量、项目周边敏感点资料、排放位置、监测数据。原则上应满足报告要求事项和必要数据，便于确定评价等级、范围、方法和专题设置等。

（4）问题清单准备：公众调查问题、咨询建设单位问题、咨询环保局问题、咨询可研单位问题等。

（5）公众参与准备：公告文本、公告方式、公告范围、调查问卷等。

（6）监测计划准备：可研已完成，可据之制订初步计划，到现场后考察布点以及监测单位选择等。

（7）工具准备：A3笔记本一个，铅笔、中性笔各一支，计算器，便携式声级计，GPS定位仪，数码照相机、摄像机，1∶10000～1∶50000地形图一张，预先准备的调查内容清单，旅游鞋、太阳镜，测距仪、指北针，防身器具（偏僻地区、夜间观测必备）。

（8）其他。

（四）工作组织

（1）项目负责人向公司领导请示相关事宜，批准后开展工作。

（2）联系建设单位，请其联系相关单位，并确定现场踏勘日期，并作简要沟通，标注注意事项。

（3）确定参与人员，预约车辆和工具。

（4）携带完备资料清单、必备工具、公众参与文本等现场考察，必要时向财务借支资金。

（5）踏勘完毕回公司后，进行踏勘总结，并向公司领导简要汇报以及设定进一步工作计划。

（五）注意事项

（1）踏勘工作一般在环保审批机关出具意见后进行。

（2）注意工作的目的性。

（3）踏勘工作一般需要2~3次，合理计划，以求高效。

（4）现场踏勘与外部单位沟通时，应注意维护公司形象、严守公司机密，仪表大方，言谈举止有分寸。

（六）表单示例

如现场踏勘申请单、资料清单、问题清单。

（七）建设单位需提交的资料

（1）建设项目立项依据：计划部门、经济部门批准的立项文件，符合自主立项规定的，企业提供自主立项文件（含各类建筑装修项目）。

（2）携工商部门颁发的填写齐全的公司设立登记表、变更登记表或个体工商户登记表、工商部门确认预先企业名称核准单（或工商营业执照复印件）。

（3）法人身份证复印件（非法人办理请提供法人委托办理的委托书及被委托人身份证复印件）。

（4）土管局、房管局提供土地权属证明、房产权属证明，如租房需提供租房意向或协议。以上资料为原件审核，复印件留存（需盖章）。

（5）项目所在地及周边环境总平面布置图，项目所在地场内平面布置图。

（6）拟生产经营的产品、规模、产量，生产所需的原辅材料种类、数量，包括燃料、水、电等耗量以及生产班次和职工人数。

（7）生产工艺介绍：每一产品的投入产出全过程，给出工艺流程图，以方框图表示，如涉及化学项目需列出化学反应方程式。

（8）主要设备清单及燃烧设备的名称与型号。

（9）生产经营中可能产生的污染情况及防治对策说明。

（10）项目所在地废水如接入市政干管，需提供市政污水接管证明，原件用于审核，复印件要留存。

（11）危险废物处置协议和工业固废处置协议。

（12）公众参与调查意见。

（八）工业污染建设项目环境影响评价现场调查提纲

1. 准备材料

（1）建设项目环境影响评价分类管理名录（2017年版）。

（2）（当地）生态环境功能区划图。

（3）国家危废名录（2017年版）。

（4）行业整治规范。

（5）污染物整治方案。

（6）产业行业的准入文件。

2. 相关文件

（1）支持性文件：发改/经信备案、执行标准确认函、总量控制指标管理办法、水保方案及批复、选址（红线）、名称预核准/营业执照。

（2）相关规划：城市总体规划、土地利用规划、工业园区规划、（生态）环境功能区划、所属的行业发展规划、林业规划（生态公益林）等。

（3）规划环评：上述规划的规划环评、规划修编环评及对应的审查意见，尤其是准入要求。

（4）项目工程资料：项目建议书、可行性研究报告；改扩建项目还需要历次的环评报告及批文、验收文件、监测资料。

（5）其他：视当地环保局规定提供地勘报告、危废协议、排水合同等；涉及文保单位、水源保护区、风景名胜区等，需要提供经相应主管部门审批过的专项论证报告或意见；如某一级公路项目跨越世界文化遗产运河，需要由文物评价单位论证可行性。

3. 工业污染建设项目现场调查内容

（1）人员对接：首先与企业技术负责人对接，必须与对厂区生产情况最清楚的人建立联系，小项目可以是生产车间主任，大项目就需要与安环科（对接立项、项目设计方案、环保设计方案、历史环评、安评等各种技术资料）、生产科（对接工艺流程）、设备/采购科（对接设备参数）等多个科室建立联系，有时还要向车间具体工段的操作工询问工艺和技术情况。现场调查时只有与一线操作人员建立密切联系、深入沟通、刨根问底，工程分析才经得起推敲。

（2）图纸：厂区总平面图、有功能的车间分层平面图/布局图（如生产、组装、干燥、分装等）、污染治理设施设计图、废气收集处理示意图、雨污水管网图；要求建设单位在总平面图上标注各个环保设施的区域/位置、各环保设施负责收集治理哪路污染、各排气筒并备注参数。

（3）依据：技改项目要求提供已批项目的环评/批文、验收监测/验收意见、自行委托的检测报告、总量调剂指标证明、排污许可证等；逐条核实原环评措施的落实情况，记录问题。

（4）产品方案：结合历次环评审批的情况，调查企业环评审批的、实际现状的、本次评价后的产品方案并以表格形式列出。

（5）设备与工艺：各工艺单元的尺寸规格、数量（几用几备）、反应条件（温度压力）、批次耗时及最长工序时长、各工艺单元（操作台）的物料对应用量；重点关注产污工序；有没有同时进行的工艺（涉及最大排放量与排放速率）；各产品是否能同时生产，是否存在共用一套反应设备（涉及最大产能与最大排放量）；对于不产生生产废水企业要进行仔细确认（业主经常会说无废水或者即使有不处理也能达标直排）；对于包装材料、辅助材料等自行生产的要确认工艺是否符合准入要求（工业园区准入要求、生态环境功能区划要求）如某机加工企业从事机械设备组装，但自行生产产品包装用的发泡塑料，建设项目性质发生改变。

（6）原辅材料：重要原辅材料的用量、MSDS（组分、百分比、规格型号参数、厂家）、使用方法（稀释比例、更换周期等），重点关注有毒有害及挥发性的物料。由于上述材料作为监测方案、评价等级的依据，因此要慎重；涉及化学反应的，要重点关注含挥发性有机物的原辅料，不能遗漏催化剂废气（如发泡剂）等。

（7）平衡：核实之前环评做的平衡是否属实，记录各产品的单批耗时、达产率等情况，产品方案与产污情况能对应起来，结合工艺流程和原辅材料做好物料平衡工作。

（8）废水关注的内容。

①产生：按车间、产品、工艺产污环节，统计单批产生量/年排放量、排放周期、水质等。

②收集：各路废水的收集方式，以图形的形式体现。

③处理：废水处理的工艺、规模、运行达标状况以及余量情况。

④结合工艺流程做好全厂的水平衡图，大致定出全厂水量。

（9）废气关注的内容。

①厂房布置：涉及无组织排放，关注车间形状及长宽高、设备是否有单独隔间、车间窗户高度、车间密封情况等。

②治理设施：所有产污节点的污染物收集措施、大致的收集效率、污染治理措施的原理、治理效率、污染治理设施的参数；画出全厂的废气收集图［主要形式：车间→产品（废气）名称→收集措施→处理措施→排气筒编号高度］，最好也能画出废气收集和处理表（包括产品名称、废气产生设备节点及数量、污染因子、防治措施、整改措施）。

③排气筒：涉及有组织排放（风机风量、烟囱形状、烟囱高度、烟囱内径、烟囱位置），关注供热、供气的燃料情况（燃煤、生物质），除尘脱硫措施，总量指标情况。

（10）固废：报告里面写的都是危废（危险废物）有协议、固废（固体废物）能回收、生活垃圾可卫生填埋，因此不排入环境。

①危废：现在还处在向企业普及什么是危废的阶段，因此，一定要有耐心告知危废的管理要求和法律责任。

②危废处理单位：每个省的环保厅都有危险废物处理资质的单位名录，提供给业主自己查询签订，并告知要签订指定的类别和代码。

③副产物：固废作为副产物的，要求办理质量认证等合法性手续。

（11）其他注意事项：

①因污染治理工程产生的污染不要遗漏，如活性炭吸附有机废气要调查活性炭的消耗量及更换周期，隔油设施产生的浮油。

②监测：看现场时候一定要仔细看工艺，看有几路废水、几路废气、污染物从哪里进从哪里出。在此基础上写监测方案，否则很容易漏掉，后补监测方案费时、费力、费钱。

③各车间的人数，工作制度（时/天，天/年），住宿人数，食堂情况（运营时间、就餐人数）等都要调查清楚；工业项目可从简调查。

④对周边环境应该预先了解，如饮用水源保护地、自然保护区、风景名胜区、旅游度假区、居民区（行政村、自然村）等，对项目要有一定的敏感程度。

（九）归档

下现场的全过程要录像（视频）并归档。

三、质量篇——环境影响报告书（表）质量评定探讨

1979年颁布的《中华人民共和国环境保护法（试行）》首次确立了环境影响评价的法律地位；1989年颁布的《中华人民共和国环境保护法》对环境影响评价的法律地位进行了重申；2002年颁布并于2003年实施了《中华人民共和国环境影响评价法》，从法律地位确定了规划和建设项目要实施环境影响评价。

环境影响报告书（表）质量的优劣，是实施环境影响评价制度的关键问题。本篇从以下几个方面进行该问题的探讨。

1. 格式审查与评定

要按照国家环境保护部和各地环境保护行政主管部门的要求编制环境影响评价有关文件。需要特别指出的是，资质证书缩印件页格式和编制人员名单表页格式，应按2015年9月28日环保部颁布的《建设项目环境影响评价资质管理办法（2015年版）》以及其配套文件附

件5《建设项目环境影响报告书（表）》中《资质证书缩印件页和编制人员名单表页格式规定》要求格式编制。

2. 内容审查与评定

根据《中华人民共和国环境影响评价法》第17条的规定，建设项目环境影响报告书应包含下列内容。

（1）建设项目概况。

（2）建设项目周围的环境现状。

（3）建设项目对环境可能造成的影响分析、预测和评估。

（4）建设项目对环境保护的措施及其技术、经济论证。

（5）建设项目对环境影响的经济损益分析。

（6）对建设项目实施环境监测的建议。

（7）环境影响评价的结论。

涉及水土保持的建设项目，还必须有经水行政主管部门审查同意的水土保持方案。

根据《中华人民共和国环境影响评价法》的规定，专项规划的环境影响报告书应当包括下列内容。

（1）实施该规划对环境可能造成的影响的分析、预测和评估。

（2）预防或者减轻不良环境影响的对策和措施。

（3）环境影响评价的结论。

上述是法定要求的内容，评价机构编制的环境影响评价文件绝对不能漏项，否则将严重影响报告书的质量。

法定编制内容是粗线条的，评价机构应根据环境影响评价技术导则以及各省市制定的"环境影响报告书（表）主要内容编制要求"进行编写。技术导则和省市的编制要求内容非常详细周到，评价机构应严格按照导则和各省市环保局的要求编写环评文件。

3. 质量审查与评定

质量审查与评定有两层含义：其一，审查评价文件是否达到环境影响评价的目的；其二，环评文件是否满足环保局评估中心对项目技术评估的要求。

环境影响评价的目的或原则包括四个方面：一是，客观、公开、公正；二是，综合考虑实施后可能造成的影响；三是，在考虑环境影响时要兼顾各种环境因素和其所构成的生态系统；四是，要为决策提供科学依据。

建设项目环境影响评价基本服务于以下三个目的。

（1）明确开发建设者的环境责任。

（2）对建设项目环保工程设计提出具体要求和提供科学依据。

（3）为各级环保行政管理部门实行对项目的环境管理提供科学依据和具有法律约束力的文件。

环境影响报告书的重要内容是审查文件是否达到上述目的和原则，以便达到社会效益、经济效益、环境效益三者兼顾，全面贯彻中央提出的"关于落实科学发展观加强环境保护的决定"。

环评文件还应满足环保局评估中心对项目技术评估的要求。评估中心在技术评审时，有以下六项基本原则。

（1）项目建设符合国家产业政策。

（2）厂址选择可行并符合环境功能区划要求。

（3）本项目污染物均可稳定达标排放。

（4）工程的建设对周围环境质量有所改善。

（5）本项目符合清洁生产的要求。

（6）污染物排放总量满足总量控制指标的要求。

在质量审查与评定时，一定要认真审查是否符合以上六项基本原则，否则，将是不合格产品，应退回评价机构重新编写。

国家环保总局评估中心出版的《建设项目环境影响技术评估指南》一书中，对不同行业均著有"环境影响技术评估要点"，可供不同建设项目环评文件质量审查与评定时参考，这些行业包括钢铁、有色、造纸、发酵、火电、化学肥料、合成材料、石化炼油、水泥、水利水电、公路、铁路、生态类等。

4. 质量审查与评定程序

环境影响报告书（表）质量审查与评定程序包括内部审查程序和外部审查程序两部分。

内部审查程序：项目负责人审查→环评室负责人审查→总技术负责人审查，即通常所说的三级审查程序。

外部审查程序如图 1-1 所示。

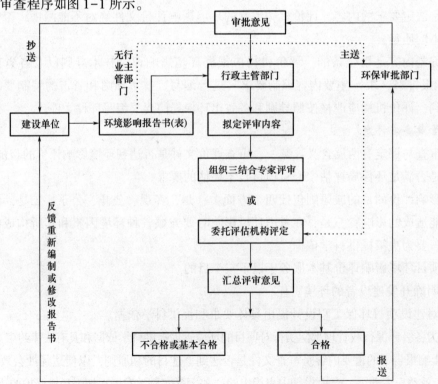

图 1-1　环境影响报告书外部审查程序

国家环保局下发的环办［2006］112号文强调了环评报告书的质量监督问题。文件指出：实行环境影响报告书（表）"一版制"考核，即以建设单位正式提交的报告书（表）为考核对象，解决以往报告书（表）可经多次修改通过审查，而编制单位不承担责任的问题；对发现质量问题多，不足以说明项目环境可行性的报告书（表），负责审批的环保部门应以书面形式直接予以退回，通报有关情况，并向国家环保局提出对编制单位的处罚建议。

该文件的实施表明，环保局对环评机构编制的报告书（表）质量要求更加严格，评价机构在向建设单位提交报告书（表）之前，一定把好质量关，防范经营中出现的风险。

5. 质量评定等级划分

可根据贯彻执行环保政策、产业政策、法规、标准、工程概况、工程分析、环境状况介绍、主要环境问题、预测结果、污染防治措施、评价结论与建议等方面对环评报告书（表）进行打分，根据分值，确定质量评定等级。

环境影响评价报告书（表）日常考核表见表1-2。

表1-2 环境影响评价报告书（表）日常考核表

一	关键指标		
序号	考核内容	评分标准	评分
1	建设项目工程分析或者引用的现状监测数据错误	有前款内容情形之一的，环评报告书（表）记为0分，按《资质办法》第三十六条处理	
2	主要环境保护目标或者主要评价因子遗漏		
3	环境影响评价工作等级或者环境标准适用错误		
4	环境影响预测与评价方法错误		
5	主要环境保护措施缺失		
二	基本指标		
序号	指标	考核内容	评分标准	评分
1	法规导则	符合导则和规范相关要求，落实法律、法规、规划、产业政策	优：分数≥90 良：80≤分数<90 中：70≤分数<80 及格：60≤分数<70 不及格：分数<60	
2	工程分析	工程分析全面、清晰，工程内容及产排污环节介绍完整，数据可靠		
3	现状调查	调查内容全面、数据可靠，符合导则要求，主要环境保护目标、污染源识别准确、全面		
4	影响评价	评价内容全面，预测模式及参数选取正确，预测内容全面，分析评价内容科学		
5	环保措施	环保措施阐述清楚，经济、技术可行性论证充分		
6	文本规范	图、表、附件清楚、规范、完整；计量单位正确，语言清楚准确		
7	资质管理规范	形式规范；现场踏勘与评审会汇报及回答问题清楚准确；文件修改及时、到位		

四、防范篇——环境影响评价机构经营风险的防范

2016 年是我国"十三五"规划开局之年。环保部提出了《"十三五"环境影响评价改革实施方案》。改革实施方案的指导思想是：以改善环境质量为核心，以全面提高环评有效性为主线，以创新体制机制为动力，以"生态保护红线、环境质量底线、资源利用上线和环境准入负面清单"（以下简称"三线一单"）为手段，强化空间、总量、准入环境管理，划框子、定规则、查落实、强基础，不断改进和完善依法、科学、公开、廉洁、高效的环评管理体系。本篇就如何防范经营风险、确保环评单位经营安全的几个问题进行探讨，供广大环境影响评价机构和广大环评从业人员参考。

环评机构业务范畴包括环境影响评价、环保管家、排污许可申请、生态红线保护、科研项目承接。下面重点介绍开展生态红线保护业务。

生态红线保护是指在生态空间范围内具有特殊重要生态功能、必须强制性严格保护的区域，是保障和维护国家生态安全的底线和生命线，通常包括具有重要水源涵养、生物多样性维护、水土保持、防风固沙、海岸生态稳定等功能的生态功能重要区域以及水土流失、土地沙化、石漠化、盐渍化等生态环境敏感脆弱区域。

生态红线保护工作的内容包括保护、补偿、转型三个方面。

首先，严格管控是生态红线保护的底线。以编制年度保护方案的形式确定各地、各部门的职责和任务；严把审批关，着重关注涉及生态红线的建设项目，对于违反红线管控要求、损害区域主体功能的项目一律拒批。其次，生态补偿是生态红线保护的基石。最后，绿色发展是生态红线保护的方向。

（一）环境咨询业在生态红线保护工作中的业务

（1）某地年度生态保护方案。

（2）矿山生态环境恢复治理方案。

（3）生态修复保护综合服务模式：重金属污染场地生态修复；水土流失治理管护；矿山地质环境治理恢复；裸露土地复绿、植树造林、流域治理等；覆盖场地调查、风险评估、治理修复工程设计施工、景观设计维护等环节的服务链。

（二）关于经营风险的防范内容

1. 不触及

不触及生态保护红线、环境质量底线、资源利用上线和环境准入负面清单。

2. 违反国家和地方环保部门审查内容的项目不能承接

环评文件审批中的重点审查内容是审查是否符合以下相关要求（称"7+2"原则）。

（1）是否符合环境保护相关法律法规。建设项目涉及依法划定的自然保护区、风景名胜区、生活饮用水水源保护区及其他需要特别保护的区域的，应当符合国家有关法律法规在该区域内建设项目环境管理的规定；依法需要征得有关机关（水利、渔业、军队等）同意的，建设单位应当事先取得该机关同意。

（2）是否符合国家产业政策和清洁生产要求。

（3）建设项目选址、选线、布局是否符合区域和流域规划、城市总体规划、产业布局规

划和环保规划。

（4）项目所在区域的环境质量是否满足相应环境功能区划和生态功能区划标准或要求。

（5）拟采取的污染防治措施能否确保污染物排放达到国家和地方规定的排放标准，满足污染物总量控制要求；涉及可能产生放射性污染的，拟采取的防治措施能否有效预防和控制放射性污染。

（6）拟采取的生态保护措施能否有效预防和控制生态破坏。

（7）是否符合国家环保总局《关于加强环境影响评价管理防范环境风险的通知》（环发〔2004〕152号）对区域或规划环评的要求和项目风险评价的相关要求（分析是否全面到位，措施是否有效得当，如化学品库围堰、事故消防应急缓冲池等）。

（8）是否符合国家环保总局《环境影响评价公众参与暂行办法》的要求，是否认真考虑公众意见，是否在环境影响报告书中附具对公众意见采纳或者不采纳的说明。

环保部门可以组织专家咨询委员会，由其对环境影响报告书中有关公众意见采纳情况的说明进行审议，判断其合理性并提出处理建议。环保部门在作出审批决定时，应当认真考虑专家咨询委员会的处理建议。

对环境可能造成重大影响、应当编制环境影响报告书、可能严重影响项目所在地居民生活环境质量以及存在重大意见分歧的建设项目，环保部门可以举行听证会，并公开听证结果，说明对有关意见采纳或不采纳的理由，以取得公众的理解和支持。

（9）报告书审查中还需要特别关注的问题。

①项目选址与项目总图布置和周边环境保护目标（环境敏感点），合理确定卫生防护距离以及环境安全防护范围（包络线图）。

②主要产品、装置的规模及产品方案的选择和确定。

③排放废水、废气的区域环境容量及总量控制要求，要通过自身污染削减或区域削减措施来体现"增产不增污"或"增产减污"的原则。

④报告书审批登记表中台帐统计信息填写是否合理。

3."十不批"项目不能承接

（1）国家明令淘汰或禁止建设的、不符合国家产业政策的项目。

（2）列入国务院清理范围，不符合国家政策规定的钢铁、电解铝、水泥、电石、铁合金、焦炭、平板玻璃、13.5万千瓦及以下火电机组等项目。

（3）位于饮用水源保护区、自然保护区、风景名胜区、重要生态功能区以及生态环境敏感区域的影响生态和污染环境的项目。

（4）不符合城市总体规划、环境保护规划的项目。

（5）位于自然保护区核心区、缓冲区内的项目。

（6）占用自然保护区实验区，对当地生态环境造成破坏的，或者建设在自然保护区外围地带，但损害自然保护区内的环境质量和生态功能的项目。

（7）原有设施污染物排放达不到国家和地方排放标准和总量控制要求，不能通过"以新带老""以大带小"的措施实现"增产不增污"的项目。

（8）环境污染严重，产品质量低劣，高能耗、高水耗，污染物不能达标排放的项目。

（9）在环境质量不能满足环境功能区要求，无法通过区域平衡等替代措施削减污染负荷的项目。

（10）被明令限期治理的企业以及"两控制区"污染防治规划、三峡库区及上游水污染防治规划中污染治理项目没有按期完成治理任务的企业的新建和改、扩建项目。

4. 国家明令禁止的"十五小""新五小"项目不能承接

国家明令禁止的重污染小企业，指1996年《国务院关于环境保护若干问题的决定》中明令取缔关停的十五种重污染小企业（"十五小"）以及国家经贸委限期淘汰和关闭的破坏资源、污染环境、产品质量低劣、技术装备落后、不符合安全生产条件的"新五小"企业。

"十五小"具体如下。

（1）小造纸：现有年产1万吨以下的造纸厂。

（2）小制革：年产折牛皮3万张以下的制革厂（2张猪皮折一张牛皮，6张羊皮折1张牛皮）。

（3）小染料：年产1000t以下的染料厂，包括1000t以下的染料中间体生产企业。

（4）土法炼砷：采用地坑或坩埚炉烧、简易冷凝设施收尘等落后方式炼制氧化砷或金属砷制品，现年产砷（或氧化砷制品含量）100t以下的企业。

（5）土法炼汞：采用土铁埚和土灶、蒸馏罐、坩埚炉及简易冷凝收尘设施等落后方法炼汞，现年产汞10t以下的企业。

（6）土法炼铅锌：采用土烧结盘、简易土高炉等落后方法炼铅，用土制横罐、马弗炉、马槽炉等进行焙烧、简易冷凝设施进行收尘等落后方式炼锌或氧化锌制品，现年产铅或锌（或氧化锌含量）2000t以下的企业。

（7）土法炼油：未经国务院批准，盲目建设的小型石油炼油厂和土法炼油设施；生产过程不是在密闭系统的炼油装置中或属于釜式蒸馏的炼油企业；无任何环境保护措施和污染治理手段的炼油企业；不符合国家职业安全卫生标准的炼油企业。

（8）土法选金：采用小氰化池、小混贡和溜槽等黄金选冶金的企业。

（9）土法农药：产品无一定结构成分，没有通过技术鉴定，没有产品技术标准，没有正常安全生产必需的厂房、设备和工艺操作标准，没有必要检测手段的小型农药原药生产或制剂加工企业。

（10）土法漂染：年生产能力在1000万米以下，所排废水符合下列情况之一的漂染企业：①每百米布所生产的废水大于2.8t；②COD大于100mg/L；③色度大于80倍（稀释倍数）。

（11）土法电镀：电镀废液不能或基本不能达标的电镀企业。

（12）土法生产石棉制品：采用手工生产石棉制品的企业。

（13）土法生产发射性铀制品：未经国家或行业主管部门批准列入规划、计划，未取得建筑、运行和产品销售许可证，没有健全的防护措施和监测计划、设施的炼铀等放射性产品生产企业。

（14）土法炼焦：采用"坑式""萍乡式"炼焦的企业。

（15）土法炼硫：采用"天地罐""敞开式"炼硫的企业。

"新五小"具体如下。

（1）小钢铁：年产普碳钢30万吨以下（含）的小炼钢厂，横列式小型材、线材轧机年产量25万吨以下（含）的小轧钢厂，100m³以下（含）高炉，3200kVA及以下铁合金电炉，15t（含）转炉。

（2）小水泥：窑径小于2m（年产3万吨以下）水泥普通立窑生产线，窑径小于2.2m（年产4.4万吨以下）水泥机械化立窑生产线。

（3）小炼油：无合法资源配置，通过非法手段获得原油资源，产品质量低劣，安全环保达不到国家标准的成品油生产装置，2000年1月1日前不能生产90号及90号以上车用无铅汽油的成品油生产装置。

（4）小玻璃：平板魄力平拉工艺生产线（不含格拉威贝尔平拉工艺），四机（含）以下垂直引上平板玻璃生产线。

（5）小化工：采用落后工艺生产落后产品、规模较小的化工企业，一般能耗高、生产能力低（年产能力在2万吨以下）。

5. "区域限批"地区、"企业集团限批"项目不能承接

"区域限批"是指如果一家企业或一个地区出现违反环评法的事件，环保部门有权暂停这一企业或这一地区所有新建项目的审批，直至该企业或该地区完成整改。

"区域限批"是以解决区域严重环境问题为切入点，从根本上推进地区产业结构升级和布局优化，走出低水平发展道路，实现经济发展与环境保护的协调统一。

采用区域和行业限批政策，就是希望能更有效地督促地方政府和行业集团调整产业结构、转变增长方式，完成节能降耗目标。

"区域限批"地区、"企业集团限批"的项目不能承揽环评业务，必须解除限批禁令后方能承揽业务。

6. 小、散乱、污企业不能承接

小：不符合产业政策的小企业。

散乱：不符合当地产业布局规划和不在工业聚集区的散乱企业。

污：超标排放污的企业。

7. 建设项目重大变动的要重新报批

建设项目的性质、规模、地点、生产工艺、环境保护措施有重大变动的要重新报批。

8. 具体问题灵活处理，发挥环评作用

当前，有相当多的企业不符合国家产业政策，不满足行业准入条件。对于此类环评项目要客观地如实评价，给企业指出办法，使其在规定的时间内符合产业政策和行业准入条件，满足环评审批原则，为环境保护行政主管部门提供科学依据。如果该企业在规定时间内达不到国家和当地政府的要求，只能按政策规定淘汰。

五、修养篇——环评人应有的修养与素质

2015 年 9 月 28 日，环保部颁布了《建设项目环境影响评价资质管理办法》，对环评工程师提出了更高更严的要求。

环境影响评价机构，在人员组成上，有管理人员、开发人员和技术人员。从根本上讲，应该加强队伍的修养与素质，提高整体水平，才能全面认真和负责地落实环境影响评价制度。

评价机构少不了管理人员和技术人员。主要的管理人员，要为机构制订正确可行的管理制度、经营方针、经营策略；确定在哪几个地区，哪几个行业开展环评业务，不要遍地开花，不要追求业务范围多和广，技术上要有带头人，既有学术水平，又有实践经验，带领环评机构的技术人员出色地完成环境影响评价文件的编制任务。

环评技术人员应提高平时的修养和素质，只有具备高水平的人际沟通能力，具备高水平的业务能力，才能成为一个真正的环评人。

环评人要想提高修养与素质，应做到"五虚、六戒、三诚实"。

1. 五虚

(1) 虚心学习环评知识。环境影响评价制度在我国已经实施了 30 多年，但国家和地方不断发布新的法律法规、新的标准和环境影响评价技术导则，环评技术也随全球科技水平的发展而不断发展。因此，从环评人进入这一行的第一天起，就要不断学习新知识，掌握新技术，只有这样才能不落伍。

(2) 虚心向建设单位的技术人员学习。建设单位的技术人员有懂工艺的，有懂设备的，有懂企业环境保护的，他们对该企业是最有发言权的人，环评人应虚心向他们询问和请教。

(3) 虚心向评价项目领域的专家学习。专家有各方面的，如行业专家（企业的总工程师）或该行业的环评专家，他们都积累了丰富的理论和实践经验，应尊重他们，虚心向他们询问和请教，经过他们的指点和帮助，环评人可少犯错误。

(4) 虚心向环保局和评估中心人员学习。环保局、评估中心、评价机构都有一个共同的目标，就是要保护好建设项目所在地的环境不受到破坏，给老百姓一片蓝天、一块净土。

(5) 虚心向身边的人学习。一个评价机构，由各种人才组成，有擅长开发的、擅长管理的、擅长技术的；在环评技术上也有区分，有擅长搞大气的、擅长搞水的、擅长搞地表塌陷的，要精诚团结，互相学习，互相帮助，只有这样，才能圆满完成环境影响评价业务。

2. 六戒

(1) 戒违规。环评机构或环评人，千万不能做违法的事，一定要严格遵守环境保护部《建设项目环境影响评价资质管理办法》（国家环境保护部令第 36 号）的要求。禁止违规行为：①违反国家产业政策编制环评文件；②环境监测数据或其他基础数据造假；③违反《建设项目环境保护分类管理名录》规定，擅自提高或降低环评等级；④超越评价资质等级、评价范围编制环评文件；⑤不按国家法规、标准、技术导则要求编制环评文件；⑥环评文件内容不能支持环评结论等违规行为。

(2) 戒抄袭。承接一个环评项目，技术人员往往第一想法是找同类项目的环境影响报告书（表）来参考。然而，作为一个合格的环评人，应该按环评程序，在准备阶段，认真下现

场考查，搜集资料，编写评价大纲、监测方案等。搞清楚当地环境状况，项目工程概况以及环保局要求，然后再编写环评文件。同类项目的环境影响报告书（表）只能用来参考，千万不能照抄。

（3）戒造假。有些小项目，建设单位无钱出监测费用，而环保局又特别重视环境现状数据；这种情况下，千万不能数据造假，要开动脑筋，想办法，搜集评价范围内做过环评的其他项目文件，利用现有监测数据（被环保局认可的），这样既能帮建设单位办好环保审批手续，又能满足审批部门的要求。

（4）戒浮躁。环评技术人员应修炼平常心，戒浮躁，戒急躁，环保局（或评估中心）提出要改报告，一定按要求改，千万不能急躁。

（5）戒自大。环评技术人员，不论是专家，是环评工程师，还是上岗人员，都要戒自大。

（6）戒发火。环评技术人员经常受到批评，此时，不可发火，不可背后议论别人，正确做法是分析对方批评的内容，立时改正，不论错误大小。

3. 三诚实

对评价机构的领导要诚实；对建设单位要诚实；对环保局（或评估中心）要诚实。诚实是做人的立足之本。

环境影响评价工作是高技术行业，同时也是高风险行业。国家对环境影响评价从业人员要求很高很严；环评技术人员也要把好"自律"关。只有这样，才能不辜负国家和人民对环评人的希望。

第二章　环境影响报告书（表）的编写

第一节　环境影响报告书和环境影响报告表的界定

根据《环境影响评价法》第十六条国家根据建设项目对环境的影响程度，对建设项目的环境影响评价实行分类管理。

建设单位应当按照下列规定组织编制环境影响报告书、环境影响报告表或者填报环境影响登记表（以下统称环境影响评价文件）。

（1）可能造成重大环境影响的，应当编制环境影响报告书，对产生的环境影响进行全面评价。

（2）可能造成轻度环境影响的，应当编制环境影响报告表，对产生的环境影响进行分析或者专项评价。

（3）对环境影响很小、不需要进行环境影响评价的，应当填报环境影响登记表。

一、对环境可能造成重大影响的建设项目的界定原则

对环境可能造成重大影响的建设项目指符合下列任一条件的项目。

（1）所有流域开发、开发区建设、城市新区建设和旧区改建等区域性开发项目。

（2）可能对环境敏感区造成影响的大中型建设项目。

（3）污染因素复杂，产生污染物种类多、产生量大或产生的污染物毒性大、难降解的建设项目。

（4）可能造成生态系统结构的重大变化或生态环境功能重大损失的项目。

（5）影响到重要生态系统、脆弱生态系统或有可能造成或加剧自然灾害的建设项目。

（6）易引起跨行政区环境影响纠纷的建设项目。

二、对环境可能造成轻度影响建设项目的界定原则

对环境可能造成轻度影响的建设项目指符合下列任一条件的项目。

（1）可能对环境敏感区造成影响的小型建设项目。

（2）污染因素简单、污染物种类少或产生量小且毒性较低的建设项目。

（3）对地形、地貌、水文、植被、野生珍稀动植物等生态条件有一定影响但不改变生态环境结构和功能的建设项目。

（4）污染因素少，基本上不产生污染的大型建设项目。

（5）在新、老污染源均达标排放的前提下，排污量全面减少的技术改造项目。

三、对环境影响很小的建设项目的界定原则

对环境影响很小的建设项目指符合下列条件的建设项目。

（1）基本不产生废水、废气、废渣、粉尘、恶臭、噪声、震动、放射性物质、电磁波等不利环境影响的建设项目。

（2）基本不改变地形、地貌、水文、植被、野生珍稀动植物等生态条件和不改变生态环境功能的建设项目。

（3）不对环境敏感区造成影响的小规模的建设项目。

（4）无特别环境影响的第三产业项目。

第二节 环境影响报告书（表）的格式和编写注意事项

一、环境影响评价报告书的格式

环境影响评价报告书是环境影响评价工作成果的集中体现，是环境影响评价承担单位向其委托单位——工程建设单位或其主管单位提交的工作文件。经环境保护主管部门审查批准的环境影响报告书，是计划部门和建设项目主管部门审批建设项目可行性研究报告或设计任务书的重要依据，是领导部门对建设项目作出正确决策的主要依据的技术文件之一。它是设计单位进行环境保护设计的重要参考文件，并具有一定的指导意义。它对于建设单位在工程竣工后进行环境管理有重要的指导作用。因此，必须认真编写环境影响报告书。

环境影响评价报告书的格式应满足国家和地方环保部门要求，格式要求如下。

1. 页面设置

（1）页边距：上下左右均为 2.5cm，位置在左。

（2）方向：纵向、横向页面参照执行。

（3）纸张：A4。

（4）版式：页眉 1.5cm，与本章同名，小五号字，楷体_GB2312。

页脚 1.75cm，插入页码。

正文页码数字采用"1，2，3，4…"，小五号，Times New Roman，居中，本章内应为"续前节"。

目录和附件页码采用罗马数字"Ⅰ，Ⅱ，Ⅲ，Ⅳ…"，小五号，Times New Roman，居中。其他不用设置保持默认状态。

2. 标题

（1）一级标题：大黑体，二号，段前 0.5 行。

（2）二级标题：黑体，三号，粗体，段前 1.0 行，段后 1.0 行。

（3）三级标题：黑体，小三号，粗体，段前 0.5 行，段后 0.5 行。

（4）四级标题：宋体，四号，粗体，段前 0.5 行，段后 0.5 行。

（5）正文标题 1 级：（1）全括号，中文全角括号，与正文同行间距（1.5 倍行间距）。

（6）正文标题 2 级：1）半括号，中文全角括号，与正文同行间距（1.5 倍行间距）。

（7）正文标题 3 级：插入符号中的"①，②，③…"，与正文同行间距（1.5 倍行间距）。

（8）正文标题 4 级：小写字母+英文点"a.　b.　c.…"，与正文同行间距（1.5 倍行间距）。

3. 正文

（1）行间距：全文均为 1.5 倍行间距；段前 0 行，段后 0 行；不勾选"如果定义了文档网格，则自动调整右缩进（D）"；其他为默认状态。

（2）正文对齐方式：全文两端对齐；首行缩进 2 字符；不勾选"如果定义了文档网格，则对齐到网格（W）"；其他为默认状态。

4. 目录

（1）标题"目录"两字：黑体，四号，粗体，段前 1 行，段后 1 行。

（2）目录总体：宋体，五号，单倍行间距，段前 0 行，段后 0 行；两端分散对齐；一级目录粗体；方向为"纵向"；纸张为"A4"；页眉 1.5cm，页脚 1.75cm；页眉为"目录"；目录和附件用罗马数字"Ⅰ，Ⅱ，Ⅲ，Ⅳ…"，小五号，Times New Roman，居中；其他不用设置，保持默认状态。

5. 表

（1）标题：小四号，文字为宋体，数字为 Times New Roman；"表 1.1-1"左对齐，"表格名称"加空格再居中；段前 0.5 行，段后 0 行。

（2）表格：整体居中，三线表；表格内文字和数字均为 5 号，文字为宋体，数字为 Times New Roman；表格内文字和数字均为单倍行距，单元格对齐方式为水平和垂直居中。

6. 图

（1）标题：小四号，文字为黑体，数字为 Times New Roman。

（2）页眉："与本章同名"，小五号，楷体_ GB2312 。

（3）页脚：插入页码。

正文页码采用数字"1，2，3，4…"，小五号，Times New Roman，居中。

二、环境影响报告书（表）编写注意事宜

环境影响评价文件除满足国家环境影响评价文件要求外，还应满足项目所在地省市环保部门要求。例如：2017 年 12 月 4 日，广东省佛山市人大发布《佛山市扬尘污染防治条例》，文件要求，依法进行环境影响评价的，建设项目环境影响评价文件应当包括施工扬尘对环境污染的评价内容和防治措施。

1. 环境影响报告书（表）封面格式

2015 年 9 月 28 日，环保部颁布了《建设项目环境影响评价资质管理办法（2015 版）》，并有配套文件，其中附件 5《建设项目环境影响报告书（表）中资质证书缩印件页和编制人员名单表页格式规定》规定如下。资质证书缩印件页和编制人员名单表页应当附具在环境影

响报告书（表）正文之前；资质证书缩印件页格式按照附1执行；编制人员名单表页格式按照附2执行；编制人员名单表的编制内容中，应当填写环境影响报告书的相应章节名称，或者环境影响报告表的工程分析、主要污染物产生及排放情况、环境影响分析、环境保护措施、结论与建议及专项评价等相应内容；环境影响报告书（表）报批件和存档件中附具的资质证书缩印件页和编制人员名单表页应当为签章和签名原件。

资质证书缩印件的格式如图2-1所示。

建设项目环境影响评价资质证书

（按正本原样边长三分之一缩印的彩色缩印件）

项目名称：＿＿＿＿＿＿

文件类型：(注明环境影响报告书或者环境影响报告表) ＿＿＿＿＿＿＿＿＿

适用的评价范围：＿＿＿＿＿＿＿＿＿＿＿＿＿＿＿＿＿

法定代表人：＿＿＿＿＿＿＿＿＿＿＿＿（签章）

主持编制机构：＿＿＿＿＿＿＿＿＿＿＿（签章）

图2-1 资质证书缩印件

注意：资质页，应为有效期内正本；公示时，不出资质页，出空白页；送审稿和报批稿的资质页，大部分环评机构加盖"此页只限本项目使用，复印无效"字样，目的是为了防止盗用，引起法律纠纷。

编制环境影响报告表项目，大部分是实行备案制项目。项目名称以批复的（省级）、（市级）、（县级）《企业投资项目备案确认书》名称为准。

项目名称写法举例如下。

（1）《环境影响评价动态》写法：丹东500kV输变电工程、中国检验检疫科学研究院综合科研楼、厦蓉国家高速公路湖南段公路。

（2）环保局批复公告写法：舟山市定海百达石化工程有限公司厂区及配套码头扩建项目、梧州市森川松脂厂松香生产及松香深加工项目、哈密和鑫矿业有限公司哈密市图拉尔根铜镍矿采选工程。

（3）实际操作写法：可以环保局出具的指导意见文件上名称为准。

编制人员名单可列入表 2-1 中。

表 2-1 　（项目名称）环境影响报告书（表）编制人员名单表

编制主持人		姓名	职（执）业资格证书编号	登记（注册证）编号	专业类别	本人签名
主要编制人员情况		序号	姓名	职（执）业资格证书编号	登记（注册证）编号	编制内容	本人签名
	1					
	2					
	3					
	4					
	5					
	6					
	7					
	8					
	…					

2. 环评文件

环境影响评价文件从类型上分，有报告书、报告表、登记表。

环境影响评价文件从内容上分，有常规报告、变更报告、补充报告、现状评估报告、后评价报告等。

上报环保局的文件，除报告书（送审稿）外，按照环保部评估中心的要求，建设项目环境影响报告书必须附《建设项目环评审批基础信息表》。

按照环保部评估中心的要求，下列十六个项目：火电、造纸、铜冶炼、铁路、水泥、石化、煤炭、煤化工、机场、管道、公路、铬盐、港口码头、钢铁、抽水蓄能、常规电站需要填写"行业环评指标库模板"，模版内容见"中国环境影响评价网"。

注释：编制环境影响评价文件，应满足环保部环境工程评估中心对环评文件技术复核的要求。技术复核内容见本书附录 4 环境影响技术复核资料清单。

3. 建设单位

以工商局颁发的营业执照上的名称为准（营业执照也可能是临时的）。

4. 建设性质

根据国家环境保护局规定，建设性质分新建、扩建、改建和技术改造项目。国家环境保护局（1997 年 5 月 9 日环发［1997］302 号）《关于原有企业迁址、更名后应作为新建项目实施环境管理的解释》，迁建项目应按新建项目进行环评。

（1）新建。指从无到有"平地起家"开始建设的项目。现有企业、事业、行政单位投资的项目一般不属于新建，但如有的单位原有基础很小，经过建设后新增的固定资产价值超过该企业、事业、行政单位原有固定资产价值（原值）三倍以上的，也应作为新建。

（2）扩建。指在厂内或其他地点为扩大原有产品的生产能力（或效益）或增加新的产品生产能力，而增建的生产车间（或主要工程）、分厂、独立生产线的企业或事业单位。行政、事业单位在原单位增建业务性用房（如学校增建教学用房、医院增建门诊部和病房等）也作为扩建。

（3）改建和技术改造。指现有企业、事业单位对原有设施进行技术改造或更新（包括相应配套的辅助性生产、生活福利设施）的建设项目。

改建项目包括现有企业、事业单位为适应市场变化的需要，而改变企业的主要产品种类（如军工企业转民产品等）的建设项目，原有产品生产作业线由于各工序（车间）之间能力不平衡，为填平补齐充分发挥原有生产能力而增建不增加本企业主要产品设计能力的车间的建设项目。

技术改造是指企业、事业单位在现有基础上，用先进的技术代替落后的技术，用先进的工艺和装备代替落后的工艺和装备，以改变企业落后的技术经济面貌，实现以内涵为主的扩大再生产，达到提高产品质量、促进产品更新换代、节约能源、降低消耗、扩大生产规模、全面提高社会经济效益的目的。

技术改造具体包括以下内容：机器设备和工具的更新改造；生产工艺改革、节约能源和原材料的改造；厂房建筑和公共设施的改造；保护环境进行的"三废"治理改造；劳动条件和生产环境的改造等。

5. 行业类别及代码

按照《国民经济行业分类》（GBT4754—2017）填写。

6. 环保投资

环境影响报告书中有环境经济损益分析一章；环境影响报告表中要列出环保设施及环保投资概算。应分清哪些属于环保设施，哪些投资应列入环保投资中。笔者根据多年积累的资料，总结出"部分行业环境保护设施及投资概算"，可供环评技术人员做项目时参考，具体内容见附录 3。

7. 工程内容及规模

（1）内容包括项目名称、建设性质（新建、技改、扩建）、建设规模、建设地点、投资总额、环保投资额。

应附地理位置图。图示评价区范围、厂址、交通干线、主要河流、湖泊、水库、湿地、城镇、厂矿企业、自然人文景观，列出空气环境质量监测点位等主要环境敏感目标，附风向玫瑰图、图例，比例尺宜采用 1∶50000。

（2）项目建设内容。根据项目特点，按主体工程、辅助工程、公用工程、储运工程和环保工程分别按表2-2填写。技改工程应说明技改前后产品方案变化情况，大型水利水电工程、交通工程应交代大临工程的有关情况。

表2-2 建设项目组成一览表

工程类别	单项工程名称	工程内容	工程规模
主体工程			
辅助工程			
储运工程			
公用工程			
环保工程			

注 工程内容中应注明主要设备。

（3）总平面布置。简述建设项目总平面布置及厂区总平面布置情况，并附总平面布置图，线形工程需附重要节点图（车站、码头、服务区及主要立交点位图）。总平面布置图中需标明主要生产装置、公用工程、化学品库、污染源（排气筒、排污口、噪声源、固体废物储存场等）、取弃土（石料）场位置。技改项目标清已建、在建和拟建项目区。附图例、指N向及比例尺。

图件要求：图示厂（场）界外不少于500米（公路、铁路、管线、河道工程中心线以外300米）范围内的土地利用现状和主要环境敏感保护目标。采用建设项目可行性研究报告或设计文件的图纸进行制图，城市内的建设项目比例尺采用1：500。公路、铁路、大型矿山、大型水利工程等应尽量采用卫星遥感影像解译、地理信息系统制图图片。

（4）技改、扩建项目依托单位概况。简述依托单位已建、在建项目概况（含公用工程），主要污染源及污染物排放现状，现有环境保护设施运行状况，分析存在的主要环境问题，拟在本次建设中采取的"以新带老"措施。

（5）产品方案及产品流向。

（6）地面运输。描述与建设项目同步建设的对外运输道路、铁路专用线的技术等级、规模及主要工程量。

（7）劳动定员及工作制度。

（8）主要技术经济指标。列表说明与环境有关的建设项目主要技术经济指标。

（9）施工进度安排。

8. 与本项目有关的原有污染情况及主要环境问题

改扩建项目、技改项目必须交代原有污染情况、主要环境问题及现有环境保护治理措施。

9. 建设项目所在地区域环境质量现状及主要环境问题

有必要、有条件时，应进行环境质量现状监测，包括气、水、声、渣、土壤等，找有资质的单位监测，并将监测报告附在报告表后面。利用当年监测数据，正确给出当地环境质量现状，说明是否达到当地环境功能区划要求，有无环境容量等问题。

如果在评价范围附近，有近1~2年的现状监测数据，也可以引用，但需征求主管审批部门的同意。如果项目所在地近几年没有上工程项目，环境质量没有多大变化，也可利用近三年内的监测数据，同样要征求主管审批部门的同意。

10. 主要环境保护目标（列出名单及保护级别）

编制环境影响评价文件，其中一项重点内容就是确定环境保护目标与环境敏感区域。然后根据环境影响评价技术导则和当地环保部门要求，就建设项目对环境保护目标与环境敏感区域的环境影响，做出明确回答。环评文件作为审批机关进行建设项目环保审批的技术依据。

在环境影响评价中，敏感保护目标常作为评价的重点，也是衡量评价工作是否深入或是否完成任务的标志。然而，敏感保护目标又是一个比较笼统的概念。按照约定俗成的含义，敏感保护目标包括一切重要的、值得保护或需要保护的目标，其中最主要的是法规已明确其保护地位的目标。

生态环境影响评价中，"敏感保护目标"可按表2-3的依据进行判别。

表 2-3　中华人民共和国法律确定的保护目标

序号	环境保护目标	法律依据
1	具有代表性的各种类型的自然生态系统区域	环境保护法
2	珍稀、濒危的野生动植物自然分布区域	环境保护法
3	重要的水源涵养区域	环境保护法
4	具有重大科学文化价值的地质构造、著名溶洞和化石分布区、冰川、火山、温泉等自然遗迹	环境保护法
5	人文遗迹、古树名木	环境保护法
6	风景名胜区、自然保护区等	环境保护法
7	自然景观	环境保护法

序号	环境保护目标	法律依据
8	海洋特别保护区、海上自然保护区、滨海风景游览区	海洋环境保护法
9	水产资源、水产养殖场、鱼蟹洄游通道	海洋环境保护法
10	海涂、海岸防护林、风景林、风景石、红树林、珊瑚礁	海洋环境保护法
11	水土资源、植被、（坡）荒地	水土保护法
12	崩塌滑坡危险区、泥石流易发区	水土保护法
13	耕地、基本农田保护区	土地管理法

在《建设项目环境影响评价分类管理名录（2017 年版）》中明文规定有环境敏感区。本名录所称环境敏感区是指依法设立的各级各类保护区域和对建设项目产生的环境影响特别敏感的区域，主要包括生态保护红线范围内或者其外的下列区域。

（1）自然保护区、风景名胜区、世界文化和自然遗产地、海洋特别保护区、饮用水水源保护区。

（2）基本农田保护区、基本草原、森林公园、地质公园、重要湿地、天然林、野生动物重要栖息地、重点保护野生植物生长繁殖地、重要水生生物的自然产卵场、索饵场、越冬场和洄游通道、天然渔场、水土流失重点防治区、沙化土地封禁保护区、封闭及半封闭海域。

（3）以居住、医疗卫生、文化教育、科研、行政办公等为主要功能的区域以及文物保护单位。主要环境保护目标见表 2-4。

表 2-4　主要环境保护目标

环境要素	环境保护目标名称	方位	距离（m）	规模	环境功能
环境空气					
水环境					
声环境					
其他要素					

注　1. 水厂取水口：t/d；居民点：户数/人数；医院：床位数；学校：人数/班级数（注明是否有住校）。
　　2. 若具有多个污染主体，其方位、距离等应以主要污染源描述；也可分表列出。

有的地区，不按环境要素而是按施工期、运营期识别环境保护目标，这也是可以的，应满足当地环保局要求。

例如：深圳牛栏窝项目。项目周围的环境敏感点主要是项目北侧的清林径水库和清林径森林公园、南侧和西侧的五联村村民住宅以及西侧的五联村村办五金厂的职工宿舍。项目南地块的南侧、西侧和两个地块中间规划有城市道路，受周围道路交通噪声影响较大，因此，将项目本身作为一个环境敏感点。主要敏感点和环境保护目标具体见表2-5。

表2-5 评价区内主要敏感点与环境保护目标一览表

环境要素	敏感点名称	方位	性质	距离	环境功能
施工噪声、扬尘	五联村村民住宅楼	南地块的南侧和西侧	生活居住	南侧90m 西侧54m	空气环境质量2类区 声环境质量2类区
	村办五金厂职工宿舍楼	南地块西侧		西侧38m	
水环境	清林径水库	北地块北侧	生活饮用水地表水源保护区	北侧1.8km	地表水环境质量2类
生态保护	清林径森林公园	北地块北侧	森林公园	北侧300m	—
交通噪声、车辆尾气	拟建项目	南地块南侧 南地块西侧 南地块和北地块之间	生活居住	项目用地红线距离道路红线均为5m 建筑红线距离道路红线最近为15m	空气环境质量2类区 声环境质量2类区

11. 评价适用标准

向有审批权的环保局报告，请求获得环境影响评价标准确认函。注意：应选用有效版本的标准，即最新颁布实施的标准，不得使用作废的标准。

12. 总量控制指标

国务院《关于印发"十三五"生态环境保护规划的通知》（国发〔2016〕65号）中规定的主要污染物有化学需氧量、氨氮、二氧化硫、氮氧化物、区域性污染物、重点地区重点行业挥发性有机物、重点地区总氮、重点地区总磷。要正确选择总量控制指标，正确估算污染物排放量，提出总量申请报告，由所在地环保局下达总量控制指标任务。

13. 建设项目工程分析

（1）生产工艺流程。绘制生产工艺污染流程框图，图示主要原辅材料投加点、主要中间产物、副产品及产品产生点、污染物产生环节（按废水、废气、固废、噪声分别编号，与图表一致）、物料回收或循环环节。结合工艺流程框图作简要说明。化工项目需列出产品及主要副产物的化学反应式。

（2）物料能源消耗。主要原辅料能源消耗按表2-6填写。

表2-6 主要原辅料及能源消耗

类别	名称	重要组分、规格、指标	单耗（t/t产品）	年耗量（t/a）	来源及运输方式
原料					
辅料					
燃料					

续表

类别	名称	重要组分、规格、指标	单耗（t/t 产品）	年耗量（t/a）	来源及运输方式
新鲜水					
电					
汽					
气					

非污染生态建设项目需给出土方平衡表，并列出主要取、弃土场的具体位置。

（3）主要原辅材料理化性质、燃烧爆炸性、毒性毒理。按表 2-7 填写主要原辅材料理化性质、燃烧爆炸性、毒性毒理。

表 2-7　主要原辅料产品理化性质、毒性毒理

名称、分子式	理化特性	燃烧爆炸性	毒性毒理

（4）主要生产设备、公用及储运设备。按表 2-8 填写主要设备清单，技改、扩建项目应说明设备变化（淘汰、新增、扩容）情况。

表 2-8　主要设备清单

类型	名称	规模型号	数量（台套）	备注
生产				
公用				
储运				

（5）污染源分析。污染物产生量分析如下。

①物料平衡。根据项目特点和生产工艺流程图按表 2-9 填写物料平衡表，并绘制物料平衡图（以工艺流程走向表现的物料平衡图）。对有毒有害化学品、重金属等特征物质须单独作元素平衡。

表 2-9　××装置物料平衡表 单位：kg/a

序号	投入		产出				
	物料名称	数量	产品	副产品	废气	废水	固废（液）
1							
2							

续表

序号	投入		产出				
	物料名称	数量	产品	副产品	废气	废水	固废（液）
...							
n							
合计							

②水量平衡。绘制建设项目总体水量平衡图，图示各生产工段给排水、公用工程给排水、生活给排水、绿化用水、循环水量、套用回用水量、损耗水量、初期雨水（化工等项目）等，改（扩）建项目应分别绘制改（扩）建前后全厂的总体水量平衡图（需图示水回用路线），叙述节水的具体措施并给出量化指标。

③污染源强。结合生产工艺流程图、物料平衡和水量平衡，污染物源强及排放情况建议分别按表 2-10~表 2-15 填写。根据污染物产生量及治理措施，并汇总污染物产生量、削减量和排放量三本账。技扩改项目给出现有污染源、新增污染源以及"以新带老"削减量。非正常和事故排放源强参照填写。

表 2-10　××装置（生产线）有组织废气源强及排放情况

编号	污染源名称	排气量（m³/h）	污染物名称	产生情况			排放情况			排放源参数			拟采取的处理方式	排放方式	是否达标
				mg/m³	kg/h	t/a	mg/m³	kg/h	t/a	高度（m）	直径（m）	温度（℃）			
G1			SO₂												
			烟（粉）尘												
			氮氧化物												
			特征污染物												
			...												
G2															
G3															
G4															
...															

表 2-11　无组织排放废气源强

序号	污染物名称	污染源位置	污染产生量（t/a）	面源面积	面源高度
1 2 ⋮ n					

表 2-12　废水源强及排放情况

编号	污染源名称	废水量（m³/d）	污染物名称	产生情况			拟采取的处理方式	排放情况			排放方式及去向	是否达标
				mg/L	kg/d	t/a		mg/L	kg/d	t/a		
W1			COD									
			NH₃-N									
			石油类									
			特征污染物									
			…									
W2												
…												

表 2-13　设备噪声源强

序号	设备名称	所在车间	距厂界位置（m）	声级值 dB（A）	治理措施	降噪效果
1						
…						

注　距厂界位置应注明方向、距离及高差，必要时应注明噪声的频谱特征。

表 2-14　固体废物源强及排放情况

序号	名称	分类编号	性状	产生量（t/a）	处理或处置方式	排放量（t/a）
…						

表 2-15　污染物排放量总汇表　　　　　　　　单位：t/a

种类	污染物名称	产生量	削减量	排放量	"以新带老"削减量	技改前后变化量
水	COD					
	…					
气	SO₂					
	…					
固废	工业固废					
	危险固废					
	生活垃圾					

（6）项目拟采取的污染防治和生态恢复措施。

①废气防治措施。分别详述生产工艺废气、燃料燃烧废气、储运系统等废气采取的治理设施名称、处理规模、处理工艺、污染物去除率等，说明废气收集系统、回收系统等。

②废水防治措施。详述厂区排水体制、污水处理能力、处理工艺（附污水处理工艺流程图）、各处理工段的污染物去除率，杜绝稀释排放。

③噪声治理措施。详述各高噪声设备采取的具体降噪措施和降噪效果，优化总图设计效果，绿化降噪效果。

④固废（废液）治理措施。详述各固废厂内收集和储存方式、综合利用途径、储存处置方案及是否满足国家固废法及相关标准的要求，危险废物委托外单位处置应说明单位名称、

处置资质、处置能力、处置工艺及效果，附相应协议书及资质证书。

⑤生态恢复和水土保持措施。拟采取的生态恢复措施和水土保持方案及其效果。

⑥电磁辐射、放射性污染防治措施。详述拟采取的辐射防护、放射性污染治理具体措施及其效果。

⑦"以新带老"防治措施。技改扩建项目应结合目前存在的主要问题，明确"以新带老"的整改方案及其效果。

⑧绿化设计方案。明确绿化指标，化工等项目应细化绿化方案。

小项目可将工艺流程图和产污节点画在一张图上。大中项目，特别是化工项目，可将工艺流程图单画，主要污染工序用表格表示。

关注点：按施工期、运营期、服务期满期三个时间段分别画出或用文字描述工艺流程、污染物、产污节点等内容。

例：小项目工程分析：

某冶金机械厂扩建改造项目

（1）工艺简述。本项目主要产品的生产工艺流程及污染分布情况见图2-2。

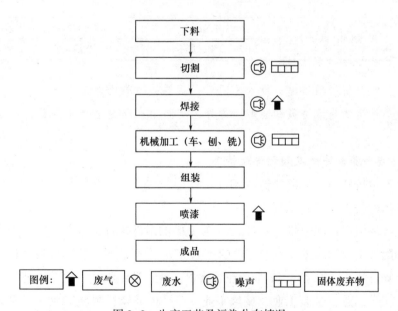

图2-2 生产工艺及污染分布情况

由于本项目生产的产品种类参差不齐，大小规格不一，没有固定生产的产品，基本上是按照客户的要求进行金属的加工处理，所以工艺各不相同，其主要加工工艺如图2-2所示：从冶钢或武钢拖来金属原材料，主要为钢板、圆钢等，其他零部件从各地购买，再对材料进行切割、焊接和后期的车、刨、铣、磨等处理，再进行组装，有些产品进行喷漆处理。在生产过程中，有些小部件产品的生产只经过简单加工，如铸件的直接机械加工、钢材的锯断焊接组装等。从工艺过程可以看出，生产过程中主要产生的是噪声污染，这主要是来自钢材的切割和机械加工等，另外还会造成一定的大气环境污染，主要是焊接和喷漆产生的无组织排放气体造成的。

（2）主要污染工序。主要污染工序的分析包括施工期和运营期工程分析。

①施工期工程分析。通过对施工工艺进行分析可知，施工过程中有大气、废水、噪声及固体废物等污染产生，根据分析结果，将污染源分布列于表2-16。

表2-16　施工（装修）过程污染分布一览表

序号	类型	污染源	主要污染物	排放去向
1	大气	场地平整、挖土	粉尘	空气环境
		建筑材料运输、堆放		
		固体废物运输		
2	废水	挖孔、土石方阶段降井水排水	COD、SS	地表水环境
		结构阶段混凝土养护排水		
		各种车辆冲洗水		
		生活污水	COD、SS、NH_3-N	
3	噪声	施工机械	噪声	环境
		运输车辆		
4	固体废物	建筑施工	建筑装饰材料	建筑垃圾填埋场
		食堂、员工	生活垃圾	西塞山垃圾填埋厂

②营运期工程分析。项目建成投入使用后，主要的污染因素来自车间加工产生的噪声污染和食堂做饭等产生的生活垃圾和油烟。另外，车间生产同时会产生少量无组织废气和固体废物。

14. 项目主要污染物产生及预计排放情况

污染物排放量按环境保护部公告［2017］81号《关于发布计算污染物排放量的排污系数和物料衡算方法的公告》进行估算。

排污系数按环境保护部公告［2017］81号文中的附件执行。

此公告的附件1为纳入排污许可管理的火电等17个行业污染物排放量计算方法（含排污系数、物料衡算方法）（试行）。17个行业是火电工业、造纸工业、钢铁工业、水泥工业、石化工业、炼焦化学工业、电镀工业、玻璃工业——平板玻璃、制药工业——原料药制造、制革及毛皮加工工业——制革工业、农副食品加工工业——制糖工业、纺织印染工业、农药制造工业、有色金属工业——铅锌冶炼、有色金属工业——铝冶炼、有色金属工业——铜冶炼和化肥工业——氮肥。

此公告中的附件2为未纳入排污许可管理行业适用的排污系数、物料衡算方法（试行）。未纳入排污许可管理行业是：采矿业，制造业，电力、热力、燃气及水生产和供应业。

15. 环境影响分析

这部分内容，按时期分为施工期、运营期；按工况分为正常工况、非正常工况；按环境要素分为气、地表水、地下水、声、固体废物、土壤、生态等。有必要时，进行环境风险评价。化工、农药等项目及危险品（废物）储运项目需进行风险专题评价。

注意敏感点处环境影响预测与分析。

环境风险评价与安全评价区别如下。

（1）环境风险评价。环境风险是指自然环境产生的或者通过自然环境传递的，对人类健康和福利产生不利影响，同时又具有某些不确定性的危害事件。

在环境影响评价中，按环境影响评价技术导则的要求，对项目实施有可能酿成严重环境事故的建设项目，如石油化工中的长输管线、海洋油气集输、大型油码头和油库以及生产工艺中含有剧毒和恶臭物质（如光气、丙烯腈、甲胺等）等建设项目，要进行环境风险评价。因此，环境风险评价的对象是可导致重大环境危害的环境因素，特别是可引起的急性环境危害的突发事件，如有毒气体突发事故散逸、有毒液体突发事故泄漏或海上突发事故溢油引起的环境危害。

环境风险评价按以下步骤进行：识别重大环境因素，确定事故发生的可能性，模拟或推断事故可能造成的环境危害的严重程度，提出适宜的环境管理对策。

（2）重大安全风险评价。重大安全风险评价是指火灾、爆炸、中毒和其他可造成巨大财产损失或群死群伤的重大事故发生的可能性及后果严重程度的分析评价过程。火灾、爆炸、毒物中毒等重大事故包括：易燃、易爆、有毒有害物质由于人的不安全因素和物的不安全状态造成的能量失控和毒性溢出；可能的危害后果包括：人员伤亡和财产损失。

重大安全风险评价按以下步骤进行：识别重大危险有害因素，确定事故发生的可能性，模拟或推断事故可能造成的安全危害的严重程度，提出适宜的安全管理对策。

（3）环境风险评价与重大安全风险评价的相同点和不同点。

①相同点。二者同属风险评价，从评价步骤上看，都包含风险识别和评价，即确定事故发生的可能性及模拟或推断事故可能造成的危害的严重程度，以及提出适宜的管理对策等。另外，安全危害与环境危害许多时候是相互关联的，安全事故往往同时会引发环境事故，如火灾可引起大气污染，油轮海上安全事故可造成海洋污染，安全事故造成的有毒气体泄漏可导致大气中毒物浓度超标。这是评价人员易于将两类风险作出雷同评价的重要原因。

②不同点。二者的差别主要源于评价目标的差异。环境风险评价主要针对通过自然环境（如空气、水体和土壤等）传递的突发急性环境危害；重大安全风险评价主要针对人为因素和设备因素等引发的火灾、爆炸、中毒等重大安全危害。

不同事故类型和不同评价阶段环境风险评价与重大安全风险评价的不同点见表2-17和表2-18。

表 2-17　不同事故类型环境风险评价与重大安全风险评价不同点

序号	事故类型	环境风险评价内容	重大安全风险评价内容
1	石油化工长输管线油品泄露	土壤污染和生态环境危害	火灾、爆炸危害
2	大型油码头油品泄露	海洋污染	火灾、爆炸危害

序号	事故类型	环境风险评价内容	重大安全风险评价内容
3	储罐、工艺设备有毒物质泄漏	空气污染、人员毒害	火灾、爆炸危害及人员急性毒害
4	油井井喷	土壤污染和生态环境危害	火灾、爆炸危害
5	高硫化氢气井井喷	空气污染、人员危害	火灾、爆炸危害及人员急性毒害
6	石化工艺设备易燃烃类泄露	空气污染、人员危害	火灾、爆炸危害
7	炼化厂二氧化硫等事故排放	空气污染、人员危害	人员急性毒害

表 2-18　不同评价阶段环境风险评价和重大安全风险评价

序号	评价阶段	环境风险评价目的	重大安全风险评价目的
1	风险辨识	分析、预测存在的潜在危险、有害因素和可能的突发性事件和事故	查找、辨识和分析系统中的危害、有害因素，辨识系统发生事故和急性危害的可能性
2	风险计算	预测危险源引发事故导致的人身安全和环境的影响，计算风险值和评价风险的可接受性，为风险管理决策者提供依据	对危险、有害因素可能造成的影响和危害进行预测，计算风险值水平和风险可接受性，为风险管理决策者提供依据
3	风险管理	利用风险评价相关原理，结合风险源情况，提出合理有效的风险防范、应急与减缓措施，实现风险管理和风险控制的科学化、标准化和系统化	利用系统相关原理，提出风险防范、应急与减缓措施，建立系统安全的最优方案和风险管理的科学化、标准化和系统化
4	评价目的	提高风险管理水平，降低风险概率，实现风险水平的可接受性，实现最终风险源的本质安全、人与环境的安全和保障社会可持续发展	提高风险管理水平，降低风险概率，实现风险水平的可接受性，实现最终风险源的本质安全和保障可持续发展

16. 建设项目拟采取的防治措施及预期治理效果

防治措施应技术先进，经济可行，符合国情。在提出防治措施后，先与建设单位沟通，达成共识后，再与负责审批的环保局沟通，环保局没意见后再定稿。

环境保护投资估算见表 2-19。"三同时"验收见表 2-20。

表 2-19　环境保护投资估算一览表

序号	工程名称	设计规模	投资估算（万元）	实施时间
一	污水处理			
	工业废水处理			
	生活污水处理			
	车间污水预处理			
二	大气污染防治			
	工业废气处理			
	锅炉废气处理			
	粉尘控制			

续表

序号	工程名称	设计规模	投资估算（万元）	实施时间
三	噪声控制			
四	生态恢复			
五	绿化			
六	其他污染控制			
七	环境监测及排污口规范化			
	合计			

注 实施时间应特别注明是否"三同时"。

表 2-20 环境工程和生态恢复措施"三同时"项目汇总表

序号	污染源分类	环保措施	验收内容	验收要求	备注
一	水污染源				
二	大气污染源				
三	固体废物				
四	噪声				
五	绿化				
六	其他				

17. 生态保护措施及预期效果

与下列内容有关的建设项目，应进行生态保护措施及预期效果的论述。

（1）水土保持方案。主要指土石方平衡，取料场及弃渣场选址合理性分析，开挖面和弃渣场生态修复及绿化具体方案。对于工程项目已经编制水土保持方案的原则上可引用水土保持方案内容，但需从环保角度论述其合理性。

（2）珍稀动植物保护。

（3）自然生态（水源涵养、湿地、生态林地、重要河流、湖泊和特殊生境等）保护。

（4）生物多样性及生物链平衡。

（5）防止外来生物侵袭。

（6）自然资源（土地、水、森林、景观、生物物种、重要矿产等）保护。

（7）海洋生态保护。

18. 清洁生产分析

2002 年 6 月 1 日，第九届全国人民代表大会常务委员会第二十八次会议通过并颁布实施《中华人民共和国清洁生产促进法》，以法律的形式将清洁生产列入我国工业企业必须实施的内容。

《建设项目环境保护管理条例》规定："工业建设项目应当采用能耗少、污染物产生量少的清洁生产工艺，合理利用自然资源，防止环境污染和生态破坏。"这体现了清洁生产的思想。

（1）清洁生产的要求。清洁生产是关于产品生产过程的一种新的、创造性的思维方式。

它将整体预防的环境战略持续应用于原料、生产过程、产品和服务中，以增加生产效率并减少对人类和环境的风险。具体要求如下。

①原材料，清洁生产意味着使用无毒、在环境中不持久、不可生物累积、可重复利用的原材料。

②生产过程，清洁生产意味着节约原材料和能源，减降所有废弃物的数量和毒性。

③产品，清洁生产意味着减少和减低产品从原材料使用到最终处置的全生命周期的不利影响。

④服务，要求将环境因素控制纳入设计和所提供的服务中。

总之，清洁生产是保护环境、保持可持续发展的关键，它要求工业企业通过源削减实现在生产过程中控制和减少污染物排放，是主动、有效的行为和对策，可达到节能、降耗、削污、增效的目标。

（2）清洁生产的途径。清洁生产的途径可归纳为：设备和技术改造、工艺流程改进、改进产品设计、改进产品包装、原材料替代及促进生产各环节的内部管理，促进组织内部物料循环、减少污染物的排放、改进管理和操作，并在组织、技术、宏观政策和资金上做具体安排。

清洁生产分析是环境影响报告书（表）的一项重要内容。应当按环境影响评价技术导则和当地环境保护主管部门对环评文件要求进行编写。要从清洁生产的角度评估工程的工艺先进性和合理性；从能耗、物耗、水耗、单位产品的污染物产生量及排放量、资源的再循环等方面与国内外同类型先进生产工艺或行业要求相比较，通过从"资源—产品—再生资源"整个生命周期的全过程分析，定量评价项目的清洁生产水平；针对设计中与生产中可能出现的问题，提出实现清洁生产的途径和保障措施。

（3）清洁生产的标准目录。应不断学习并掌握国家环境保护部发布的有关清洁生产的环境保护行业标准，用该行业清洁生产的标准分析项目清洁生产水平。

截至2016年8月，国家共发布了58项清洁生产标准目录，见表2-21。

表 2-21　清洁生产标准目录

序号	标准编号	标准名称	实施日期
1	HJ/T 125—2003	清洁生产标准石油炼制业	2003-6-1
2	HJ/T 126—2003	清洁生产标准炼焦行业	2003-6-1
3	HJ/T 127—2003	清洁生产标准制革行业（猪轻革）	2003-6-1
4	HJ/T 183—2006	清洁生产标准　啤酒制造业	2006-10-1
5	HJ/T 184—2006	清洁生产标准　食用植物油工业（豆油和豆粕）	2006-10-1
6	HJ/T 185—2006	清洁生产标准　纺织业（棉印染）	2006-10-1
7	HJ/T 186—2006	清洁生产标准　甘蔗制糖业	2006-10-1
8	HJ/T 187—2006	清洁生产标准　电解铝业	2006-10-1
9	HJ/T 188—2006	清洁生产标准　氮肥制造业	2006-10-1

续表

序号	标准编号	标准名称	实施日期
10	HJ/T 189—2006	清洁生产标准 钢铁行业	2006-10-1
11	HJ/T 190—2006	清洁生产标准 基本化学原料制造业（环氧乙烷/乙二醇）	2006-10-1
12		涂装行业清洁生产评价指标体系	2016-11-1
13	HJ/T 294—2006	清洁生产标准 铁矿采选业	2006-12-1
14	HJ/T 314—2006	清洁生产标准 电镀行业 清洁生产标准 电镀行业（HJT 314—2006）修改方案	2007-2-1
15	HJ/T 315—2006	清洁生产标准 人造板行业（中密度纤维板）	2007-2-1
16	HJ/T 316—2006	清洁生产标准 乳制品制造业（纯牛乳及全脂乳粉）	2007-2-1
17	HJ/T 317—2006	清洁生产标准 造纸工业（漂白碱法蔗渣浆生产工艺）	2007-2-1
18	HJ/T 318—2006	清洁生产标准 钢铁行业（中厚板轧钢）	2007-2-1
19	HJ/T 339—2007	清洁生产标准 造纸工业（漂白化学烧碱法麦草浆生产工艺）	2007-7-1
20	HJ/T 340—2007	清洁生产标准 造纸工业（硫酸盐化学木浆生产工艺）	2007-7-1
21	HJ/T 357—2007	清洁生产标准 电解锰行业	2007-10-1
22	HJ/T 358—2007	清洁生产标准 镍选矿行业	2007-10-1
23	HJ/T 359—2007	清洁生产标准 化纤行业（氨纶）	2007-10-1
24	HJ/T 360—2007	清洁生产标准 彩色显象（示）管生产	2007-10-1
25	HJ/T 361—2007	清洁生产标准 平板玻璃行业	2007-10-1
26	HJ/T 401—2007	清洁生产标准 烟草加工业	2008-3-1
27	HJ/T 402—2007	清洁生产标准 白酒制造业	2008-3-1
28	HJ/T 425—2008	清洁生产标准 制订技术导则	2008-8-1
29	HJ/T 426—2008	清洁生产标准 钢铁行业（烧结）	2008-8-1
30	HJ/T 427—2008	清洁生产标准 钢铁行业（高炉炼铁）	2008-8-1
31	HJ/T 428—2008	清洁生产标准 钢铁行业（炼钢）	2008-8-1
32	HJ/T 429—2008	清洁生产标准 化纤行业（涤纶）	2008-8-1
33	HJ/T 430—2008	清洁生产标准 电石行业	2008-8-1
34	HJ 443—2008	清洁生产标准 石油炼制业（沥青）	2008-11-1
35	HJ 444—2008	清洁生产标准 味精工业	2008-11-1
36	HJ 445—2008	清洁生产标准 淀粉工业	2008-11-1
37	HJ 446—2008	清洁生产标准 煤炭采选业	2009-2-1
38	HJ 447—2008	清洁生产标准 铅蓄电池工业	2009-2-1
39	HJ 448—2008	清洁生产标准 制革工业（牛轻革）	2009-2-1
40		合成革行业清洁生产评价指标体系	2016-11-1
41	HJ 450—2008	清洁生产标准 印制电路板制造业	2009-2-1
42	HJ 452—2008	清洁生产标准 葡萄酒制造业	2009-3-1
43	HJ 467—2009	清洁生产标准 水泥工业	2009-7-1
44	HJ 468—2009	清洁生产标准 造纸工业（废纸制浆）	2009-7-1

续表

序号	标准编号	标准名称	实施日期
45	HJ 469—2009	清洁生产审核指南制订技术导则	2009-7-1
46	HJ 470—2009	清洁生产标准　钢铁行业（铁合金）	2009-8-1
47	HJ 473—2009	清洁生产标准　氧化铝业	2009-10-1
48	HJ 474—2009	清洁生产标准　纯碱行业	2009-10-1
49	HJ 475—2009	清洁生产标准　氯碱工业（烧碱）	2009-10-1
50	HJ 476—2009	清洁生产标准　氯碱工业（聚氯乙烯）	2009-10-1
51	HJ 510—2009	清洁生产标准　废铅酸蓄电池铅回收业	2010-1-1
52	HJ 512—2009	清洁生产标准　粗铅冶炼业	2010-2-1
53	HJ 513—2009	清洁生产标准　铅电解业	2010-2-1
54	HJ 514—2009	清洁生产标准　宾馆饭店业	2010-3-1
55	HJ 558—2010	清洁生产标准　铜冶炼业	2010-5-1
56	HJ 559—2010	清洁生产标准　铜电解业	2010-5-1
57	HJ 581—2010	清洁生产标准　酒精制造业	2010-9-1
58		光伏电池行业清洁生产评价指标体系	2016-11-1
59		黄金行业清洁生产评价指标体系	2016-11-1
60		制革行业清洁生产评价指标体系	2017-7-24 发布
61		环氧树脂行业清洁生产评价指标体系	2017-7-24 发布
62		1，4-丁二醇行业清洁生产评价指标体系	2017-7-24 发布
63		有机硅行业清洁生产评价指标体系	2017-7-24 发布
64		活性染料行业清洁生产评价指标体系	2017-7-24 发布

（4）清洁生产的案例分析。

××冶炼厂尾渣综合利用工程环境影响报告书

项目的清洁生产分析就是对工程设计技术先进性和环境友好性进行综合评价。清洁生产的实质是不断采取改进设计、使用清洁的能源和原料、采用先进的工艺技术与设备，提高资源和能源的利用率、减少污染物排放量，对必须排放的污染物采用先进可靠的处理技术，以减轻或者消除对人类健康和环境危害。对生产全过程实施污染控制，确保污染物达标排放和总量控制要求，实现建设项目环境效益与经济效益的统一。

1. 政策符合性

拟建工程为铜、镍、高冰镍、硫酸选择性浸出—黑镍除钴—电积湿法冶金工艺、镍冶炼所产尾渣的综合利用工程，即将镍冶炼所产固体废弃物通过一定的措施回收其中的有价物质，使资源得到有效利用，最终实现固体废弃物的零排放。从政策上讲，根据《有色金属"十五"规划》文件政策及措施第五条，支持企业节能降耗、环境治理及综合利用技术改造。对资源综合利用及处理废渣、废水、废气形成的新兴产业和产品，实行优惠政策。因此，拟建工程属于国家鼓励支持的项目。从可持续发展的角度上讲，本工程充分体现了循环经济的理念。

循环经济是对物质闭环流动型经济的简称，是以物质能量梯次和闭路循环使用为特征，在环境方面表现为污染低排放，甚至污染零排放。简单地说，就是循环经济倡导的是一种建立在物质不断循环利用基础上的经济发展模式，组织成一个"资源—产品—再生资源"的物质反复循环流动过程，使整个经济系统以及生产和消费的过程基本上不产生或只产生很少的废弃物。拟建工程是以××冶炼厂镍冶炼所产废弃渣作为原料，通过一系列处理措施，充分提取其中的有用成分，使冶炼尾渣再生利用，整个生产过程无固体废弃物排放，充分体现了循环经济的理念，同时也很好地体现了"十七大"提出的"节能减排"思想。

2. 生产工艺技术与装备先进性及可靠性

该冶炼厂镍精炼工艺采用铜、镍、高冰镍、硫酸选择性浸出—黑镍除钴—电积湿法冶金工艺，选择性浸出所产生的浸出尾渣（即铜渣）富集了铜、铁、硫及金、银、铂、钯等贵金属，其中铜含量在60%以上，此外，铜渣中还含有3%~5%的镍。从环保和工艺角度看，适合该厂铜渣冶炼的工艺主要有两种，分别为加压酸浸—电积工艺、氧化焙烧—浸出—电积工艺，表2-22为两种工艺方案的比较。

表2-22 两种方案比较

项目	加压酸浸—电积工艺	氧化焙烧—浸出—电积工艺
优点	该工艺代表了当今国际高冰镍、铜精炼工艺的发展方向，具有金属回收率高（Cu、Ni回收率分别达98.78%和95.64%，）、综合回收好，硫可以硫黄的形式产出，环保效果好，自动化、机械化水平先进，并可与现行的镍精炼工艺相衔接	工艺成熟、简单，流程短、全流程无压力容器，铜的浸出率高，渣率小，药剂消耗少，工艺过程中有浸铜后渣还原焙烧工序，可充分回收铜渣中的氧化镍，工程总投资费用低，达产期短，焙烧产出的烟气（SO_2）浓度可达8%，有利于烟气治理和环境保护
缺点	工艺流程长、设备多、装备水平高造成投资大、建设周期长，同时技术难度大，工艺尚不够成熟	铜、镍回收率不如加压酸浸—电积工艺高，由于有焙烧，存在一定的大气污染

加压酸浸—电积工艺不论从工艺效果还是环境保护角度来看都有很大优势，但是考虑到该工艺技术难度大，装备水平高，因此，采用该工艺投资风险大、投资费用高。而氧化焙烧—浸出—电积工艺在该厂有多年的实践经验，工艺成熟，产品电铜质量稳定，且具有较强的清偿能力和抗风险能力，该工艺已获"自治区科技进步一等奖"。因此，拟建项目采用氧化焙烧—浸出—电积工艺可行。

针对该冶炼工艺，在制酸系统的选择上，纵观国内目前采用冶炼烟气制硫酸的生产装置上几种成熟的工艺路线，可供选择的方案主要在以下两方面有差异。

（1）烟气净化方案。在冶炼烟气制酸工艺中，净化流程有稀酸洗净化、热浓酸洗净化、水洗净化和干法净化等多种净化流程，各种流程均有其优缺点。目前采用湿法净化流程比较普遍，湿法净化流程历来有水洗与封闭酸洗之争，其差别是洗涤液的重复使用程度、废水排放量的多少以及废水中硫酸浓度的高低，因此，介于两者之间，近年来又有"半封闭水洗"的提法。酸洗流程又有多种，可归为空冷及间冷两大类。

（2）制酸流程的选择。主要有一转一吸及两转两吸两大类。而其中两次转化有"2+2""3+1""3+2"之分，换热流程更有多种，吸收装置以两种泵前流程和一种泵后流程为主导，各据其优势，在现有硫酸生产装置中分别占有一席之地。一转一吸工艺过程则相对简单，特别适合低浓度冶炼烟气制酸，但必须配套尾气吸收装置才能确保尾气排放达标。

据此情况，结合设计条件，本着节约的原则，综合比较各种工艺过程的优劣，合理取舍，本装置拟采用"动—填—动—电"酸洗净化、两转两吸制硫酸的工艺流程；转化换热采用"Ⅲ、Ⅰ—Ⅴ（Ⅳ）—Ⅱ"方式；吸收采用泵后冷却循环流程，换热器采用板式换热器。该方案的特点如下。

①代表着目前国内硫酸装置较为先进的技术水平，在节能、环保及工业安全卫生等方面均较为先进。

②根据设计条件可知：烟气含尘量不高，有害成分含量水平很低，具备稳定维持酸洗净化的操作条件。虽然酸洗净化系统投资较水洗流程略高，但操作稳定，对干燥系统的水平衡十分有利，污染物的排放量相对于水洗流程也大为减少，符合国家产业政策及环保要求。

③选用板式换热器，提高了传热系数，减少了占地面积，节约了冷却用水，并降低了排管容易发生漏酸事故的可能性。

综上所述，拟建项目所选工艺技术水平较高，工艺成熟可靠，设备较先进。

3. 资源与能源利用指标

（1）资源利用指标分析。

①原料利用：本项目铜渣综合利用铜回收率为96.31%，镍回收率为94.59%，钴回收率为41.29%，比加压酸浸—电积工艺略低，资源利用率属较先进水平。

②水利用率：本工程总用水量为12399.98m³/d，其中生产用新水为1839.98m³/d，循环用水为10560m³/d，水的重复利用率为85.16%。

③硫资源回收：氧化焙烧炉集气效率可达96%，除尘后的烟气送制酸车间进行制酸，制酸采用双转双吸制酸工艺，SO_2 转化率为99.6%，SO_3 吸收率为99.95%，制酸尾气由高烟囱外排，硫资源利用率可达97.0%。

④废渣利用：本项目铜渣通过氧化焙烧—浸出后产生的浸出渣为434.17kg/h，通过还原焙烧后再浸出，浸出液进行沉银，沉银渣送贵金属车间提取金属银，沉银后液进行氧化除铁，铁渣返铜镍矿熔炼，除铁液加碱液进行沉铜、沉镍，沉铜得到的碳酸铜经酸溶后送浸出车间重溶结晶硫酸铜，沉镍得到的碳酸镍渣经结晶重溶后送镍系统。整个生产系统废渣均得到有效再利用，无废渣排放。

（2）能源利用指标分析。本项目中采用了大量的节能技术和装置，尽可能降低冶炼的单位能耗。本项目产品为阴极铜、硫酸镍溶液，副产品为硫酸、贵金属渣，其能源消耗指标见表2-23。

表 2-23　铜渣冶炼工艺能耗计算

序号	能源种类	单位耗量（t）	折算煤系数	标煤量（t）	比例（%）
一、焙烧制酸					
1	柴油	0.60	1.4571	0.8743	
2	电	295.0 kWh	0.404×10⁻³	0.1192	
3	新水	18.48	0.2571	4.7512	
4	蒸汽	0.195	0.129	0.0252	
	小计			5.7699	38.40
二、浸出					
1	电	792.39kWh	0.404×10⁻³	0.3201	
2	新水	21.13	0.2571	5.4325	
3	蒸汽	12.84	0.129	1.6564	
4	压缩空气	16.632	0.040	0.6653	
	小计			8.0743	53.73
三、电积					
1	电	1890.11kWh	0.404×10⁻³	0.7636	
2	新水	0.01	0.2571	0.0028	
3	蒸汽	3.23	0.129	0.4167	
	小计			1.1831	7.87
	总计			15.0273	100

从表 2-23 中可看出，本次设计的铜渣冶炼工艺单位产品能耗为 15027.3kg 标煤/t 铜渣，冶炼耗能指标比较低。制酸系统耗电量为 120.0kW·h/t H_2SO_4，达到国内制酸业先进水平。

4. 工程环保设施技术先进性、可靠性分析

（1）项目环保设施主要是烟气、烟尘和 SO_2 的收集处理，项目氧化焙烧炉出口设置重力收尘、空气冷却器、二级旋风除尘器收尘，收尘效率达 98.88%。在该收尘过程中，针对原焙烧收尘系统中存在的由于烟尘黏结在工艺管道、设备上，当累积一定厚度后脱落导致收尘设备不能正常运转而停车的问题，本次设计在沸腾炉出口采用了重力收尘、空气冷却器等关键设备，同时在设备易黏结的局部地方采用了振打装置，从而减少了因停车而导致的大气污染。

（2）氧化焙烧后的烟气送制酸车间进行制酸，制酸采用双转双吸制酸工艺，净化工段采用酸洗净化，换热器采用板式换热器，烟气净化率≥98.0%，SO_2 转化率≥99.6%，SO_3 吸收率≥99.95%，尾气 SO_2≤0.03%。

（3）项目设计所有物料运输过程中均采用密闭运输、所有物料均不落地，同时在配料系统的落料点，皮带运转站等有粉尘产生的作业点，设置通风除尘系统，并配备布袋除尘器，除尘效率在 99%。

（4）还原焙烧产出的烟气中含少量硫酸雾，烟气由酸雾净化塔洗涤后排放，酸雾净化率≥97%。

（5）对鼓风机、排烟机采用消声器和建筑隔音、吸音的消音措施，可以使噪声降到85分贝以下。

5. 污染物产生指标及废物回收利用指标分析

污染物产生指标及废物回收利用指标见表2-24。

表2-24　污染物产生指标及废物回收利用指标

序号	名称		产生量 （t/a）	排放量 （t/a）	综合利用量 （t/a）	利用率 （%）	原工艺利用率 （%）	利用途径
废气	SO₂		3907	50.7	3656.3	93.6		制硫酸
	硫酸雾		6.83	6.83	0	0	0	排放
	烟粉尘	上料尘	792	7.92	784.08	99		
		焙烧尘	5781.6	0	5781.6	100	100	同焙砂浸出
废渣	贵金属渣		883.81	0	883.81	100	100	提贵金属
	铁渣		907.16	0	907.16	100	100	重新熔炼
废水	制酸废液		990	990		50	50	50%蒸发， 50%绿化
	浸出废液		174240	174240				

从表2-24分析来看，冶炼工程烟气 SO_2 用于烟气制酸，利用率为93.6%；冶炼烟尘及粉尘经收尘系统收尘后，全部返回系统；废渣综合利用率为100%，生活污水经化粪池处理后排入氧化塘，制酸工艺产生的酸性污水经循环浓缩后回用于浸出车间，浸出过程产生的沉镍废水经现有污水处理设施处理后排入氧化塘，氧化塘废水经自然降解后用于绿化用水。由此可见，本工程环保设施较完善，污染物产出指标较低，废物回收利用率相对较高。

6. 结论与建议

（1）结论。××冶炼厂采用的铜镍高冰镍硫酸选择性浸出—黑镍除钴—电积湿法冶金工艺，选择性浸出所浸出尾渣（即铜渣）富集了几乎全部的铜、铁、硫及金、银、铂、钯等贵金属。该尾渣采用沸腾焙烧、浸出工艺生产阴极铜，该工艺已获"自治区科技进步一等奖"。该冶炼工艺属于国内先进水平，工艺成熟简单，流程短，产品电铜质量稳定，且具有较强的清偿能力和抗风险能力。焙烧烟气采用二转二吸酸洗工艺生产硫酸，在节能、环保及工业安全卫生等方面均较为先进。

冶炼厂扩建工程各项经济技术指标及排污控制水平均要好于冶炼厂现有生产工序，扩建工程各生产工序中产生的"三废"在设计中被优先考虑为在生产过程中消化和转换为生产原料或辅料进行循环利用，从而该扩建工程吨产品不仅能耗低，而且污染物排放量低，铜、镍、钴等金属回收率高。总之各项指标已跨入同类型企业中先进水平，且充分体现循环经济理念。因此，该扩建工程符合清洁生产要求。

（2）建议。

①根据原料的清洁性制定企业内部原（辅）材料标准，不用、限用或少用有毒有害的材料；用无毒、低毒或少毒的材料替代有毒有害的材料，努力从源头减少有毒有害物质的量。

如限制镍精矿中砷、氟等有害物的含量；锅炉煤应选用低硫、低灰分的燃煤。

②设备的清洁性，主要体现在：一是要求转化利用效率高、产污系数低的设备；二是设备封闭性好，没有"跑、冒、滴、漏"问题；三是节能降耗、资源流失率少、排污系数低；四是设备要有利于生产操作控制的自动化，采用自动化控制鼓风量、温度等条件，降低能源消耗，提高资源回收率。

③污染的预防和治理在实施工艺、设备和原材料清洁性的同时，依然采取积极的污染预防和治理措施，主要体现在烟气低空污染的防治：在铜渣焙烧熔炼过程中因加料、放渣等作业现场会有 SO_2 烟气泄漏，通过设置活动烟罩、回转烟罩、集烟箱、管道、阀门、环保风机和高架烟囱等，减少漏风率。将上述低空含硫烟气高空排放，既改善了作业环境，又避免泄漏烟气低空污染。

④硫酸车间酸性场面水的集中收集，将熔炼、制酸区域易被烟尘、酸污染的区域的场面水，通过设置集水池、专用管道、输送泵等，集中收集后再处理回用。

⑤固体废弃物综合利用，使其资源化；对于暂时不能利用的（如生活垃圾），应采取妥善处置措施，做到无害化，尽量使固体废物零排放。

⑥生产过程的控制和管理。生产过程控制主要是控制重要生产指标，如提高制酸系统的净化效率、转化率和吸收率；改善环保指标，如提高水的重复利用率和污染物排放综合达标率；提高全硫利用率；固体废物减量化、资源化和无害化；提高环保设施的完好率和开动率。生产过程管理主要是强化清洁生产意识；强化岗位、工序按标准化操作；运用行政、经济等手段，杜绝或减少生产过程的"跑、冒、滴、漏"。

⑦引入循环经济的发展观，做好企业物料循环再利用的工作。如生产过程中产生的清洗废水是否能进一步回收利用其中的重金属，同时将水回用于浆化等工序，不仅减少废物的排放，同时带来经济效益。

⑧应引入和带动当地硫化工产业，使企业硫资源产生更大的经济效益。

⑨加强环境管理制度的建设，按照 ISO 14000 建立并运行环境管理体系，环境管理手册、程序文件及作业文件齐备。健全环境管理制度，做到原始记录及统计数据齐全。

19. 循环经济

开发区、工业园区及大型综合企业评价应编制本章，以建设节约型、环境友好型企业（园区）为目的，提出相应的具体措施。

识别区域各企业主要的副产品与废弃物，筛选共生企业；分析各类企业之间共享资源、梯级利用能源、互换副产品、废弃物综合利用的途径，构建生态产业链；建立与生态示范园区相适应的资源管理与服务的理念与模式；提出区内产业结构优化调整及生态化布局建议。

扩改建项目则需分析回收再利用企业内部（或其他企业）产生的废弃物的可行性，提出废弃物具体利用措施，使污染物处理处置量降到最小；分析可再生能源及劣质能源综合利用的可行性，推进能量的梯级利用及低能耗技术的措施；提出控制过分包装与使用后产品的回收措施；优化项目选址，有利于缩小与其形成产业链企业之间的距离。关注点如下。

（1）企业本身贯彻循环经济理念，俗称小循环。应将循环经济的思想贯穿于整个生产工艺的设计和固体废弃物综合利用等方面。

（2）开发区、工业园区贯彻循环经济理念，俗称中循环。

（3）整个社会，贯彻循环经济理念，俗称大循环。

20. 结论与建议

应集中、准确地概括报告书的主要论点和论据，做到科学、客观、公正，结论应简明扼要。

关注点：明确建设项目与国家产业政策、法规是否相符；选址或选线与区域总体规划、城市规划、环境功能区划和环境保护规划是否相符；污染物排放达标可行性；是否符合区域污染物总量控制要求；项目实施后是否满足区域环境质量与环境功能的要求；项目清洁生产水平；公众参与的形式与结果；从环境保护的角度，明确项目建设是否可行；结论务必明确、客观、公正。

结论与建议的写法参见下面案例。

××冶炼厂尾渣综合利用工程环境影响报告书总结论及建议

1. 结论

（1）产业政策符合性。××冶炼厂改扩建工程为利用高冰镍冶炼尾渣进行有用金属的提取，属于资源的综合利用，充分体现了循环经济的理念。并且该工程所采取的工艺为半干半湿冶炼，生产产品具有能耗低、成本低、金属回收率高等明显优势。本项目在我区建设可以充分依托当地的资源、技术优势，取得可观的经济效益和社会效益，带动相关行业，进一步促进西部经济的开发和发展。同时改造工程环保设施设计合理，整体工艺体现清洁生产、节能降耗的主导思想，本工程属于国家鼓励类项目。因此，本项目符合国家产业政策和环保政策，符合自治区优势资源转换战略。

（2）规划相容性及选址合理性。拟建工程厂址位于自治区高耗能产业区内，在冶炼厂原有厂区内改扩建，距××市约15km，远离××市文化和商业中心，交通便利，项目供水、供电、周边厂矿协作等外部条件已基本具备，公共设施等外部条件供给有保障，厂址周围在发展及调整方面余地较大，与××市小黄山工农业发展没有矛盾，厂址选择符合××市的城市发展规划和环境保护要求，厂址选择合理。

（3）清洁生产水平。本项目的部分技术是我国技术人员结合本地区资源特点开发研制的生产工艺，比较适合当地的矿产资源和生产操作水平。通过对生产工艺与技术装备、资源能源回收利用、扩建前后主要技术、经济和产品指标、污染物产生和排放指标、废物回收利用等数十个定性、定量指标的对比分析，拟建项目总体清洁生产水平可以达到国内同行业领先水平。

（4）达标排放情况。本项目是在原厂区基本采用原工艺进行改扩建工程，改扩建过程中"以新带老"（如原料输送系统除尘）和强化了原有的污染物防治措施，使污染物排放均能做到稳定达标排放。

本工程对物料输送及上料、卸料产生的粉尘通过布袋除尘器进行处理；焙烧产生的烟气通过制酸系统回收硫后，尾气经电除雾器捕集酸雾后排放；对酸化焙烧产出的含一定酸雾的烟气，通过酸雾净化塔洗涤后排放；对电积车间产生的硫酸雾，采用聚乙烯塑料颗粒覆盖；车间内设置整体通风换气机组净化车间环境，保持工人的操作环境。以上措施均能保证各类污染物达标排放。设备间冷却水经冷却塔冷却后循环使用，制酸车间产生的含酸废水经循环浓缩后回用于铜车间酸浸工段，不外排，浸出车间产生的沉镍废水，经新建设的水回用处理装置处理后，回收其中的重金属，80%的废水回用于生产车间及锅炉房，少量废水经回收其中的铜、镍后，处理达标后排入氧化塘。生活污水经过化粪池处理后，也排放到氧化塘。氧化塘废水夏季全部用于厂区绿化，冬季贮存，各类废水均可达标排放。生产过程中产生的设备噪声经一系列消声减噪措施后均可达标排放；整个生产过程产生的固体废物均得到综合利用，无废弃物外排。

（5）总量控制。通过本报告综合分析，建议本项目污染物总量控制指标为：粉尘 14t/a，烟尘 128t/a，SO_2 252t/a。

（6）环境功能要求。据现状调查，目前××市大气环境质量功能划定为二类区，拟建厂区因位于上前冲洪积平原中上部，处于区域地下水径流补给区；噪声质量功能划定为三类工业区。本项目运营后，在采取一系列环保措施后，各类污染物均可达到相应的排放标准，则项目建设基本符合该地区的环境功能要求。

（7）环境质量现状分析。根据现状调查，项目所在地大气环境、地下水环境及厂区周围声环境质量均较好，都能达到相应的质量标准要求。

（8）环境影响分析。

①大气环境。本项目完工后，烟（粉）尘、SO_2 等废气污染物叠加背景值后，在有风时的小时轴线浓度预测值、静风时浓度预测值、年平均浓度预测值、最大落地浓度预测值均低于环境空气质量二级标准；各评价点烟（粉）尘、SO_2 全年日均浓度预测值均低于环境空气质量二级标准。

通过非正常工况下小时平均最大落地浓度预测显示，非正常工况时，SO_2 最大落地浓度超标，必须加强管理与维修，杜绝事故状况出现。

②水环境。生产过程对水环境的影响主要是地下水，其污染途径主要来源于氧化塘渗漏及工程运行期的无组织排放。若生产废水进行回收利用、氧化塘增加防渗等级，则由氧化塘渗漏导致地下水污染的潜在风险较小。另外拟建工程在设计、建设及运营过程中，只要做到精心设计、精心施工、严格管理、强化监控措施，并严格执行设计中采取的污染防治措施，则工程运行及排水对周围地下水环境影响很小。

③声环境。厂界周围各预测点昼夜间噪声声级均可达标，根据预测，拟建项目对厂界噪声的贡献非常小，且厂界周围均为戈壁荒地，厂界大且周围无声环境敏感目标，因此，噪声对厂界周围环境的影响很小。

④固体废弃物环境影响。拟建工程产生的固体废弃物全部得到综合利用，没有固体废弃物外排，因此，固体废弃物对环境造成的影响很小。

（9）环境风险分析。本项目采用成熟可靠的生产工艺和设备，各专业在设计中严格执行各专业有关规范中的安全卫生条款，对影响安全卫生的因素，均采取了措施予以消防，正常情况下能够保证安全生产和达到工业企业设计卫生标准的要求。通过采取以上措施，本项目在建成后将能有效地防止火灾、爆炸、中毒等事故的发生，一旦发生事故，依靠装置内的安全防护设施和事故应急措施能及时控制事故，防止事故的蔓延。根据分析，只要严格遵守各项安全操作规程和制度，加强安全管理和落实应急预案，本项目即使发生事故，其污染影响主要在厂区内部。

（10）公众参与。通过公众参与调查，结果显示96%的公众支持该项目的实施，得到了公众的认可。

综上所述，本评价认为拟建工程属于资源综合利用工程，符合国家、地方的产业与规划政策，随着冶炼厂镍系统的扩建，该系统的扩建势在必行，否则可能造成更大的污染以及资源的浪费。该项目建成后经济、环境效益较可观，只要认真落实好本评价各章节提出的环保、节能降耗措施，从保护环境的角度出发，拟建项目是可行的也是必要的。

2. 建议

（1）必须严格执行"三同时"制度，即对本评价提出的环保措施，必须与生产装置同时设计，同时施工，同时投入运行。

（2）要求800m³/d含铜、镍废水铜、镍回收及水回用工程在拟建项目建设前或至少在投产前建成使用，拟建工程实施后，所有的含重金属废水必须进入水回用系统进行处理。

21. 报告书（表）应附的附件

（1）环境影响评价工作委托书。

（2）建设项目立项文件（备案制建设项目的备案文件）。

（3）建设项目选址初步意见、土地租赁协议。

（4）水土保持方案批复意见。

（5）水利部门有关取水的批复意见（淮河流域新增排污口，需水行政主管部门有关排水的排放意见）。

（6）环境现状监测有关资料：监测单位的名称、资质及原始监测数据。

（7）固体废物（危险废物）处理处置协议书（危险废物需提供处理处置单位的相关资质证明）。

（8）污水送城市污水处理厂处理的，需附城市污水处理厂或者其主管部门同意接纳污水的函件。

（9）需移民安置的，需附当地政府关于移民安置方案的批准文件。

22. 报告书（表）应附的附图

（1）评价范围及敏感点分布图。

（2）产业规划、土地规划相关图件。

（3）生态红线图件。

（4）建设项目地理位置图。应能清晰标示本项目所在区县位置。

（5）建设项目周边环境概况图。图示厂（场）界外不少于500m的土地利用现状和主要环境敏感保护目标，并附指 N 向、比例尺及图标，有卫生防护距离的要图示。

（6）区域水系图。

（7）建设项目平面布置图。图示主要生产装置、公用工程、储罐区、危险化学品库等及污染源（污染治理装置）位置（排气筒、排污口、雨水口、噪声源、固废贮存场、事故池等）。改扩建项目标明已建、在建和拟建项目区域。总平面布置图应附图例、指 N 向及比例尺、图标等。

（8）环境空气、地表水、地下水、土壤、底泥、声环境监测布点（断面）图。环境空气监测布点图应图示评价范围、主要环境空气保护目标，附风玫瑰图和比例尺图标。地表水及地下水环境监测断面（点）应在水系图上标明。声环境监测布点图应标明主要噪声源、声环境保护目标。监测点编号应图、表一致。

（9）其他。

①其他图件如区域雨污管网图、植被现状图、土壤侵蚀图、地质构造图、区域土地利用现状图、厂区区域防渗图、预测相关图件等根据报告类型要求绘制。

②图件基本要素有比例尺、风玫瑰、图例等。

③图幅一般为 A4，大的图件可以用 A3，加边框，编号要图文对应。

④尽量简洁、准确、一目了然。

⑤制图工具包括但不限于 CAD、PS、Word、Excle。

23. 编制依据

编制环评文件时，应有编制依据。关注点如下：

（1）引用的国家法律法规、技术标准，应为有效版本，不可引用作废版本。

（2）引用的国家法律法规、地方法律法规，应写实施日期，不写发布日期。

（3）应有项目依据，如委托书等。

以某项目为例，编制依据的格式如下。

编制依据

一、法律、法规及政策性依据

国家级

1.《中华人民共和国环境保护法》（2015 年 1 月 1 日实施）

2.《中华人民共和国环境影响评价法》（2016 年 9 月 1 日实施）

3.《中华人民共和国水污染防治法》（2016 年 1 月 1 日）

4.《中华人民共和国水法》（2016 年 9 月 1 日）

5.《中华人民共和国防洪法》（2016 年修订）

6.《中华人民共和国固体废物污染环境防治法》（2016 年 11 月 7 日修订）

7.《中华人民共和国环境噪声污染防治法》（1997 年 3 月 1 日施行）

8.《中华人民共和国水土保持法》（2011 年 3 月 1 日修订）

9.《中华人民共和国大气污染防治法》（2016 年 1 月 1 日实施）

10.《中华人民共和国土地管理法》（2004 年 8 月 28 日）

11.《中华人民共和国节约能源法》（2016 年 7 月修订）

12.《建设项目用地预审管理办法》（2009 年 1 月 1 日）

13.《建设项目环境保护管理条例》（1998 年 11 月 29 日）

14.《环境影响评价公众参与暂行办法》（2006 年 3 月 18 日）

15.《建设项目环境保护分类管理名录》（环境保护部令第 33 号）

16.《建设项目环境影响评价文件分级审批规定》（2009 年 3 月 1 日）

17.《产业结构调整指导目录（2011 年本）》（2013 年修订）

地方级

北京市环境相关法规、政策依据如下。

1.《北京市水污染防治条例》（2011 年 3 月 1 日）

2.《北京市大气污染防治条例》（2014 年 3 月 1 日）

3.《北京市环境噪声污染防治办法》（2007 年 1 月 1 日）

4. 北京市人民政府《北京市人民政府关于维护施工秩序减少施工噪声扰民的通知》（1996 年 4 月 16 日）

5.《北京市建设工程施工现场环境保护标准》（京建施〔2003〕3 号，2003 年 1 月 14 日）

6. 北京市《关于严格贯彻控制交通噪声有关规定的通知》（京公交（法）字〔1992〕2 号，1992 年 8 月）

7. 北京市关于修改《北京市人民政府关于加强垃圾渣土管理的规定》（2002 年 11 月 18 日）

8.《北京市建设工程施工现场管理办法》（市政府令第 247 号，2013 年 7 月 1 日）

9.《北京市城市绿化条例》（2010 年 3 月 1 日）

10.《关于我市道路两侧新建建筑采用隔声窗的通知》（京环保辐字〔1999〕564 号，1999 年 7 月 28 日）

11.《北京市环境保护局关于加强建设项目环境影响评价公众参与有关问题的通知》（京环发〔2007〕34 号）

12.《北京市环境保护局关于转发环境保护部办公厅<建设项目环境影响评价政府信息公开指南（试行）>的通知》（京环发〔2013〕215 号）

13.《北京市 2013—2017 年清洁空气行动计划》（京政发〔2013〕27 号）

14. 关于落实《北京市 2013—2017 年清洁空气行动计划》加强建筑工地扬尘治理工作的通知（京建发〔2013〕515 号）

15.《北京市人民政府关于印发北京市空气重污染应急预案的通知》（京政发〔2015〕11 号）

16.《建筑垃圾运输车辆标识、监控和密闭技术要求》（DB11/T1077—2014，2014 年 7 月 1 日）

17. 北京市人民政府办公厅关于印发市发展改革委等部门制定的《北京市新增产业的禁止和限制目录（2015 年版）》的通知（京政办发〔2015〕42 号）

二、技术标准及规范

1.《环境影响评价技术导则 总纲》（HJ 2.1—2011）

2.《环境影响评价技术导则 大气环境》（HJ 2.2—2008）

3.《环境影响评价技术导则 地下水环境》（HJ 610—2016）

4.《环境影响评价技术导则 声环境》（HJ 2.4—2009）

5.《环境影响评价技术导则 生态影响》（HJ 19—2011）

6.《环境影响评价技术导则 地面水环境》（HJ/T 2.3—1993）

7.《公路建设项目环境影响评价规范（试行）》（JTG B03—2006）

8.《环境影响评价公众参与暂行办法》（国家环保总局 2006 年 2 月 14 日，环发 2006 [28] 号）

9.《民用建筑隔声设计规范》GB 50118—2010

10.《交通噪声污染缓解工程技术规范 第 1 部分：隔声窗措施》（DB11/T 1034.1—2013，2014 年 1 月 1 日）

11.《交通噪声污染缓解工程技术规范 第 2 部分：声屏障措施》（DB11/T 1034.2—2013，2014 年 1 月 1 日）

三、其他相关资料

1.《北京市规划委员会房山分局关于审查北京良乡高教园区市政道路工程二期设计方案的函》（房规函 [2015] 48 号）

2.《北京市规划和国土资源管理委员会建设项目用地预审意见》（市规划国土房预 [2016] 2 号）

3.《房山区发展和改革委员会建设项目环保审批意见告知单》（房发改告知 [2016] 第 94 号）

4.《北京市水务局关于北京良乡高教园区市政道路工程二期水影响评价报告书的批复》（京水评审 [2016] 99 号）

5.《关于开展北京良乡高教园区市政道路工程二期环境影响评价工作委托书》

6.《房山新城规划（2005—2020 年）》

7.《北京良乡高教园区控制性详细规划》

8.《北京市房山区国民经济和社会发展第十二个五年规划纲要》

24. 建设项目环评审批基础信息表

2017 年 6 月 12 日，环保部环办环评函 [2017] 905 号发文：关于启用《建设项目环评审批基础信息表》的通知。决定从 2017 年 7 月 1 日启用《建设项目环评审批基础信息表》（表 2-25）。表的填报说明如下：

（1）建设项目部分。

①建设单位。此处由建设单位加盖公章。对于单位名称较长的，可通过缩小字体或手工换行（Alt+回车键）保证显示完整。

②填表人。实际填表人，建设单位或者建设单位委托环评单位协助填写此表的人员。

③建设单位联系人。建设单位联系人，可与填表人一致或不一致。

④项目代码。指经济主管部门审批核发的唯一项目代码，一般为投资项目在线审批监管

表 2-25　建设项目环评审批基础信息表

		建设单位（盖章）	填表人（签字）	建设单位联系人（签字）
建设项目	项目名称		建设内容、规模	建设内容：　　建设规模：
	项目代码①			
	建设地点			
	项目建设周期（月）		计划开工时间	
	环境影响评价行业类别②		预计投产时间	
	建设性质		国民经济行业类型 2	
	现有工程排污许可证编号（改、扩建项目）		项目申请类别	
	规划环评开展情况		规划环评文件名	
	规划环评审查机关		规划环评审查意见文号	
	建设地点中心坐标③（非线性工程）	经度	环境影响评价文件类别	
		纬度		
	建设地点坐标（线性工程）（万元）	起点经度	终点经度	终点纬度
		起点纬度		工程长度（千米）
	总投资（万元）		环保投资（万元）	环保投资比例
建设单位	单位名称	法人代表	单位名称	证书编号
	统一社会信用代码（组织机构代码）	技术负责人	评价单位 环评文件负责人 项目负责人	联系电话
	通讯地址	联系电话	通讯地址	

续表

建设单位（盖章）					填表人（签字）			建设单位联系人（签字）

污染物排放量		污染物	现有工程（已建+在建）		本工程（拟建或调整变更）		总体工程（已建+在建+拟建或调整变更）			排放方式
			①实际排放量（t/a）	②许可排放量（t/a）	③预测排放量（t/a）	④"以新带老"削减量（t/a）	⑤区域平衡替代本工程削减量④（t/a）	⑥预测排放总量⑤（t/a）	⑦排放增减量⑤（t/a）	
废水		废水量（万吨/a）								□不排放 ■间接排放：■市政管网 □集中式工业污水处理厂____ □直接排放：□受纳水体____
		COD								
		氨氮								
		总磷								
		总氮								
废气		废气量（万标立方米/a）								
		二氧化硫								
		氮氧化物								
		颗粒物								
		挥发性有机物								

项目涉及环境保护区与风景名胜区的情况	生态保护目标	影响及主要措施	
	自然保护区		
	饮用水水源保护区（地表）		
	饮用水水源保护区（地下）		
	风景名胜区		

生态保护目标	主要保护对象（目标）	级别	名称	工程影响情况

	占用面积（公顷）	是否占用	生态防护措施
			避让 减缓 补偿 重建 （多选）
			避让 减缓 补偿 重建 （多选）
			避让 减缓 补偿 重建 （多选）
			避让 减缓 补偿 重建 （多选）

①同级经济部门审批核发的唯一项目代码。

②分类依据：国民经济行业分类（GB/T 4754—2017）。

③对多点项目仅提供主体工程的中心坐标。

④指该项目所在区域通过"区域平衡"专为本工程替代削减的量。

⑤⑦=③-④-⑤；⑥=②-④+③，当②=0时，⑥=①-④+③。

平台生成的项目代码，由建设单位提供或确认。

可参考"全国投资项目在线审批监管平台"，格式为 2017-130000-01-01-00001。

对于部分项目可能没有审批核发项目代码，此项填"无"。

⑤建设地点。至少填写到县一级行政区域。涉及跨多个地区的线性工程需填写到所涉地区县一级区域。对于内容较长的，可通过缩小字体或手工换行（Alt+回车键）保证显示完整。

⑥项目建设周期。单位为月，精确到小数点后 1 位。

⑦建设内容、规模。参考格式为"（建设内容：____建设规模：____）"，可根据实际建设内容填写多行内容。对于内容较长的，可通过缩小字体或手工换行（Alt+回车键）保证显示完整。

⑧计划开工时间、预计投产时间。填写到年、月，参考格式"2017/04"，表格自动统一为"2017 年 4 月"显示。

特别注意：输入 2017.4 格式会显示为错误年月。

⑨环境影响评价行业类别。按《建设项目环境影响评价分类管理名录》（2017 年环境保护部第 44 号）填写项目类别，如名录有更新，以更新分类为准。

示例：2 粮食及饲料加工、67 金属制品加工制造、89 水力发电。

⑩国民经济行业类型。按现行有效的"国民经济行业分类（GB/T 4754—2017）"版填写至二级分类（即到中类）。如有更新，以更新分类为准。

示例：031 牧畜饲养、441 电力生产、263 农药制造。

⑪规划环评审查机关。指负责审查规划环评的环境保护主管部门。如没有，此项填"无"。

⑫建设地点中心坐标（非线性工程）。项目中心点坐标，对于多点项目，提供主体工程的中心坐标。其中经纬度格式：999.999999 度（暂不支持度分秒格式，原始位置为度分秒格式的，需通过工具转换成小数位度格式）。

⑬建设地点坐标（线性工程）。目前此表格只填写起点经纬度和终点经纬度。对于存在多条线路工程的，可选择整个工程最远起点和终点端点位填入位置信息，但需在"建设内容、规模"项目中描述多条线路的内容与线路长度。待在线填报系统开通后，将可支持多拐点、多线路的坐标输入。其中经纬度格式：999.999999 度（暂不支持度分秒格式，原始位置为度分秒格式的，需通过工具转换成小数位度格式）。

⑭总投资、环保投资。单位为万元，精确到小数点后 2 位。

⑮环保投资比例。已内置计算公式。

⑯其他说明。本部分"建设性质""规划环评开展情况""项目申请类别""环境影响评价文件类别"均为通过下拉列表选择输入。

如无法显示下拉列表内容，可尝试采用 WPS 或更高版本 Excel 测试。对于没有相关信息项的，填"无"。

（2）建设单位。

①单位名称。指建设项目的投资主体，同表头"建设单位"。如内容较长，可通过缩小

字体或手工换行（Alt+回车键）保证显示完整。

②通讯地址。指建设单位联系人的通讯联系地址。如内容较长，可通过缩小字体或手工换行（Alt+回车键）保证显示完整。

③统一社会信用代码（组织机构代码）。统一社会信用代码是一组长度为18位的用于法人和其他组织身份识别的代码，由国家标准委发布，并遵照强制性国家标准《法人和其他组织统一社会信用代码编码规则》。

对于未更新统一社会信用代码的，沿用原有组织机构代码。对于二者代码都未申请的，此项填"无"

（3）评价单位。

①单位名称。环评单位全称，如内容较长，可通过缩小字体或手工换行（Alt+回车键）保证显示完整。

②证书编号。与环评单位对应的环评资质证书完整编号。

（4）污染物排放量。

①废水量。此行单位特定采用"万吨/a"，与标题单位不同。

②排放方式。点选填写对应选项时，排放方式和排放去向需对应。

③废气量。单位特定采用"万标立方米/a"，与标题单位不同。

④污染物。只填写表格中提供的污染物，其他特征污染物可不填写。

⑤预测排放总量。此部分为自动计算。

当许可排放量②>0时，预测排放总量⑥=②-④+③；当许可排放量②=0时，预测排放总量⑥=①-④+③。

⑥排放增减量。此部分为自动计算。排放增减量⑦=③-④-⑤。增加为正值（可不输入"+"号），减少为负值。

⑦其他说明。污染物排放量默认显示3位有效数字，如地方有特殊规定，可手动调整有效显示位数。

本部分"预测排放总量""排放增减量"已添加自动计算公式，非计算错误，请勿自行修改计算结果。

（5）项目设计保护区与风景名胜区的情况。

①级别。根据生态保护目标，采用下拉列表选择"国家级、省级、市级、县级"。如涉及多个保护目标，按影响的最高级别填写。

②工程影响情况。根据生态保护目标，采用下拉列表选择"核心区、缓冲区、实验区"或"一级保护区、二级保护区、准保护区"或"核心景区、其他景区"。如涉及影响多个保护目标，按影响的最高级别填写。

③生态防护措施。点选不同措施的选择框，可多选。

④其他说明。本部分"级别""工程影响情况""是否占用"均为通过下拉列表选择输入。如无法显示，可尝试采用WPS或更高版本Excel（2010版以上）测试。对于没有相关信息项的，填"无"。

（6）其他说明。

①表格整体布局有调整，默认可直接输出至一张 A3 页面打印纸，也可在打印过程中缩放至一张 A4 页面。

②环保部发布的样例表中，最后附加的"项目信息二维码"为正在开发中的"在线填报系统"自动生成，线下填写 Excel 文件时不涉及此二维码。

③对于示例表中"下拉选项""自动调取信息"等内容，是对填报系统的设计要求，线下填写 Excel 文件时，需自行按规范填写相应信息。

④环保部正在组织开发全国统一的填报系统，填报系统将与相关数据库关联，自动调取相关信息，可大幅减少填报工作量，并将支持多点或多线路线性工程位置输入，该系统启用时将提前通知。

25. 公众参与

根据《建设项目环境影响评价技术导则总纲》（HJ 2.1—2016），从 2017 年 1 月 1 日起，公众参与内容和环境影响评价文件编制工作分离；企业是公众参与的主体，公众参与需要企业自行开展，并单独报送。公众参与已经与环评文件分离了，不能包含在环评编制费用中。

分离不是弱化公众参与，相反更是强化。探索更为有效和可操作的公众参与模式；明确建设单位是公众参与的主体责任，优化公众参与的形式和程序；引导公众聚焦环境影响问题，重点关注可能受直接环境影响的公众意见，大幅度提升专家参与的程度和水平；督促建设单位高度重视公众关切，对公众反映突出的问题，应及时归纳整理并公开解释和答复。公众参与的开展情况单独编制成册，存档备查，建设单位报送的环境影响报告书应附具公众参与说明书，供环评审批决策参考。

26. 重新报批问题

在报告书（表）上，应当注明有效性说明。即：根据《中华人民共和国环境影响评价法》第二十四条的规定，在项目建设方不违背下列条件的前提下，本报告有效。

（1）建设项目的性质、规模、地点、采用的生产工艺或者防治污染、防止生态破坏的措施发生重大变动的，建设单位应当重新报批建设项目的环境影响评价文件。

环评管理中部分行业建设项目重大变动清单及环保部发布的文件如下：

水电建设项目重大变动清单（试行）（环办〔2015〕52 号）

水利建设项目（枢纽类和引调水工程）重大变动清单（试行）（环办〔2015〕52 号）

火电建设项目重大变动清单（试行）（环办〔2015〕52 号）

煤炭建设项目重大变动清单（试行）（环办〔2015〕52 号）

油气管道建设项目重大变动清单（试行）（环办〔2015〕52 号）

铁路建设项目重大变动清单（试行）（环办〔2015〕52 号）

高速公路建设项目重大变动清单（试行）（环办〔2015〕52 号）

港口建设项目重大变动清单（试行）（环办〔2015〕52 号）

石油炼制与石油化工建设项目重大变动清单（试行）（环办〔2015〕52 号）

输变电建设项目重大变动清单（试行）（环办辐射〔2016〕84 号）

制浆造纸建设项目重大变动清单（试行）（环办环评［2018］6号）

制药建设项目重大变动清单（试行）（环办环评［2018］6号）

农药建设项目重大变动清单（试行）（环办环评［2018］6号）

化肥（氮肥）建设项目重大变动清单（试行）（环办环评［2018］6号）

纺织印染建设项目重大变动清单（试行）（环办环评［2018］6号）

制革建设项目重大变动清单（试行）（环办环评［2018］6号）

农副食品加工（制糖）建设项目重大变动清单（试行）（环办环评［2015］6号）

电镀建设项目重大变动清单（试行）（环办环评［2018］6号）

钢铁建设项目重大变动清单（试行）（环办环评［2018］6号）

炼焦化学建设项目重大变动清单（试行）（环办环评［2018］6号）

平板玻璃建设项目重大变动清单（试行）（环办环评［2018］6号）

水泥建设项目重大变动清单（试行）（环办环评［2018］6号）

铜铅锌冶炼建设项目重大变动清单（试行）（环办环评［2018］6号）

铝冶炼建设项目重大变动清单（试行）（环办环评［2018］6号）

部分省市环保部门发布的文件如下：

关于加强建设项目重大变动环评管理的通知（苏环办［2015］256号）

重庆市建设项目重大变动界定程序规定（渝环发［2014］65号）

上海市建设项目变更重新报批环境影响评价文件工作指南（2016年版）（沪环保评［2016］349号）

（2）建设项目的环境影响评价文件自批准之日起超过五年，方决定该项目开工建设的，其环境影响评价文件应当报原审批部门重新审核。

27. 关于违法违规建设项目环境影响现状评估报告

2014年11月12日，国务院发（国办发［2014］56号）：国务院办公厅关于加强环境监管执法的通知，要求对于违法违规的建设项目进行全面清理整顿。当前，很多地区正在编制现状评估报告。对于此类报告，关注点如下。

（1）大部分省市制定了《环保违规建设项目现状环境影响报告编制参考提纲》，可按编制提纲进行编写。

（2）编制现状评估报告时，应参考当地最新同类型项目的报告书（表）内容。

（3）关于环境质量监测数据，有的省要求用环保验收时监测数据；有的省市没有明确要求。在现状评估报告中，可以进行环境质量监测，也可引用项目就近的其他项目现状监测数据，但要征得当地环保局的同意。

28. 环保部门发布的"审批原则、审查审批要求"符合性问题

从事环境影响评价业务的单位，在三级审查环评文件时，都要重点审查与环保部门发布的审批原则符合性问题。

2018年初，环保部发布了以下17项审批原则。

（1）火电建设项目环境影响评价文件审批原则（试行）。

（2）水电建设项目环境影响评价文件审批原则（试行）。

（3）钢铁建设项目环境影响评价文件审批原则（试行）。

（4）铜铅锌冶炼建设项目环境影响评价文件审批原则（试行）。

（5）石化建设项目环境影响评价文件审批原则（试行）。

（6）制浆造纸建设项目环境影响评价文件审批原则（试行）。

（7）高速公路建设项目环境影响评价文件审批原则（试行）。

（8）水泥制造建设项目环境影响评价文件审批原则（试行）。

（9）煤炭采选建设项目环境影响评价文件审批原则（试行）。

（10）汽车整车制造建设项目环境影响评价文件审批原则（试行）。

（11）铁路建设项目环境影响评价文件审批原则（试行）。

（12）制药建设项目环境影响评价文件审批原则（试行）。

（13）水利建设项目（引调水工程）环境影响评价文件审批原则（试行）。

（14）航道建设项目环境影响评价文件审批原则（试行）。

（15）机场建设项目环境影响评价文件审批原则（试行）。

（16）港口建设项目环境影响评价文件审批原则（试行）。

（17）水利建设项目（河湖整治与防洪治涝工程）环境影响评价文件审批原则（试行）。

有的省市，如河南省，也编制了审查审批要求：皮革及毛皮加工、碳素及石墨制品、再生铅等三个行业建设项目环境影响评价文件审查审批要求（试行）（豫环文［2017］347号）；河南省环境保护厅关于规范生活垃圾焚烧等七个行业建设项目环境影响评价文件审查审批工作的通知（豫环文［2016］220号）。注意，不但要满足环保部要求，还要满足项目所在地环保部门要求。

第三节　环境行业及其他行业和部分省市环保局对环境影响报告书（表）的要求

本节重点强调，编制环境影响评价文件，应按环境影响评价技术导则要求内容进行。编制规划环境影响评价文件，按规划环境影响评价技术导则和有关文件要求进行；编制建设项目环境影响评价文件，按建设项目环境影响评价技术导则要求进行。

目前，已有的规划环境影响评价导则和有关文件如下：

《规划环境影响评价技术导则　总纲》（HJ 130—2014）

《规划环境影响评价技术导则　煤炭工业矿区总体规划》（HJ 463—2009）

《江河流域规划环境影响评价规范》（SL 45—2006）

《河流水电规划环境影响评价技术要点（试行）》（环办［2012］48号）

《港口总体规划环境影响评价技术要点》（环发［2012］49号）

《内河高等级航道建设规划环境影响评价技术要点》（环发［2012］49号）

《城市快速轨道交通规划环境影响评价技术要点（试行）》（环发［2012］72号）

《公路网规划环境影响评价技术要点（试行）》（环办［2014］102号，2014-11-24）

《城际铁路网规划环境影响评价技术要点（试行）》（环办环评［2017］43号，2017-5-22）

这些环境影响评价导则的内容，可以在环评云助手中查询，环评云助手有手机版，随时更新，非常方便。

一、规划环境影响评价技术导则总纲（HJ 130—2014）要求

1. 规划环境影响报告书

规划环境影响报告书应包括以下主要内容。

（1）总则。概述任务由来，说明与规划编制全程互动的有关情况及其所起的作用。明确评价依据、评价目的与原则、评价范围（附图）、评价重点；附图、列表说明主体功能区规划、生态功能区划、环境功能区划及其执行的环境标准对评价区域的具体要求，说明评价区域内的主要环境保护目标和环境敏感区的分布情况及其保护要求等。

（2）规划分析。概述规划编制的背景，明确规划的层级和属性，解析并说明规划的发展目标、定位、规模、布局、结构、时序，以及规划包含的具体建设项目的建设计划等规划内容；进行规划与政策法规、上层位规划在资源保护与利用、环境保护、生态建设要求等方面的符合性分析，与同层位规划在环境目标、资源利用、环境容量与承载力等方面的协调性分析，给出分析结论，重点明确规划之间的冲突与矛盾；进行规划的不确定性分析，给出规划环境影响预测的不同情景。

（3）环境现状调查与评价。概述环境现状调查情况。阐明评价区自然地理状况、社会经济概况、资源赋存与利用状况、环境质量和生态状况等，评价区域资源利用和保护中存在的问题，分析规划布局与主体功能区规划、生态功能区划、环境功能区划和环境敏感区、重点生态功能区之间的关系，评价区域环境质量状况，分析区域生态系统的组成、结构与功能状况、变化趋势和存在的主要问题，评价区域环境风险防范和人群健康状况，分析评价区主要行业经济和污染贡献率。对已开发区域进行环境影响回顾性评价，明确现有开发状况与区域主要环境问题间的关系。明确提出规划实施的资源与环境制约因素。

（4）环境影响识别与评价指标体系构建。识别规划实施可能影响的资源与环境要素及其范围和程度，建立规划要素与资源、环境要素之间的动态响应关系。论述评价区域环境质量、生态保护和其他与环境保护相关的目标和要求，确定不同规划时段的环境目标，建立评价指标体系，给出具体的评价指标值。

（5）环境影响预测与评价。说明资源、环境影响预测的方法，包括预测模式和参数选取等。估算不同发展情景对关键性资源的需求量和污染物的排放量，给出生态影响范围和持续时间，主要生态因子的变化量。预测与评价不同发展情景下区域环境质量能否满足相应功能区的要求，对区域生态系统完整性所造成的影响，对主要环境敏感区和重点生态功能区等环境保护目标的影响性质与程度。根据不同类型规划及其环境影响特点，开展人群健康影响状况评价、事故性环境风险和生态风险分析、清洁生产水平和循环经济分析。预测和分析规划

实施与其他相关规划在时间和空间上的累积环境影响。评价区域资源与环境承载能力对规划实施的支撑状况。

（6）规划方案综合论证和优化调整建议。综合各种资源与环境要素的影响预测和分析、评价结果，分别论述规划的目标、规模、布局、结构等规划要素的环境合理性，以及环境目标的可达性和规划对区域可持续发展的影响。明确规划方案的优化调整建议，并给出评价推荐的规划方案。

（7）环境影响减缓措施。详细给出针对不良环境影响的预防、最小化及对造成的影响进行全面修复补救的对策和措施，论述对策和措施的实施效果。如规划方案中包含有具体的建设项目，还应给出重大建设项目环境影响评价的重点内容和基本要求（包括简化建议）、环境准入条件和管理要求等。

（8）环境影响跟踪评价。详细说明拟定的跟踪评价方案，论述跟踪评价的具体内容和要求。

（9）公众参与。说明公众参与的方式、内容及公众参与意见和建议的处理情况，重点说明不采纳的理由。

（10）评价结论。归纳总结评价工作成果，明确规划方案的合理性和可行性。

（11）附必要的表征规划发展目标、规模、布局、结构、建设时序以及表征规划涉及的资源与环境的图、表和文件，给出环境现状调查范围、监测点位分布等图件。

2. 规划环境影响篇章（或说明）

规划环境影响篇章（或说明）应包括以下主要内容。

（1）环境影响分析依据。重点明确与规划相关的法律法规、环境经济与技术政策、产业政策和环境标准。

（2）环境现状评价。明确主体功能区规划、生态功能区划、环境功能区划对评价区域的要求，说明环境敏感区和重点生态功能区等环境保护目标的分布情况及其保护要求；评述资源利用和保护中存在的问题，评述区域环境质量状况，评述生态系统的组成、结构与功能状况、变化趋势和存在的主要问题，评价区域环境风险防范和人群健康状况，明确提出规划实施的资源与环境制约因素。

（3）环境影响分析、预测与评价。根据规划的层级和属性，分析规划与相关政策、法规、上层位规划在资源利用、环境保护要求等方面的符合性。评价不同发展情景下区域环境质量能否满足相应功能区的要求，对区域生态系统完整性所造成的影响，对主要环境敏感区和重点生态功能区等环境保护目标的影响性质与程度。根据不同类型规划及其环境影响特点，开展人群健康影响状况分析、事故性环境风险和生态风险分析、清洁生产水平和循环经济分析。评价区域资源与环境承载能力对规划实施的支撑状况，以及环境目标的可达性。给出规划方案的环境合理性和可持续发展综合论证结果。

（4）环境影响减缓措施。详细说明针对不良环境影响的预防、减缓（最小化）及对造成的影响进行全面修复补救的对策和措施。如规划方案中包含有具体的建设项目，还应给出重大建设项目环境影响评价要求、环境准入条件和管理要求等。给出跟踪评价方案，明确跟踪评价的具体内容和要求。

（5）根据评价需要，在篇章（或说明）中附必要的图、表。

二、建设项目环境影响评价技术导则总纲（HJ 2.1—2016）要求

1. 环境影响报告书编制要求

（1）一般包括概述、总则、建设项目工程分析、环境现状调查与评价、环境影响预测与评价、环境保护措施及其可行性论证、环境影响经济损益分析、环境管理与监测计划、环境影响评价结论、附录和附件等内容。

概述可简要说明建设项目的特点、环境影响评价的工作过程、分析判定相关情况、关注的主要环境问题及环境影响、环境影响评价的主要结论等。总则应包括编制依据、评价因子与评价标准、评价工作等级和评价范围、相关规划及环境功能区划、主要环境保护目标等。附录和附件应包括项目依据文件、相关技术资料、引用文献等。

（2）应概括地反映环境影响评价的全部工作成果，突出重点。工程分析应体现工程特点，环境现状调查应反映环境特征，主要环境问题应阐述清楚，影响预测方法应科学，预测结果应可信，环境保护措施应可行、有效，评价结论应明确。

（3）文字应简洁、准确，文本应规范，计量单位应标准化，数据应真实、可信，资料应翔实，应强化先进信息技术的应用，图表信息应满足环境质量现状评价和环境影响预测评价的要求。

2. 环境影响报告表编制要求

环境影响报告表应采用规定格式。可根据工程特点、环境特征，有针对性突出环境要素或设置专题开展评价。

三、四川省建设项目环境影响报告书（表）"五图四表"技术要求（试行）（川环函〔2003〕231号）

1. 五图

（1）地理位置图。

①在右上角套该县、市、在省、市的相对地址圈。

②方位和风玫瑰（可合并）标注于右上方，图例和相对比例尺标注在右下方。

③比例尺一般采用1/50000~1/100000，开发区项目可适当放大。

④反映出行政区划、运路交通、水系、城镇。

（2）工程平面布置图。

①标明图例及风玫瑰，比例尺用相对比例尺，比例尺大小自定。

②直接标明生产装置及车间名称，如文字太多可列表说明。

③标明产污位置、排污位置。

（3）工程外环境关系图。

①应标明主要保护目标环境敏感点。

②采用有等高位线的地形图，标明地理信息距离，方位应标注准确，水系及地形情况应清晰。

③方位及风玫瑰，比例尺自定。

④拟建项目与主要环境保护目标的距离用列表方法表示，表中应将保护目标名称、方位、距离、搬迁的户数和人数表示出来。

⑤此图必须包括全部评价范围。

（4）监测布点图。本图应用有等高线的地理位置图。

（5）生产工艺流程及产污位置图。

①标明各种污染因子产生的位置，标注产污量。

②污染物的去向，包括污染物经什么污染治理措施处理及处理后的排放去向。

③主要原料的加入位置，产品和污染物的产出位置。

注意点如下。非工业项目应增加土地利用现状图；五图中使用统一的图例，图例附后，超出本图例的由评价单位自行标注；五图四表中使用的文字符号统一按环评导则的要求执行；单独的房地产建筑可适当从简。

2. 四表（表 2-26～表 2-29）

表 2-26　项目组成表

名称	建设内容及规模	可能产生的环境问题	
		施工期	营运期
主体工程			
辅助工程			
公用工程			
办公及生活设施			
仓储或其他			

表 2-27　主要原辅材料及能耗情况表

		名称	年耗量（单位）	来源	主要化学成分
主（辅）料					
能源	煤（t）				
	电（kW）				
	气（mm^3）				
水量	地表水				
	地下水				

注　气指天然气。

表 2-28　工程"三废"排放量统计表

种类	产污源点（产生的工序或车间）	处理前产生量及浓度	处置方式	处理后排放量及浓度	处理效率及排放去向
废水					
废气					

续表

种类	产污源点（产生的工序或车间）	处理前产生量及浓度	处置方式	处理后排放量及浓度	处理效率及排放去向
固体废弃物					
噪声					

表 2-29 环保设施（措施）及投资估算一览表

项目	内容	投资（万元）	备注
废气治理			
废水治理			
噪声治理			
固体废弃物处置			
厂区绿化			
环境管理及监测			
其他			
合计			

第四节 环境影响评价报告书原则性错误

编制环境影响评价文件，应避免出现原则性错误。下面将部分省市环保局（厅）对环评机构考核中指出的原则性错误列出，供广大从业人员学习。

一、上海市列出的环评报告书原则性错误

引自上海市环境影响评价机构环评工作日常检查细则（2017年版）。

（1）编制违反建设项目环评分类管理规定，环评文件形式错误或不符合建设项目环评分类目录管理规定的。

（2）建设项目选址选线、规模、性质和工艺路线等与国家和地方有关环境保护法律法规、标准、政策、规范、相关规划、规划环境影响评价结论及审查意见不符合；或与生态保护红线、环境质量底线、资源利用上线和环境准入负面清单不符合，但环评文件未予以明确。

（3）环评文件论证不足以支持建设项目环境可行性结论；或存在重大环境制约因素、环境影响不可接受或环境风险不可控、环境保护措施经济技术不满足长期稳定达标及生态保护要求、区域环境问题突出且整治计划不落实或不能满足环境质量改善目标的建设项目，但环评文件未提出环境影响不可行的结论。

（4）环评文件因编制质量问题被市区两级环境保护行政主管部门退回或不予许可的。

二、北京市列出的环境影响评价报告书原则性错误

引自北京市环境保护局办公室关于贯彻落实环境保护部《建设项目环境影响评价资质管理办法》的通知（2016-08-04）。

（1）建设项目工程分析或者引用的现状监测数据错误。

（2）主要环境保护目标或者主要评价因子遗漏。

（3）环境影响评价工作等级或者环境标准适用错误。

（4）环境影响预测与评价方法错误。

（5）主要环境保护措施缺失。

三、山东省列出的环境影响评价报告书原则性错误

引自山东省建设项目环境影响评价文件质量考核办法（试行）（2017-01-04）。

（1）环境制约因素未识别或分析不足导致项目选址可行性需重新论证的。

（2）环境影响识别、评价重点确定存在较大疏漏的。

（3）对于搬迁、技改、扩建项目，其污染源源强应监测但未进行监测，而以其他方式确定的源强不准确或依据不充分的。

（4）项目产业政策、选址选线和规划符合性分析有误，不足以支持评价结论的。

（5）环境影响评价内容不全面、编制质量差、达不到相关技术要求、不足以支持环境影响评价结论的。

（6）建设项目工程分析出现重大失误，即项目组成不清或主要工程组成遗漏或工艺失实，或项目污染源强、物料平衡、水平衡严重有误，或项目主要污染源、特征污染物遗漏等的。

（7）伪造、更改监测数据或引用的现状监测数据错误的。

（8）主要环境保护目标或主要评价因子遗漏的。

（9）环境影响评价工作等级或环境标准适用错误的。

（10）环境影响预测与评价方法错误或参数确定不当，导致预测结果不正确、不客观的。

（11）主要环境保护措施缺失的。

第三章　环境影响评价基础知识

第一节　环境影响评价基础知识与管理概论

一、环境影响评价基础知识

1. 环境的概念

在环境科学中，环境是指以人类为主体的外部世界，主要是地球表面与人类发生相互作用的自然要素及其总体。

在环保法中，环境是指影响人类生存和发展的各种天然的和经过人工改造的自然因素的总体。

在环境评价中，环境是指以人为主体的环境，即人类环境，是围绕人群的空间以及其中可以直接、间接影响人类生存和发展的各种自然因素和社会因素的总体。

2. 环境系统的概念

环境系统是指围绕人群的各种环境因素构成的整体，这里所说的环境因素，包括生物和非生物因素。

（1）整体性。一定时空中的环境因素通过物质交换、能量流动、信息交流等多种方式，相互联系、相互作用形成的具有一定结构和功能的整体。

（2）动态性。环境系统是一个动态系统，一直处在演变的过程中，其组成和结构是不断变化的。环境污染、生态破坏就是环境系统在人类活动作用下发生不良变化的结果。

（3）稳定性。环境系统具有一定的自我调节功能，具有相对的稳定性。

3. 环境要素的概念

环境要素（也称环境基质）是构成人类环境整体的各个独立的、性质不同的而又服从整体演化规律的基本物质组分。

环境要素分为自然环境要素和社会环境要素；非生物要素和生物要素四类。

4. 环境质量的概念

环境质量表述环境优劣的程度，指一个具体的环境中，环境总体或某些要素对人群健康、生存、繁衍以及社会经济发展适宜程度的量化表达。

环境质量评价是指依据一定的评价标准和方法对一定区域范围内的环境质量进行说明和评定。

环境质量评价的目的是为了环境管理、环境规划、环境综合整治等提供依据，同时也是为了比较各地区所受污染的程度。

5. 环境容量的概念

环境容量是指对一定区域，根据其自然净化能力，在特定的污染源布局和结构条件下，为达到环境目标值，所允许的污染物最大排放量。目前多指在人类生产和自然生态不受危害的前提下，某一地区的某一种环境要素中某种污染物的最大容纳量。

环境容量的分类：大气环境容量、水环境容量、土壤环境容量、生物环境容量、人口环境容量、城市环境容量等。

6. 环境影响的概念

环境影响是指人类活动（经济活动和社会活动）对环境的作用和导致的环境变化以及由此引起的对人类社会和经济的效应。

环境影响是由造成环境影响的源和受影响的环境两方面构成的。环境影响的分类如下。

（1）按影响来源分为：直接影响、间接影响和累积影响。

（2）按影响效果分为：有利影响和不利影响。

（3）按影响性质分为：可恢复影响和不可恢复影响；短期影响和长期影响；地区、区域影响或国家和全球影响；建设阶段影响和运行阶段影响。

7. 环境影响评价的概念

环境影响评价是指对规划和建设项目实施后可能造成的环境影响进行分析、预测和评估，提出预防或者减轻不良环境影响的对策和措施，进行跟踪监测的方法与制度。

（1）环境影响评价的主体：建设单位、环评单位、审批部门。

（2）跟踪监测的目的：能够发现建设项目在运行过程中存在的问题，并提出相应的解决方案和改进措施。

（3）环境影响评价的分类。

①按评价对象分为：规划（战略）环境影响评价和建设项目环境影响评价。

②按环境要素分为：大气环境影响评价、地表水环境影响评价、地下水环境影响评价、声环境影响评价、生态环境影响评价和固体废物环境影响评价。

③按环境质量评价分为：环境质量现状评价、环境影响预测评价和环境影响后评价。

8. 环境影响评价的重要性

①为开发建设活动的决策提供科学依据；②为经济建设的合理布局提供科学依据；③为确定某一地区的经济发展方向和规模、制定区域经济发展规划及相应的环保规划提供科学依据；④为制定环境保护对策和进行科学的环境管理提供依据；⑤促进相关环境科学技术的发展。

9. 环境影响评价的工作原则

针对性、政策性、科学性、公正性。

10. 环境保护单行法

环境保护单行法是针对特定的污染防治对象或资源保护对象而制定的。

环境保护单行法类型：自然资源保护法、污染防治法、其他类的法律。

11. 环境保护行政法规

环境保护行政法规类型有两类：一类是为了执行某些环境保护单行法而制定的实施细则或条例；另外一类是针对环境保护工作中某些尚无相应单行法律的重要领域而制定的条例、规定或办法。

12. 环境标准的概念

环境标准是为了防治环境污染、维护生态平衡、保护人群健康，国务院环境保护行政主管部门和省、自治区、直辖市人民政府依据国家有关法律规定，对环境保护工作中需要统一的各项技术规范和技术要求而制定的标准。

13. 环境标准的分类

环境标准分为国家环境标准、地方环境标准和环境保护部标准。

国家环境标准分类：强制性标准和推荐性标准。

14. 我国的环境标准体系

我国的环境标准体系有 3 级 5 类。

（1）国家环境标准：质量标准、污染物排放标准、监测方法标准、标准样品标准、基础标准 5 类。

（2）地方环境标准：质量标准、污染物排放标准。

（3）环境保护部标准。

15. 地方环境标准

地方环境标准是对国家环境标准的补充和完善。国家环境质量标准中未作规定的项目，可以制定地方环境质量标准。

国家污染物排放标准中未作规定的项目可以制定地方污染物排放标准；国家污染物排放标准已规定的项目，可以制定严于国家污染物排放标准的地方污染物排放标准；省、自治区、直辖市人民政府制定机动车、船舶大气污染物地方排放标准严于国家排放标准的，需报送国务院批准。

16. 环境标准的关系

（1）地方环境标准要严于国家环境标准，且地方环境标准优于国家环境标准执行。

（2）综合排放标准与行业性排放标准不交叉执行，即有行业性排放标准的执行行业排放标准，没有行业排放标准的执行综合排放标准。

17. 规划环境影响评价

（1）规划环评概念：指对规划实施后可能造成的环境影响进行分析、预测和评价，提出预防或者减轻不良环境影响的对策和措施，综合考虑所拟议的规划可能涉及的环境问题，预防规划实施后对各种环境要素及其所构成的生态系统造成的影响，协调经济增长、社会进步与环境保护的关系，为科学决策提供依据。

（2）规划环评技术原则：科学、客观、公正的原则；早期介入原则；整体性原则；公众参与原则；一致性原则；可操作性原则。

（3）规划环评分类：综合性规划和专项规划；指导性规划和非指导性规划。

（4）综合规划及其环境影响评价的规定：土地利用的有关规划、区域、流域、海域的建设、开发利用规划要求编写规划实施后有关环境影响篇章或者说明。对于一些比较重要、实施后环境影响比较大的规划，用"篇章"的形式；对于一些重要性较弱、实施后可对环境影响较小的规划，可以用"说明"或者"专项说明"。

（5）专项规划及其环境影响评价的规定：对于专项规划中的指导性规划，应当在规划编制过程中组织进行环境影响评价，编写该专项规划有关环境影响的篇章或者说明。指导性专项规划以外的其他专项规划，应当在该专项规划草案上报审批前，组织进行环境影响评价，并向审批该专项规划的机关提出环境影响报告书。

（6）规划环评组织者：谁组织编制规划，谁负责对规划草案进行环境影响评价。

（7）规划环评评价者：组织编制该规划的政府或者政府部门；委托的单位或者专家组。

（8）公众参与：只限于编制环境影响报告书的专项规划；规划实施可能造成不良环境影响；直接涉及公众环境效益。

18. 跟踪评价

规划实施后及时组织力量，对该规划实施后的环境影响及预防或减轻不良环境影响对策和措施的有效性进行调查、分析、评估，发现有明显的环境不良影响的，及时提出并采取新的相应改进措施。

19. 建设项目环境影响评价的特点

法律强制性；纳入基本建设程序；分类管理；分级审批；环境影响评价机构资质管理；环境影响评价工程师职业资格制度；公众参与。

二、管理概论

1. 分类管理

（1）报告书：可能造成重大环境影响，对产生的影响进行全面评价的。

（2）报告表：可能造成轻度环境影响，对产生的影响进行分析或专项评价的。

（3）登记表：对环境影响很小，不需要进行环境影响评价的。

2. 环境敏感区

环境敏感区是指依法设立的各级各类自然、文化保护地，以及对建设项目的某类污染因子或者生态影响因子特别敏感的区域。

（1）自然保护区、风景名胜区、世界文化和自然遗产地、饮用水源保护区。

（2）基本农田保护区、基本草原、森林公园、地质公园、重要湿地、天然林、珍稀濒危野生动植物天然集中分布区、重要水生生物的自然产卵场及索饵场、越冬和洄游通道、天然渔场、资源型缺水地区、水土流失重点防护区、沙土土地封禁保护区、封闭及半封闭海域、富营养化水域。

（3）以居住、医疗卫生、文化教育、科研、行政办公等为主要功能的区域，文物保护单位，具有特殊历史、文化、科学、民族意义的保护地。

3. 分级审批

（1）环保部负责审批。

①核设施、绝密工程等特殊性质的建设项目。

②跨省、自治区、直辖市行政区域的建设项目。

③由国务院审批或者核准的建设项目，由国务院授权有关部门审批或核准的建设项目，由国务院有关部门备案的对环境可能造成重大影响的特殊性质的建设项目。

（2）省级环保部门审批。

①有色金属冶炼及矿山开发、钢铁加工、电石、铁合金、焦炭、垃圾焚烧及发电、制浆等对环境可能造成重大影响的建设项目环境影响评价文件由省级环境保护部门负责审批。

②化工、造纸、电镀、印染、酿造、味精、柠檬酸、酶制剂、酵母等污染较重的建设项目环境影响评价文件由省级或地级市环境保护部门负责审批。

③法律和法规关于建设项目环境影响评价文件分级审批管理另有规定的，按照有关规定执行。

4. 后评价

后评价对建设项目实施后的环境影响以及预防措施的有效性进行跟踪监测和验证性评价，并提出补救方案或措施，实现项目建设与环境相协调的方法与制度。

（1）后评价的条件。

①针对环境影响评价的主要内容及环境影响评价文件中涉及的主要专题，如工程分析、大气环境、水环境、声环境、生态等进行后评价，并针对原有环境影响评价中存在的主要问题，如重要错误和漏项等提出建议，对建设项目的环境可行性做出切合实际的评价。

②评估建设项目污染防治措施的有效性，提出补救方案或措施。

（2）后评价的主要内容。

①环评报告及环保设施竣工验收回顾。

②工程分析的后评价。

③环境现状、区域污染源及评价区域环境质量的后评价。

④环境影响报告书选择的环境要素后评价。

⑤环境影响预测的后评价。

⑥污染防治措施有效性的后评价。

⑦公众意见调查。

⑧环境管理与监测后评价。

⑨后评价结论。

5. 几个时间点

1970 年 1 月 1 日，美国《国家环境政策法》正式实施，首次建立了环境影响评价制度。

1979 年 9 月 13 日，《中华人民共和国环境保护法（试行)》颁布，中国建立环境影响评价制度。

1989 年 12 月 26 日，《中华人民共和国环境保护法》颁布。

1998 年 11 月 29 日，国务院 253 号令颁布实施《建设项目环境保护管理条例》。

1999 年 3 月，国家环保总局 2 号令公布《建设项目环境影响评价资格证书管理办法》。

1999 年 3 月，国家环保总局发布《关于公布建设项目环境保护分类管理名录（试行）的通知》。

2002 年 10 月 28 日，《中华人民共和国环境影响评价法》颁布。

2008 年 9 月 2 日，《建设项目环境影响评价分类管理名录》颁布。

2016 年 4 月 14 日，环保部发布《关于积极发挥环境保护作用促进供给侧结构性改革的指导意见》（环大气〔2016〕45 号）。《指导意见》提出，推进环境咨询服务业发展，鼓励有条件的工业园区聘请第三方专业环保服务公司作为"环保管家"，向园区提供检测、监理、环保设施建设运营、污染治理等一体化环保服务和解决方案。

2017 年 6 月 29 日，环保部发布了 2017 年版《建设项目环境影响评价分类管理名录》，自 2017 年 9 月 1 日起施行。

2017 年 8 月 1 日，中国政府网公布新修订了《建设项目环境保护管理条例》全文，新修订的《条例》删除了有关"接受委托为建设项目环境影响评价提供技术服务的机构"资质的规定。

第二节　环境影响评价总体要求

一、环境影响评价的技术原则

依法评价原则，早期介入原则，完整性原则和广泛参与原则。

二、建设项目环境影响评价的工作程序（三个阶段）

（1）前期准备、调研和工作方案编制阶段。

（2）分析论证和预测评价阶段。

（3）环境影响评价文件编制阶段。

三、建设项目环境影响评价的工作内容

1. 环境影响因素识别和评价因子筛选

环境影响是由造成环境影响的源和受影响的环境两方面构成的。

环境影响因素识别可按项目建设期、运营期和服务期（役）满后三个阶段或自然环境、社会环境和环境质量划分。

环境影响识别的方法有清单法、矩阵法、网络法、GIS 支持下的叠加图法等。

评价因子应关注重点环境制约因素，必须能反应环境影响的主要特征和区域环境的基本状况。包括现状评价因子和预测评价因子。

2. 确定评价工作等级和评价范围。

（1）分级：一级评价对环境影响进行全面、详细、深入评价；二级评价对环境影响进行较为详细、深入评价；三级评价对环境影响只进行环境影响分析。

（2）评价工作等级划分依据：建设项目的工程特点；建设项目所在地区域环境特征；国家或地方的有关法律法规、政策和规划要求；对于各环境要素已有环境影响评价技术导则的，则按导则的有关规定确定该环境要素的环境影响评价等级。

（3）评价方法：采用定量与定性相结合的办法，应以量化评价为主。评价方法应优先选择成熟的技术方法。

3.建设项目概况和工程分析

建设项目概况和工程分析的目的是通过工程分析，确定污染物源强、污染方式及途径或工程开发建设不同方式和强度对生态环境的扰动、改变和破坏程度。

结合建设项目工程组成、工艺路线，对建设项目环境影响因素、方式、强度等进行详细分析与说明。工程分析应满足"全过程、全时段、全方位、多角度"的技术要求。

（1）全过程：对项目的分析应包括施工期、运营期及服务期满后等。

（2）全时段：不但要考虑正常生产状态，同时也要考虑异常、紧急等非正常状态。

（3）全方位：不但要考虑主体生产装置，同时应考虑配套、辅助设施。

（4）多角度：在着重考虑环保设施的情况下，同时应从清洁生产角度、节约能源的角度出发，对项目的污染物源强进行深入细致的分析。

4.环境现状调查与评价

（1）目的：通过环境现状调查获取项目拟建区域的环境背景值，反应具体区域的环境特征，发现和了解主要制约因素。

（2）内容：自然环境概况（地理位置与地形地貌、地质与水文地质、气候与气象、水文与水资源、土壤、动植物与生态）、社会环境状况、环境质量状况（空气环境质量、水环境质量、声环境质量、其他）评价范围内污染源调查。

（3）环境现状调查的方法：收集资料法、现场调查法、遥感和地理信息系统分析法等。

（4）评价方法：单因子指数法。

5.环境影响预测与评价

（1）环境影响预测的范围：调查范围大于预测范围。

（2）环境影响的预测时段：按项目的实施过程分为建设阶段、生产运行阶段和服务期满后的环境影响预测。

在进行环境影响预测时，应考虑环境对建设项目影响的承载能力。一般应考虑污染影响的衰减能力或环境净化能力最差的时段和污染影响的衰减能力或环境净化能力的一般时段进行环境影响预测。如十年一遇连续七天河流枯水流量、冰封期枯水平均流量、冬季采暖期静小风、熏烟条件、典型日气象条件等。

（3）环境影响预测和评价内容：评价中必须考虑环境质量背景已实施建设和正在实施的建设项目的同类污染物环境叠加影响。

对选址、选线敏感的项目应分析不同选址、选线方案的环境影响。建设项目选址选线，应从是否符合法规要求、是否与规划相协调、是否满足环境功能区要求、是否影响敏感的环境保护目标或造成重大资源、经济、社会和文化损失等方面进行环境合理性论证。

（4）环境影响预测的方法：数学模式法、物理模型法、类比调查法和专业判断法。

6. 环境风险评价

涉及有毒、易燃、易爆物资生产、使用、储运以及导致物理损伤与危害的机械事故或其他事故（如外来生物入侵的生态风险）。

（1）评价重点：化学风险和物理风险。

（2）事故防范措施：主要从组织制度、设计规范、防护措施及可行性、监督检查、岗位培训和演习、操作规程、警示标志、记录备案等方面提出要求。

（3）事故处理应急预案：主要从事故预响、组织程序、应急措施、应急设施、区域应急援助网络等方面提出要求和建议。

7. 环境保护措施以及技术、经济论证

建设项目的污染控制从以下几方面考虑。

（1）以预防为主。

（2）清洁生产与末端治理相结合。

（3）建设项目污染控制与区域污染控制相结合。

（4）按技术先进、效果可靠、目标可达、经济合理的原则进行多方案比选，推荐最佳方案。

（5）按废气、废水、固体废物、噪声等污染控制设施及环境监测、绿化等分别列出其环保投资额，给出各项措施及投资估算一览表。

（6）改建、扩建项目和技术改造项目，需针对与该项目有关的原有环境污染问题，提出"以新带老"环境保护措施。

8. 清洁生产分析和循环经济

从资源能源利用、生产工艺与设备、生产过程、污染物产生、废物处理与综合利用、环境管理要求等方面确定清洁生产指标和开展评价。

9. 污染物排放总量控制污染因子

"十一五"规划总量控制的污染因子为 COD、SO_2；"十二五"规划总量控制的污染因子为 COD、NH_3—N、SO_2 及 NO_x；"十三五"期间污染排放总量控制指标有：大气环境污染物中的二氧化硫、氮氧化物和水环境污染物中的化学需氧量、氨氮。

10. 环境影响经济损益分析

环境经济损益的分析主要任务是衡量建设项目需要投入的环境保护投资所能收到的环境保护效果。通过分析、计算建设项目的环境代价、环境成本、环境经济收益，对环境工程措施的经济效益、环境效益进行分析、评述。

11. 环境管理和环境监测计划

加强环境监理，建立健全的环保机构，制定规章制度。分施工期和运行期，制订环境监测计划。

12. 公众参与

（1）公众参与的主体范围：要注意参与公众的广泛性和代表性。

（2）公众参与的对象：有关单位、专家、公众。报告书中应列出公众意见调查主体对象的名单，并标明主体对象的基本情况。

（3）公众参与的形式：论证会、听证会以及其他形式。

（4）发布的环境影响信息与征求意见内容的要求（应以非技术性文字发布）内容：对建设项目实施、选址的意见；对项目主要不利影响的可接受程度；对项目采取环境保护措施的建议等。

（5）公众参与意见的总结。

13. 环境影响评价结论

建设项目的建设概况，环境现状与主要问题，环境影响预测与评价结论，建设项目的环境可行性，总体结论与建议。

（1）阐明建设项目在规模、产品方案、工艺路线、技术设备等方面是否符合国家产业政策的要求及相关法律法规的规定。

（2）利用代表性数据，简述建设项目的清洁生产和污染物排放水平。

（3）明确建设项目污染物排放总量控制因子，地方政府对建设项目的污染物排放总量控制指标的要求或指标。

（4）明确达标排放稳定性，说明建设项目选址选线是否符合当地的总体发展规划、环境保护规划和环境功能区划要求，阐明上述规划对建设项目的制约因素，对建设项目选址选线及总图平面布置的环境合理性提出明确结论。

（5）明确环境保护措施可靠性和合理性，拟采取的主要环境保护措施（包括环境监测计划）与投资。

（6）明确公众参与接受性，说明公众意见调查方式，受影响公众对项目建设的态度与意见，对有关单位、专家和公众的建设采纳或不采纳的说明。

四、建设项目环境影响报告书的编制要求

建设项目环境影响报告书的编制要求包括：（1）总则；（2）建设项目概况和工程分析；（3）环境现状调查与评价；（4）环境影响预测与评价；（5）环境风险评价；（6）环境保护措施及其技术、经济论证；（7）清洁生产分析和循环经济；（8）污染物排放总量控制；（9）环境影响经济损益分析；（10）环境管理和环境监测计划；（11）公众参与；（12）方案必选；（13）环境影响评价的结论和建议；（14）附录和附件。

五、建设项目环境影响报告表的编制要求

建设项目环境影响报告表的编制要求包括：（1）建设项目基本情况；（2）所在地自然环境和社会环境简况；（3）环境质量状况；（4）建设项目工程分析和污染物产生及排放情况；（5）环境影响分析及拟采取的防治措施；（6）结论与建议。

六、开发区区域环境影响评价的重点

（1）识别开发区的区域开发活动可能带来的主要环境影响以及可能制约开发区发展的环境因素。

（2）分析确定开发区主要相关环境基质的环境容量，研究提出合理的污染物排放总量控制方案。

（3）从环境保护角度论证开发区环境保护方案，包括污染集中治理设施的规模、工艺和布局的合理性，优化污染物排放口及排放方式。

（4）对拟议的开发区各规划方案进行环境影响分析比较和综合论证，提出完善开发区规划的建议和对策。

七、开发区区域环评实施方案的基本工作内容

开发区区域环评实施方案的基本工作内容包括：（1）开发区规划简介；（2）开发区及周边地区的环境状况；（3）规划方案的初步分析；（4）开发活动环境影响识别和评价因子选择；（5）评价范围和评价标准；（6）评价专题设置和实施方案。

八、开发区区域环评报告书的编制要求

开发区区域环评报告书的编制要求包括：（1）总论；（2）开发区总体规划和开发现状；（3）环境状况调查和评价；（4）规划方案分析和污染源分析；（5）环境影响预测与评价；（6）环境容量与污染物排放总量控制；（7）开发区总体规划的综合论证和环境保护措施；（8）公众参与；（9）环境管理与环境监测计划；（10）结论。

九、规划环评实施方案的基本工作内容

规划环评实施方案的基本工作内容包括：（1）规划分析；（2）环境现状调查与分析；（3）环境影响识别与确定环境目标和评价指标；（4）环境影响分析与评价；（5）针对各规划方案，拟定环境保护对策和措施，确定环境可行的推荐规划方案；（6）开展公众参与；（7）拟定监测、跟踪评价计划；（8）编写规划环境影响报告书、篇章或说明。

十、规划环评报告书的编制要求

规划环评报告书的编制要求包括：（1）总则；（2）规划的概述和分析；（3）环境现状分析；（4）环境影响分析与评价，突出对主要环境影响的分析与评价；（5）规划方案与减缓措施；（6）监测与跟踪评价；（7）公众参与；（8）困难和不确定性（概述在编辑和分析用于环境评价的信息时所遇到的困难和由此导致的不确定性，以及它们可能对规划过程的影响）；（9）执行总结。

十一、规划环评篇章及说明的编制要求

规划环评篇章及说明的编制要求包括：（1）前言；（2）环境现状分析；（3）环境影响分析与评价；（4）环境影响的减缓措施。

十二、规划环境影响评价与建设项目环境影响评价的比较

规划环境影响评价和建设项目环境影响评价的评价目的、技术原则是基本相同的，但在

介入时机、评价方法、技术要求等具体细节上存在较大的差异，具体见表3-1。

表 3-1　建设项目环评、区域环评、规划环评的细节差异

建设项目环评	区域环评 （作为整体项目的区域）	规划环评
1. 决策的末端 2. 与具体的建设项目发生关系 3. 识别具体的环境影响，短期、微观尺度 4. 在有限的范围考虑替代方案 5. 考虑叠加影响 6. 强调减缓措施 7. 以标准为依据，处理具体环境问题	1. 决策的中期阶段 2. 与具体的建设项目发生关系 3. 识别区域开发活动及相关建设项目的环境影响，一定时间段、中观尺度 4. 在区域及邻近的范围考虑替代方案 5. 考虑累积效应 6. 强调减缓措施 7. 以评价指标体系为依据，处理区域环境问题	1. 决策的早期阶段 2. 规划编制的前期 3. 识别宏观的环境影响，长期、宏观尺度 4. 更大的范围内考虑替代方案 5. 对累积影响早期预警 6. 强调满足环境目标和维护生态系统，强调预防 7. 关注可持续议题，在环境影响的源头解决环境问题

第三节　工程分析与污染源调查

一、工程分析的定义

对建设项目的工程方案和整个工程活动进行分析，从环境保护角度分析项目性质、清洁生产水平、工程环保措施方案及总图布置、选址选线方案等并提出要求和建议，确定项目在建设期、运营期以及服务期满以后主要污染源强及生态影响等其他环境影响因素。

按建设项目对环境影响的方式和途径，环境影响评价把建设项目分为污染型项目和生态影响型项目。

（1）污染性项目：主要以污染物排放对大气环境、水环境、土壤环境或声环境的影响为主，其工程分析以对项目的工艺过程分析为重点，核心是确定工程污染源。

（2）生态影响型项目：主要以建设期、运行期（使用期）对生态环境的影响为主，其工程分析以对建设期的施工方式及运行期（使用期）的运行方式为重点，核心是确定工程主要生态影响因素。

二、工程分析的目的

（1）工程分析是项目决策的主要依据之一。

（2）为各专题分析预测和评价提供基础数据。

（3）为环保设计提供优化建议。

（4）为项目的环境管理提供建议指标和科学依据。

三、工程分析的原则

（1）利用现有资料的原则：当建设项目的规划、可行性研究和设计等技术文件中记载的

资料、数据能够满足工程分析的需要和精度要求时，应通过反复校对后引用。

（2）定量的原则：对于污染物的排放量等可定量表述的内容，应通过分析尽量给出定量的结果。

四、工程分析的重点

（1）污染型项目工程分析：以工艺过程为重点，不可忽略非正常排放。

（2）生态影响型项目工程分析：以占地和施工方式、运行方式为重点。

五、工程分析的阶段划分

工程分析的阶段划分为建设期、生产运营期、服务期满后。

六、建设项目带来的环境影响

所有建设项目均应分析生产运行阶段所带来的环境影响。生产运行阶段要分析正常排放和非正常排放两种情况。

七、工程分析的一般方法

（1）类比分析法：工程一般特征相似、污染物排放特征相似。

（2）物料衡算法：必须对生产工艺、物理变化、化学反应及副反应和环境管理等情况全面了解的情况下。

（3）查阅参考资料分析法：利用已有的环境影响报告书或可行性研究报告等。

八、污染型项目工程分析的工作内容

（1）项目基本情况分析。

（2）项目工艺过程及产污环节分析。

①分析项目生产工艺过程，绘制生产工艺污染流程图，分析工艺过程的主要产污环节并在工艺流程图中标明污染物的产生位置和污染物的类型，必要时列出主要化学反应和副反应式。

②根据要求，做原料、成品和废物的物料平衡估算。

③分析核算废气、废水、固体废物和噪声等污染物的排放量。

④非正常工况分析。建设项目的非正常工况是指生产运行阶段的开车、停车、检修、操作不正常或设备故障等，不包括事故排放。

（3）污染物排放核算统计。

①对于新建项目的污染物排放量统计，要求算清"两本账"，即生产过程中的污染物产生量和实现污染防治措施后的污染物削减量，二者之差为污染物最终排放量。

②对于扩建项目、技改扩建项目的污染物排放量统计，要求算清"三本账"，即技改扩建前污染物排放量、技改扩建项目的污染物排放量、技改扩建完成后（包括"以新带老"削

减量）的污染物排放量。

技改扩建前排放量"以新带老"的削减量+技改扩建项目的污染物排放量=技改扩建后总排放量

（4）其他环节环境影响因素分析：原产辅废储运、交通运输、土地开发利用。

（5）环保措施方案分析。

①分析建设项目可研阶段环保措施方案并提出改进意见。

②分析污染物处理工艺有关技术经济参数的合理性。

③改扩建项目应根据现有工程存在的主要环境问题，提出可行的"以新带老"环保措施。

④分析环保设施投资构成及其在总投资中占有的比例。

（6）总图布置方案分析。

①分析防护距离保证性（不满足的通过采用调整平面布置或改变选址、搬迁保护目标等措施）。

②分析工厂和车间布置的合理性。

③分析敏感点保护措施的必要性。

（7）清洁生产分析。

（8）补充要求与建议措施。

①合理的产品结构和生产规模的要求或建议。

②优化总图布置、节约用地要求或建议。

③污染物排放方式改进要求与建议。

④环保措施改进要求与环保设备选型、实用参数建议。

⑤清洁生产水平补充措施与建议。

⑥其他建议。

九、污染型项目工程分析章节的基本内容

污染型项目工程分析章节的基本内容包括：（1）项目概况；（2）工艺过程及产污环节分析；（3）污染物排放统计；（4）总图布置方案分析；（5）清洁生产分析。

对于土地利用、交通运输、资源能源储运等环节带来生态影响等环境影响因素的，还要专门列出。

十、生态影响型项目工程分析内容

（1）工程概况：介绍项目的名称、建设地点（线路）、性质、规模和工程特性。项目工程特性表、项目组成表和工程施工布置图是生态影响型项目工程概况不可缺少的内容。

（2）施工规划：结合工程的建设进度，介绍施工规划，对生态环境保护有重要关系的规划建设内容和施工进度要做详细的分析。

（3）生态影响源分析：典型工程活动的影响因素包括占地破坏、植被破坏、动物影响、水土流失、工程爆破、泄洪、清淤、地表形态改变。

（4）主要污染物与源强分析：尤其关注建设期。

（5）替代方案的分析比选。

十一、生态影响型项目工程分析的总体要求

（1）工程组成需完善：包括主体工程、辅助工程、配套工程、公用工程、环保工程、临时工程等。

（2）重点工程应明确。

（3）全过程分析：包括反映工程施工建设、生产营运及退役或关闭的全部过程。

（4）污染源分析。

（5）其他分析：包括环境风险等其他可能存在或发生的环境影响分析。

十二、污染源与污染物

（1）污染源：指对环境产生污染影响的污染物的来源。

①按来源：可分为自然污染源（生物污染源和非生物污染源）和人为污染源（生产性污染源和生活污染源）。

②按环境要素：可分为大气污染源、水体（地表水、地下水、海洋）污染源、土壤污染源和噪声污染源等。

③按污染源几何形状：可分为点源、线源、面源及体源。

④按污染物的运动特性：可分为固定源和移动源。

（2）污染物：在开发建设过程中，凡以不适当的浓度、数量、速率、形态进入环境系统而产生污染或降低环境质量的物质，称为环境污染物，简称污染物。

①按物理、化学、生物特性：物理污染物、化学污染物、生物污染物、综合污染物。

②按环境要素：水污染物、大气污染物、土壤污染物。三者可以相互转化。

十三、环境现状调查中的污染源调查

（1）若单项（水、大气）评价等级较高，需要评价区内现有污染源和项目新增污染源在特定污染大气条件下对关心点的叠加影响时，应调查评价区内现存的同类污染源。

（2）若区域内需要对现有某种污染物的排放总量进行削减，以平衡地区污染物排放总量，为项目建设提供总量空间，则需要对区域内产生该种污染物的污染源项、源强、排放总量区域削减要求等情况进行调查。

（3）在规划环境影响评价及开发区区域环境影响评价中，需要了解规划区域内的主要污染源现状，以便进行规划分析、环境容量分析等。

十四、工程分析中的污染源调查

（1）改扩建项目环评，计算"三本账"及确定现有环境问题，需要对现有工程污染源进行调查。

（2）应用类比分析法进行工程分析时，需要对类比的同类工程污染源进行调查。

十五、污染源调查的一般原则

（1）确定污染源调查的主要对象。

（2）确定污染源调查的范围。

（3）确定可能对环境要素造成明显影响的污染因子。

十六、污染源调查的一般方法

（1）详查。

（2）普查：多以调查表格依据特定的调查目的自行制定，要统一调查时间、调查项目、调查方法、调查标准和计算方法。

十七、污染物排放量的确定方法

物料衡算法、经验计算法和实测法。

第四节　大气环境影响评价

一、大气污染

科学意义上讲，大气污染是指大气因某种物质的介入而导致化学、物理、生物或者放射性等方面的特性改变，从而影响大气的有效利用，危害人体健康或者破坏生态，造成大气质量恶化的现象。人们常说的大气污染，就是指由于人类活动而使空气环境质量变坏的现象。

二、大气污染源

一个能够释放污染物到大气中的装置（指排放大气污染物的设施或者排放大气污染物的建筑构造），称为大气污染源（排放源）。大气污染源分为点源、面源、线源、体源。

1. 点源

通过某种装置集中排放的固定点状源，如烟囱、集气筒等。

2. 面源

在一定的区域范围内，以低矮密集的方式自地面或近地面的高度排放污染物的源，如工艺过程中的无组织排放、储物堆、渣场等排放。

3. 线源

污染物呈线状排放或者由移动源构成线状排放的源，如城市道路的机动车排放源等。

4. 体源

由源本身或者附近的建筑物的空气动力学作用使污染物呈一定体积向大气排放的源，如焦炉炉体、屋顶天窗等。

三、大气污染物

排放到大气中的有害物质称为大气污染物，大气污染物包括常规污染物和特征污染物两类。

常规污染物：指环境空气质量标准中所规定的二氧化硫（SO_2）、颗粒物（TSP、PM10、PM2.5）、一氧化碳（CO）、二氧化氮（NO_2）、臭氧（O_3）等污染物。

特殊污染物：指项目排放的污染物除常规污染物以外的特有污染物，主要指项目实施后可能导致潜在的污染或对周边环境空气保护目标产生影响的特有污染物。

大气污染源排放的污染物按存在形态分为颗粒污染物和气态污染物，粒径小于 $15\mu m$ 的颗粒污染物也可以划为气态污染物。

四、环境空气敏感区

指评价范围内按环境空气质量标准（GB 3095—2012）规定划分为一类功能区的自然保护区、风景名胜区和其他需要特殊保护的地区，还有二类功能区中的居住区、文化区等人群较集中的环境空气保护目标以及对项目排放大气污染物敏感的区域。

五、简单地形和复杂地形

（1）简单地形。距污染源中心点 5km 范围内的地形高度（不含建筑物）低于排气筒高度时，定义为简单地形。在此范围内地形高度不超过排气筒基底高度时，可认为地形高度为 0。

（2）复杂地形。距污染源中心点 5km 范围内的地形高度（不含建筑物）等于或者超过排气筒高度时，定义为复杂地形。

六、长期气象条件和复杂风场

（1）长期气象条件。长期气象条件指达到一定时限及观测频次要求的气象条件。

一级评级项目的长期气象条件是近五年内至少连续三年的逐日、逐次气象条件；二级评价项目的长期气象条件是近三年内至少连续一年的逐日、逐次气象条件。

（2）复杂风场。复杂风场指评价范围内存在局地风速、风向等因子不一致的风场。一般是由于地表的地理特征或土地利用不一致，形成局地风场或者局地环流，如海边、山谷、城市等地带会产生的海陆风、山谷风、城市热岛效应等（如过山气流）。

七、常用的大气环境标准

1. 环境影响评价技术导则——大气环境（HJ 2.2—2008）

适用于建设项目用的大气环境影响评价，区域和规划的大气环境影响评价也可参照使用。本标准于 2008 年 12 月 31 日发布，2009 年 4 月 1 日实施，大气环境导则修订内容如下。

（1）评价工作分级和评价范围确定方法。

（2）环境空气质量现状调查内容和要求。

（3）气象观测资料调查内容和要求。

（4）大气环境影响预测和评价方法及要求。

（5）环境影响预测推荐模式等。

2. 环境空气质量标准（GB 3095—2012）

（1）环境空气功能区分类。一类区为自然保护区、风景名胜区和其他需要特殊保护的区域；二类区为居住区、商业交通居民混合区、文化区、工业区和农村地区。

（2）环境空气污染物浓度限值。见表3-2、表3-3。

表 3-2 环境空气污染物基本项目浓度限值

序号	污染物项目	平均时间	浓度限值		单位
			一级	二级	
1	二氧化硫（SO_2）	年平均	20	60	3g/m
		24h平均	50	150	
		1h平均	150	500	
2	二氧化氮（NO_2）	年平均	40	40	
		24h平均	80	80	
		1h平均	200	200	
3	一氧化碳（CO）	24h平均	4	4	3mg/m
		1h平均	10	10	
4	臭氧（O_3）	日最大8h平均	100	160	
		1h平均	160	200	
5	颗粒物（粒径≤10μm）	年平均	40	70	3g/m
		24h平均	50	150	
6	颗粒物（粒径≤2.5μm）	年平均	15	35	
		24h平均	35	75	

表 3-3 环境空气污染物其他项目浓度限值

序号	污染物项目	平均时间	浓度限值		单位
			一级	二级	
1	总悬浮颗粒物（TSP）	年平均	80	200	
		24h平均	120	300	
2	氮氧化物（NO_x）	年平均	50	50	3g/m
		24h平均	100	100	
		1h平均	250	250	
3	铅（Pb）	年平均	0.5	0.5	
		季平均	1	1	
4	苯并［a］芘（BaP）	年平均	0.001	0.001	
		24h平均	0.0025	0.0025	

（3）常见污染物的浓度限值。见表3-4。

表3-4　常见污染物的浓度限值　　　　　　单位：mg/m³

污染物名称	取样时间	浓度限值		
		一级	二级	三级
SO₂	年：≥144d	0.02	0.06	0.10
	日：≥18h	0.05	0.15	0.25
	小时：≥45min	0.15	0.50	0.70
TSP	年：≥144d	0.08	0.20	0.30
	日：≥18h	0.12	0.30	0.5
PM10	年：≥144d	0.04	0.10	0.15
	日：≥18h	0.05	0.15	0.25
NO₂	年：≥144d	0.04	0.08	0.08
	日：≥18h	0.08	0.12	0.12
	小时：≥45min	0.12	0.24	0.24
CO	日：≥18h	4.00	4.00	6.00
	小时：≥45min	10.00	10.00	20.00
O₃	小时：≥45min	0.16	0.20	0.20

3. 大气污染物综合排放标准（GB 16397—1996）

（1）规定了33种大气污染物排放限值，并设置了三项指标。

①通过排气筒排气的废气的最高允许排放浓度。

②通过排气筒排放的废气，按排气筒高度规定的最高允许排放速率。任何一个排气筒必须同时遵守上述两项指标，超过其中任何一项均为超标排放。

③以无组织方式排放的废气，规定无组织排放的监控点及相应的监控浓度限值。

（2）本标准规定的最高允许排放速率，现有污染源（1997年1月1日前）分一级、二级、三级，新污染源（1997年1月1日起）分为二级、三级。一类区执行一级标准（一类区禁止新、扩建污染源，一类区现有污染源改建执行现有污染源的一级标准）；二类区执行二级标准；三类区执行三级标准。

说明：①一般应于无组织排放源上风向2~50m范围内设参考点，排放源下风向2~50m范围内设监控点。

②周界外浓度最高点一般应于排放源下风向的单位周界外10m范围内。如果预计无组织排放的最大落地浓度越出10m范围，可将监控点移至该预计浓度的最高点。

注意：排放氯气、氰化氢、光气的排气筒不得低于25m。

（3）排气筒高度及排放速率。

①排气筒高度应高出周围200m半径范围的建筑5m以上，不能达到该要求的排气筒，应按其高度对应的表所列出排放速率标准严格50%执行。

②两个排放相同污染物（不论其是否由同一生产工艺产生）的排气筒，若距离小于几何高度之和，应合并为一根等效排气筒。

③若某种排气筒高度处于本标准列出的两个值之间，其执行的最高允许排放速率以内插法计算，当某种排气筒高度大于或者小于本标准列出的最大或最小值时，以外推法计算其最高允许排放速率。

④新污染源的排气筒高度一般不应该低于15m，若新污染源的排气筒必须低于15m时，其排放速率值按外推法计算的结果再严格50%执行。

⑤新污染源的无组织排放应从严控制，一般情况下不应有无组织排放存在，无法避免的无组织排放应达到规定的标准值。

⑥工业生产尾气确需燃烧排放的，其烟气黑度不得超过林格曼一级。

（4）等效排气筒的有关参数计算。

①等效排气筒的排放速率：

$$Q = Q_1 + Q_2$$

②等效排气筒高度：

$$h = \sqrt{1/2(h_1^2 + h_2^2)}$$

③等效排气筒的位置：应于排气筒1和排气筒2的连线上，若以排气筒1为原点，则

$$x = a(Q - Q_1)/Q = aQ_2/Q$$

式中：x——等效排气筒距排气筒1的距离；

a——排气筒1距排气筒2的距离。

（5）内插法和外推法。

①内插法：如某排气筒高度处于列表两高度之间时。

$$Q = Q_a + (Q_{a+1} - Q_a)(h - h_a)/(h_{a+1} - h_a)$$

式中：Q_a——比某排气筒高度低的列表限值最大值。

②外推法：分排气筒高度高于表中最高值或排气筒高度低于表中最低值两种情况。

如排气筒高度高于表中最高值：

$$Q = Q_b(h/h_b)^2$$

式中：h——某排气筒高度；

h_b——列表内最高高度。

如排气筒高度低于表中最低值：

$$Q = Q_c(h/h_c)^2$$

式中：h——某排气筒高度；

h_c——列表内最低高度。

4. 其他标准

恶臭污染物排放标准（GB 14554—1993）、工业炉窑大气污染物排放标准（GB 9078—1996）、锅炉大气污染物排放标准（GB 13271—2014）

八、大气圈层

1. 大气圈

大气圈可划分为对流层、平流层、中间层、电离层、散逸层。

大气边界层：由于受下垫面影响而湍流化的低层大气，通常为距地面 1~2km 高度的大气层。

大气混合层：在大气边界层内，如果下层空气湍流强、上部空气湍流弱、中间存在着一个湍流特征不连续界面，湍流特征不连续界面以下的大气称为混合层。

2. 主要气象因素

（1）云量。根据离地面的高度可分为高云、中云、低云。如在云层中还有少量的空隙（空隙总量不到天空的1/20）记为10；当天空无云或云量不到1/20时，云量记为0。总云量指所有云遮蔽天空的成数，不论云量的层次和高度，云量记录方法10/7。

（2）风。风频是指吹某一风向的风的次数占总的观测统计次数的百分比。风速决定污染物的扩散稀释程度。风玫瑰图是统计所收集的多年地面气象资料中，在极坐标中按 16 个风向标出其频率的大小（静风也需表示）。

（3）能见度。正常人的眼睛能看到的最大距离叫能见度。

（4）气象因子。是指影响大气扩散能力的主要因素，包括两个。

①气象的动力因子：湍流和风。

②气象的热力因子：温度层结（上升100m，温度下降0.65℃）和大气稳定度。

九、大气环境影响评价等级与评价范围

1. 评价工作分级方法

选择推荐模式中的估算模式对项目的大气环境评价工作进行分级。结合项目的初步工程分析结果，选择正常排放的主要污染物及排放参数，采用估算模式计算各污染物的最大影响程度和最远影响范围，然后按评价工作分级数据进行分级。

2. 评价工作等级的确定

根据项目的初步工程分析结果，选择 1~3 种主要污染物，分别计算每一种污染物的最大地面浓度占标率 P_i（第 i 个污染物）及第 i 个污染物的地面浓度达标准限值10%时所对应的最远距离 $D10\%$。最大地面浓度占标率计算公式：

$$P_i = C_i / C_{0i} \times 100\%$$

C_{0i} 一般选用环境空气质量标准（GB 3095—2012）中的二级标准的小时平均浓度，如果没有小时平均浓度的，可取日平均浓度的三倍值（注：只有 SO_2 和 NO_2 有小时浓度），对该标准中没有包含的污染物，可参照 TJ 36 中的居住区大气中有害物质的最高允许浓度的一次浓度限值。如已有地方标准，应选用地方标准中的相应值。对某些上述标准中都未包含的污染物，可参照国外有关标准选用，但应作出说明，报环保主管部门批准后执行。如污染物数 i >1，取 P 值中的最大者和对应的 $D10\%$ 的具体数值见表3-5。

表 3-5　P 值中的最大者和对应的 $D10\%$ 的具体数值

一级	$P_{max}\geqslant 80\%$，且 $D10\%\geqslant 5km$
二级	其他
三级	$P_{max}<10\%$ 或 $D10\%<$污染源距厂界最近的距离

确定评价工作等级时还应符合以下规定。

（1）同一项目有多个（两个以上，含两个）污染源排放同一种污染物时，则按各污染源分别确定其评价等级，并取评价级别最高者作为项目的评价等级。

（2）对于高耗能行业的多源（两个以上，含两个）项目，评价等级应不低于二级。

（3）对于建成后全厂的主要污染物排放总量都有明显减少的改扩建项目，评价等级可低于一级。

（4）如果评价范围内包含一类环境空气质量功能区、或者评价范围主要评价因子的环境质量已接近或超过环境质量标准、或者项目排放的污染物对人体健康或生态环境有严重危害的特殊项目，评价等级一般不低于二级。

（5）对于以城市快速路、主干路等城市道路为主的新建、扩建项目，应考虑交通线源对道路两侧的环境保护目标的影响，评价等级不应低于二级。

（6）对于公路、铁路等项目，应分别按项目沿线主要集中式排放源（如服务区、车站等大气污染源）排放的污染物计算其评价等级。

不同评价等级的预测要求：一级、二级评价应选择导则推荐模式清单中的进一步预测模式进行大气环境影响预测工作。三级评价可不进行大气环境影响预测工作，直接以估算模式的计算结果作为预测和分析的依据。

3. 评价范围的确定

根据项目排放污染物的最远影响范围确定项目的大气环境影响评价范围。即以排放源为中心点，以 $D10\%$ 为半径的圆或 $2\times D10\%$ 为边长的矩形作为大气环境影响评价的范围，当最远距离超过 25km 时，确定评价范围为半径 25km 的圆形区域，或边长为 50km 的矩形区域。

评价范围的直径或边长一般不应小于 5km。

对于以线源为主的城市道路等项目，评价范围可设定为线源中心两侧各 200m 的范围。

十、大气污染源调查与分析

1. 大气污染源的调查与分析对象

对于一级、二级评价项目，应调查分析项目的所有污染源（对于改、扩建项目应包括新、老污染源）、评价范围内与项目排放污染物有关的其他在建项目、已批复环境影响评价文件等污染源。

如有区域代替方案，还应调查评价范围内所有的拟替代的污染源。

对于三级评价项目可只调查分析项目污染源。

2. 污染源调查与分析方法

对于新建项目可通过类比调查、物料衡算或设计资料确定；对于评价范围内的在建项目和未建项目的污染源的调查，可使用已批准的环境影响报告书中的资料；对于现有项目和改扩建项目的现状污染源调查，可利用已有有效数据或进行实测；对于分期实施的工程项目，可利用前期工程最近5年内的验收监测资料、年度例行监测资料或进行实测。

评价范围内拟替代的污染源调查方法参考项目的污染源调查方法。

3. 污染源调查的内容

（1）一级评价项目的污染源需要调查的内容。

①污染源排污概况调查。在满负荷排放下，按分厂和车间逐一统计各有组织排放源和无组织排放源的主要污染物排放量；对于改、扩建项目，应给出现有工程排放量、扩建工程排放量以及现有工程经改造后的污染物预测削减量，并按上述三个量计算最终排放量；对于毒性较大的污染物还应估计其非正常排放量；对于周期性排放的污染源，还应该给出周期性排放系数，周期性排放系数一般为0~1，一般可按季节、月份、星期、日、小时等给出周期性排放系数。

②点源调查内容（包括正常排放和非正常排放）。排气筒底部中心坐标及排气筒底部的海拔高度（m）；排气筒几何高度（m）及排气筒出口内径（m）；烟气出口速度（m/s）；排气筒出口烟气温度（K）；各主要污染物的正常排放量（g/s）、排放工况、年排放小时数（h）；毒性较大的物质的非正常排放量（g/s）、排放工况、年排放小时数（h）。

③面源调查内容。面源起始点坐标以及面源所在位置的海拔高度（m），面源初始排放高度（m），各主要污染物正常排放量［g/（s·m²）］、排放工况、年排放小时数（h）。

矩形面源：初始点坐标、面源的长度（m）、面源的高度（m）、与正北方向逆时针的夹角。

多边形面源：多边形面源的定点数或边数（3~20）以及个顶点的坐标。

近圆形面源：中线点坐标、近圆形的半径（m）、近圆形定点数或边数。

④体源调查内容。体源中心点坐标以及体源所在位置的海拔高度（m）；体源高度（m）；体源排放速率（g/s），排放工况，年排放小时数（h）；体源的边长（m）（把体源划分为多个正方形的边长）；初始横向扩散参数（m），初始垂直扩散参数（m）。

⑤线源调查内容。线源几何尺寸（分段坐标），线源距地面高度（m），道路宽度（m），街道街谷高度（m）；各种车型的污染物排放速率［g/（km·s）］，平均车速（km/h），各时段的车流量（辆/h）、车型比例。

⑥其他需要调查的内容。

建筑物的下洗参数：由于周围建筑物引起的空气扰动而导致地面布局高浓度的现象时，需调查建筑物下洗参数。建筑物下洗参数应根据所选预测模式的需要，按相应要求内容进行调查。

颗粒物的粒径分布：颗粒物粒径分级（最多不超过20级），颗粒物的分级粒径（μm），各级颗粒物的质量密度（g/cm³）以及各级颗粒物所占的质量比（0~1）。

（2）二级评价项目的污染源调查内容：参照一级评价项目执行，可适当从简。

（3）三级评价项目的污染源调查内容：可只调查污染源排污概况，并对估算模式中的污染源参数进行设置。

十一、环境空气质量现状调查资料来源与分析

1. 环境空气质量现状调查资料来源

调查资料来源分三种途径，可视不同评价等级对数据的要求结合进行。

（1）收集评价范围内及邻近评价范围内的各例行空气质量检测点近三年与项目有关的监测资料。

（2）收集近三年与项目有关的历史监测资料。

（3）进行现场监测。

2. 现有监测资料分析

对照各污染物有关的环境质量标准，分析其长期浓度（年平均浓度、季平均浓度、月平均浓度）、短期浓度（日平均浓度、小时平均浓度）的达标情况。若检测结果出现超标，应分析其超标率、最大超标倍数以及超标原因。此外，还应分析评价范围内的污染水平和变化趋势。

$$超标率＝超标数据个数/总检测数据个数×100\%$$

不符合监测技术规范要求的监测数据不计入检测数据个数。

十二、气象观测资料调查

1. 气象观测资料调查的基本原则

气象观测资料的调查要求与项目的评价等级有关，还与评价范围内的地形复杂程度、水平流场是否均匀一致、污染物排放是否连续稳定有关。

常规气象观测资料包括常规地面气象观测资料和常规高空气象观测资料。

对于各级评价项目，均应调查评价范围 20 年以上的主要气候统计资料。包括年平均风速与风向玫瑰图、最大风速与平均风速、年平均气温、极端气温与月平均气温、年平均相对湿度、年均降水量、降水量极值、日照等。对于一级、二级评价项目，还应调查逐日、逐次的常规气象资料及其他气象观测资料。

2. 气象观测资料调查要求

（1）一级评价项目。

①气象资料调查基本要求分两种情况：评价范围小于 50km 条件下，须调查地面气象观测资料；评价范围大于 50km 条件下，须调查地面气象观测资料和常规高空气象观测资料。

②地面气象观测资料调查要求：调查距离项目最近的地面气象观测站近 5 年内至少连续 3 年的常规地面气象观测资料；如果地面气象观测站与项目的距离超过 50km，并且地面站与评价范围的地理位置不一致，还需要补充地面气象观测。

③常规高空气象观测资料调查要求：调查距离项目最近的高空气象观测站近 5 年内至少连续 3 年的常规高空气象观测资料；如果高空气象观测站与项目的距离超过 50km，高空气象观测资料可利用中尺度气象模式模拟的 50km 内的格点气象资料。

（2）二级评价项目。对于二级评价项目，气象资料调查基本要求同一级评价项目。

①地面气象观测资料调查要求：调查距离项目最近的地面气象观测站近3年内至少连续1年的常规地面气象观测资料；如果地面气象观测站与项目的距离超过50km，并且地面站与评价范围的地理位置不一致，还需要补充地面气象观测。

②常规高空气象观测资料调查要求：调查距离项目最近的高空气象观测站近3年内至少连续1年的常规高空气象观测资料；如果高空气象观测站与项目的距离超过50km，高空气象资料可利用中尺度气象模式模拟的50km内的格点气象资料。

3. 气象观测资料调查方法

（1）地面气象观测资料：遵循先基准站、次基本站、后一般站的原则，收集每日实际逐次观测资料。

（2）常规高空气象观测资料：一般应至少调查每日一次（北京时间8点）距地面1500m高度以下的高空气象观测资料。

4. 补充地面气象观测的方法

①在评价范围内设立补充地面气象观测站，站点设置应符合相关地面气象观测规范的要求。

②一级评价的补充监测应进行为期1年的连续观测；二级评价的补充观测可选择有代表性的季节进行连续观测，观测期限应在2个月以上。观测内容应符合地面气象观测资料的要求，观测方法应符合相关地面气象观测规范的要求。

③补充地面气象观测数据可作为当地长期气象条件参与大气环境影响评价。

5. 常规气象资料分析内容

（1）温度。

①温度统计量：统计长期地面气象资料中每月平均温度的变化情况，并绘制年平均温度月变化曲线图。

②温廓线：对于一级评价项目，需酌情对污染较严重时的高空气象观测资料作温廓线的分析，分析逆温层出现的频率、平均高度范围和强度。

（2）风速。

①风速统计量：统计月平均风速随月份的变化和季小时平均风速的日变化。即根据长期气象资料统计每月平均风速、各季每小时的平均风速情况，并绘制平均风速的月变化曲线图和季小时平均风速的日变化曲线图。

②风廓线：对于一级评价项目，需酌情对污染较严重时的高空气象观测资料作风廓线的分析，分析不同时间段大气边界层内的风速变化规律。

（3）风向和风频。

①风频统计量：统计所收集的长期地面气象资料中，每月、各季及长期平均各风向、各风频的变化情况。

②风向玫瑰图：统计所收集的长期地面气象资料中，各风向出现的频率，静风单独统计。在极点坐标中按各风向标出其频率大小，绘制各季及年平均风向玫瑰图。风向玫瑰图应

同时附当地气象台（站）多年（20 年以上）气候统计资料的统计结果。

③主导风向：主导风向指风频最大的风向角的范围。

风向角范围一般在 22.5 度到 45 度，对于 16 方位角表示的风向，主导风向一般是连续 2~3 个风向角的范围。

没有区域主导风向应该有明显的优势，主导风向角风频之和应≥30%，否则称为没有主导风向或者主导风向不明显。没有主导风向时，应该考虑项目对全方位的环境空气敏感区的影响。

十三、大气环境影响预测

常见的大气环境影响预测方法是通过建立数学模型来模拟各种气象条件、地形条件下的污染物在大气中输送、扩散、转化和清除等物理、化学机制。

大气环境影响预测的步骤一般为：

确定预测因子→确定预测范围→确定计算点→确定污染源计算清单→确定气象条件→确定地形数据→确定预测内容和设定预测情景→选择预测模式→确定模式中的相关参数→进行大气环境影响预测分析与评价。

（1）预测因子。应根据评价因子而定，选取有环境空气质量标准的评价因子作为预测因子。

（2）预测范围。预测范围应覆盖评价范围，同时还应考虑污染源的排放高度、评价范围的主导风向、地形和周围环境敏感区的位置等进行适当调整。计算污染源对评价范围的影响时，一般取东西为 X 坐标轴、南北向为 Y 坐标轴，项目位于预测范围的中心区域。

（3）计算点。计算点可分为环境空气敏感区、预测范围内的网格点以及区域最大地面浓度点三类，应选择所有的环境空气敏感区中的环境空气保护目标作为计算点。

预测网格点的分布应具有足够的分辨率以尽可能精确预测污染源对平均范围的最大影响，预测网格可以根据具体情况采用直角坐标网格或极点坐标网格，并应覆盖整个评价范围。见表 3-6。

表 3-6　预测网格点

预测网格方法		直角坐标网格	极坐标网格
布点原则		网格等间距或距源中心近密远疏法	径向等间距或距源中心近密远疏法
预测网格点网格距	距离源中心≤1000m	50~100m	50~100m
	距离源中心>1000m	100~500m	100~500m

区域最大地面浓度点的预测网格设置应根据计算出的网格点浓度分布而定，在高浓度分布区，计算点间距应不大于 50m。对于临近污染源的高层住宅楼，应适当考虑不同代表高度的预测受体。

（4）污染源计算清单。

（5）气象条件。计算小时平均浓度需采用长期气象条件，进行逐时逐次计算。选择污染最严重的（针对所有计算点）小时气象条件和对各环境空气保护目标影响最大的若干个小时气象条件（可视对各环境空气敏感区的影响程度而定）作为典型小时气象条件。

计算日平均浓度需采用长期气象条件，进行逐日平均计算。选择污染最严重的（针对所有计算点）日气象条件和对个环境空气保护目标影响最大的若干个日气象条件（可视对各环境空气敏感区的影响程度而定）作为典型日气象条件。

（6）地形数据。在非平坦的评价范围内，地形的起伏对污染物的传输、扩散会有一定的影响。对于复杂地形的污染物扩散模拟需要输入地形数据。

地形数据的来源应予以说明，地形数据的精度应结合评价范围及预测网格点的设置精细合理选择。

（7）预测内容和预测情景。

①预测内容。一级评价项目的预测内容如下。

a. 全年逐时或逐次小时气象条件下，环境空气保护目标、网格点处的地面浓度和评价范围内的最大地面小时浓度；

b. 全年逐日气象条件下，环境空气保护目标、网格点处的地面浓度和评价范围内的最大地面日平均浓度；

c. 长期气象条件下，环境空气保护目标、网格点处的地面浓度和评价范围内的最大地面年平均浓度；

d. 非正常排放情况，全年逐时或逐次小时气象条件下，环境空气保护目标的最大地面小时浓度和评价范围内的最大地面小时浓度；

e. 对于施工期超过一年的项目，并且施工期排放的污染物影响较大，还应预测施工期间的大气环境质量。

二级项目预测内容为一级评价项目预测内容中的 a、b、c、d 项内容。

三级项目可不进行上述预测。

②预测情景。根据预测内容设定预测情景，一般考虑污染物类别、排放方案、预测因子、气象条件、计算点五个方面的内容。

（8）预测模式。推荐模式清单包括估算模式、进一步预测模式（包括 AERMOD、ADMS 和 CALPUFF）和大气环境防护距离计算模式。

①估算模式：估算模式是一种单源估算模式，可计算点源、面源和体源污染源的最大地面浓度，以及建筑物下洗和熏烟等特殊条件下的最大地面浓度，嵌入了多种预设的气象组合条件，包括一些最不利的气象条件，此类气象条件在某个地区有可能发生，也有可能不发生。计算结果应大于进一步预测模式的计算结果。

估算模式适用于评价等级及评价范围的确定。

②AERMOD 模式。AERMOD 模式是一个稳态烟羽扩散模式，可基于大气边界层数据特征模拟点源、面源、体源等排放出的污染物在短期、长期的浓度分布，适用于农村或城市地区、简单或复杂地形。模式考虑了建筑物尾流的影响，即烟羽下洗。模式使用每小时连续预处理气象数据模拟大于等于 1 小时平均时间的浓度分布。包括 AERMET 气象预处理和 AERMAP

地形预处理模式。

AERMOD 模式适用于评价范围小于等于 50km 的一级、二级评价项目。

③ADMS 模式。ADMS 模式可模拟点源、面源、线源和体源等排放出的污染物在短期（小时、日）、长期（年平均）的浓度分布，还包括一个街道窄谷模型，适用于农村或城市地区、简单或复杂地形。模式考虑了建筑物下洗、湿沉降、重力沉降和干沉降以及化学反应等功能。化学反应模块包括计算一氧化氮、二氧化氮和臭氧等之间的反应。有气象预处理程序，可以模拟基本气象参数的廓线值。简单地形下，可不调查探空观测资料。

ADMS-EIA 版适用于评价范围小于等于 50km 的一级、二级评价项目。

④CALPUFF 模式。CALPUFF 模式是一个烟团扩散模型系统，可模拟三维流场随时间和空间发生变化时污染物的输送、转化和清除过程。适用于几十到几百公里范围内的模拟尺度，包括了近距离模拟的计算功能，如建筑物下洗、烟羽抬升、排气筒雨帽效应、部分烟羽穿透、次层网格尺度的地形和海陆的相互影响；还包括长距离模拟的计算功能，如干、湿沉降的污染物清除、化学转化、垂直风切变效应、跨越水面的传输、熏烟效应以及颗粒物浓度对能见度的影响。适合特殊情况，如稳定状态下的持续静风、风向逆转、在传输和扩散过程中气象场时空发生变化下的模拟。

CALPUFF 模式适用于评价范围大于等于 50km 的一级评价，一级复杂风场下的一级、二级评价项目。见表 3-7。

表 3-7　CALPUFF 模式

分类	AERMOD	ADMS	CALPUFF
适用评价等级	一级、二级评价	一级、二级评价	一级、二级评价
适用评价范围	小于等于 50km	小于等于 50km	大于 50km
对气象数据最低要求	地面气象数据及对应高空气象数据	地面气象观测数据	地面气象数据及对应高空气象数据
适用污染源类型	点源、面源、体源	点源、面源、线源、体源	点源、面源、线源、体源
适用地形条件及风场条件	简单地形、复杂地形	简单地形、复杂地形	简单地形、复杂地形、复杂风场

（9）模式中的相关参数。在计算 1h 平均浓度时，可不考虑 SO_2 转化；在计算日平均或更长时间平均浓度时，尤其是城市区域，应考虑化学转化。SO_2 转化可取半衰期为 4 小时。对于一般的燃烧设备，在计算 NO_2 小时或日平均浓度时，可以假定 $NO_2/NO_x = 0.90$，计算年平均浓度时，假定 $NO_2/NO_x = 0.75$，在计算机动车排放 NO_2 和 NO_x 比例时，应根据不同车型的实际情况而定。在计算颗粒物浓度时，应考虑重力沉降的影响。

（10）大气环境影响预测分析与评价。大气环境影响预测分析与评价的主要内容如下。

①对环境空气敏感区的环境影响分析，应考虑其预测值和同点位处的现状背景值的最大值的叠加影响；对最大地面浓度点的环境影响分析，可考虑其预测值和所有现状背景值的平

均值的叠加影响。

②叠加现状背景值，分析项目建成后最终的区域环境质量状况，即：新增污染源预测值+现状监测值（如果有）-削减污染源计算值（如果有）-被取代污染源计算值（如果有）=项目建成后最终的环境影响。评价范围内的其他在建项目、已批复环境影响评价文件的拟建项目，也应考虑其建成后对评价范围的共同影响。

③分析典型小时气象条件下，项目对环境空气敏感区和评价范围的最大环境影响，分析是否超标、超标程度、超标位置，分析小时平均浓度超标概率和最大持续发生时间，并绘制评价范围内出现区域小时平均浓度最大值时所对应的浓度等值线分布图。

④分析典型日气象条件下，项目对环境空气敏感区和评价范围的最大环境影响，分析是否超标、超标程度、超标位置，分析日平均浓度超标概率和最大持续发生时间，并绘制评价范围内出现区域日平均浓度最大值时所对应的浓度等值线分布图。

⑤分析长期气象条件下，项目对环境空气敏感区和评价范围的最大环境影响，分析是否超标、超标程度、超标位置，并绘制评价范围内浓度等值线分布图。

⑥分析评价不同排放方案对环境的影响，即从项目的选址、污染源的排放强度与排放方式、污染控制措施等方面评价排放方案的优劣，并针对存在的问题（如果有）提出解决方案。

⑦对解决方案进行进一步预测和评价，并给出最终的推荐方案。

十四、大气环境防护距离

大气环境防护距离为保护人群健康、减少正常排放条件下大气污染物对居住区的环境影响，在项目厂界以外设置的环境防护距离。

1. 大气环境防护距离确定方法

采用推荐模式中大气环境防护距离模式计算各无组织源的大气环境防护距离。计算出的距离是以污染源中心点为起点的控制距离，并结合厂区平面布置图，确定控制距离范围，超出厂界以外的范围，即为项目大气环境防护区域。在大气防护距离内不应有长期居住的人群。

当无组织源排放多种污染物时，应分别计算，并按计算结果的最大值确定大气环境防护距离。

对于属于同一生产单元（生产区、车间或工段）的无组织排放源，应合并作为单一面源计算并确定其大气环境防护距离。

2. 大气环境防护距离参数选择

采用的评价标准应遵循评价等级计算要求中的相关要求。

有场界无组织排放监控浓度限值的，大气环境影响预测结果应首先满足无组织排放监控浓度限值要求。如预测结果在场界出现超标，应要求削减排放源强。计算大气环境防护距离的污染物排放源强应采用削减达标后的源强。

3. 大气环境防护距离计算模式

大气环境防护距离计算模式是基于估算模式开发的计算模式，此模式主要用于确定无组织排放源的大气环境防护距离。

大气环境防护距离一般不超过 2000m，如计算无组织排放源超标距离大于 2000m，则应建议削减源强后重新计算大气环境防护距离。

十五、大气环境影响评价结论

（1）项目选址及总图布置的合理性和可行性。

（2）污染源的排放强度与排放方式。

（3）大气污染控制措施。

（4）大气环境防护距离设置。

（5）污染物排放总量控制指标的落实情况。

（6）大气环境影响评价结论。

十六、大气环境保护措施

（1）改变原燃料结构。

（2）改进生产工艺。

（3）对重点污染源加强环保治理（应提出具体治理方案）。

（4）加强能源、资源的综合利用。

（5）重点污染源的合理烟囱高度选择。

（6）无组织排放的控制途径。

（7）区域污染物排放的总量控制。

（8）当地土地的合理利用或调整。

（9）厂区及评价区绿化，必要时可提出防护林带的设置方案。

（10）关于生产管理制度和环境监测的建议。

第五节　地表水环境影响评价

地表水是指存在于陆地表面的各种河流（包括运河、渠道）、湖泊、水库等水体。考虑到地表水与海洋之间的联系，在地表水环境影响评价中，还包括入海河口和近岸海域。

凡对水环境质量可能造成有害影响的物质和能量输入的来源，统称为水污染源；输入的物质和能量，称为污染物或污染因子。

影响地表水环境质量的污染源，按进入环境的空间分布方式可以分为点源和非点源（面源）；按污染物性质可以分为持久性污染物、非持久性污染物、酸碱污染物和废热四类；按排放持续时间可分为连续排放源和非连续排放源。

一、常用水环境标准

1.《环境影响评价技术导则　地面水环境》（HJ/T 2.3—1993）

规定了地面水环境影响评价的原则、方法及要求，适用于工矿企业、事业单位建设项目的地面水环境影响评价。

2.《地表水环境质量标准》（GB 3838—2002）

本标准适用于中华人民共和国领域内的江河、湖泊、运河、渠道、水库等具有使用功能的水域。依据地表水水域环境功能和保护目标，按功能高低依次划分为以下五类。

一类：主要适用于源头水、国家自然保护区；

二类：主要适用于集中式生活饮用水的一级保护区、珍稀水生生物栖息地、鱼虾类产卵场、仔稚幼鱼索饵场等；

三类：主要适用于集中式生活饮用水的二级保护区、鱼虾类越冬场、洄游通道、水产养殖区等渔业水域及游泳区；

四类：主要适用于一般工业用水区及人体非直接接触的娱乐用水区；

五类：主要适用于农业用水区和一般景观要求水域。

3.《渔业水质标准》（GB 11607—1989）。

4.《农田灌溉水质标准》（GB 5084—2005）。

5.《生活饮用水源水质标准》（CJ 3020—1993）。

6.《生活饮用水卫生标准》（GB 5749—2006）。

7.《海水水质标准》（GB 3097—1997）

本标准规定了海域各类适用功能的水质要求，适用于中华人民共和国管辖的海域，按照不同使用功能和保护目标，海水水质分为以下四类。

一类：适用于海洋渔业水域、海上自然保护区和珍稀濒危海洋生物保护区；

二类：适用于水产养殖区、海水浴场，人体非直接接触的海上运动和娱乐区，以及与人类食用直接有关的工业用水区；

三类：适用于一般工业用水区、滨海风景旅游区；

四类：适用于海洋港口水域、海洋开发作业区。

8.《污水综合排放标准》（GB 8978—1996）

本标准分年限规定了 69 种水污染物最高允许排放浓度和部分行业最高允许排放量。适用于现有单位水污染物的排放管理，以及建设项目的环境影响评价、建设项目环境保护设施设计、竣工验收及其投产后的排放管理。

（1）标准分级。

①排入 GB 3838—2002 标准中三类水域（划定的保护区和游泳区除外）和排入 GB 3097—1997 中二类海域中的污水，执行一级标准。

②排入 GB 3838—2002 标准中的四五类水域和 GB 3097—1997 标准中的三类海域中的污水，执行二级标准。

③排入设置二级污水处理厂的城镇排水系统的污水，执行三级标准。

④排入未设置二级污水处理厂的城镇排水系统的污水，必须根据排水系统受纳水域的功能要求，分别执行上述①和②的规定。

⑤GB 3838—2002 标准的一二类水域和三类水域中的划定的保护区，GB 3097—1997 中一

类海域，禁止新建排污口，现有排污口按水体功能要求，实行污染物总量控制，以保证受纳水体的水质符合规定用途的水质标准。

（2）污染物分类。

①第一类污染物［总汞、烷基汞、总镉、总铬、六价铬、总砷、总铅、总镍、苯并（a）芘、总铍、总银、总 α 放射性、总 β 放射性］，不分行业污水排放方式，也不分受纳水体的功能类别，一律在车间或车间处理设施排放口采样，其最高允许排放浓度必须达到本标准要求（采矿行业的尾矿坝出水口不得视为车间排放口）。

②第二类污染物，在排放单位排放口采样，最高允许排放浓度必须达到本标准要求。

③对于排放含油放射性物质的污水，除执行本标准外，还应执行《辐射防护规定》。

二、地表水环境影响评价

1. 地表水环境影响评价的基本要求

（1）根据地面水环境影响评价技术导则和区域可持续发展的要求，明确包括水质要求和环境效益在内的环境质量标准。

（2）根据国家排污控制标准（排放标准），分析和界定建设项目可能产生的特征污染物和污染源强（水质与水量指标）。

（3）选择合理的水质模型，建立污染源与环境质量目标的关系，根据各种工况下不同的污染源强，进行水环境影响预测评价。

（4）采取社会、环境、经济协调统一的分析方法，优化污染源控制方案，实现建设项目水污染源的"达标排放，总量控制"。

（5）通过综合分析、评价，得出项目建设的环境可行性结论，并针对环境影响提出相应的环境保护措施。

2. 地表水环境影响评价的主要任务

（1）明确工程项目的性质。

（2）拟建工程是否符合产业政策与区域规划。

（3）划分拟建工程的环境影响属性，是环境污染型或生态破坏型。

（4）界定新、改、扩建项目，明确是否有"以新带老"问题。

（5）确定评价工作等级。

（6）地表水环境现状调查和评价。

（7）建设项目的工程分析。

（8）建设项目的水环境影响预测与评价。

（9）提出控制水污染的方案和保护水环境的措施。

3. 地表水环境影响评价的等级与评价范围

（1）划分等级的依据。

①确定评价等级依据的原则。所定判据能反映地表水问题的主要特点，反映建设项目向地表水排放污水的主要特征，与建设项目排污有关的判据定为污水排放量和污水水质特征，

与地表水环境有关的判据定为受纳水体的规模和受纳水体对水质的具体要求。

②划分评价等级的具体依据。

a. 建设项目的污水排放量，分为五个档次。≥20000m³/d；10000~20000m³/d；5000~10000m³/d；1000~5000m³/d；200~1000m³/d。

b. 建设项目污水水质的复杂程度。

复杂：污染物类型数≥3，或者只有两类污染物，但需要预测其浓度的水质因子数目≥10；

中等：污染物类型数=2，且需要预测其浓度的水质因子数目<10，或者只有一类污染物，但是需要预测其浓度的水质因子数目≥7；

简单：污染物类型数=1，且预测其浓度的水质因子数目<7。

c. 地表水域规模（受纳水体的规模）。

ⅰ按建设项目排放口附近河段的多年平均流量或平水期的平均流量划分为：大河：≥150m³/s；中河：15~150m³/s；小河<15m³/s。

ⅱ按湖泊和水库的平均水深和水域面积、划分。

当平均水深<10m时：大湖（水库）水域面积≥50km²；中湖（水库）水域面积5~50km²；小湖（水库）水域面积<5km²。

当平均水深≥10m时：大湖（水库）水域面积≥25km²；中湖（水库）水域面积2.5~25km²；小湖（水库）水域面积<2.5km²。

d. 水环境质量要求。以地面水水质要求（水质质量类别）确定。

（2）评价等级的划分原则

①污水排放量越大，水质越复杂，则建设项目对地表水的污染影响就越大，要求地表水环境影响评价做得越仔细，评价等级就越高。

②地表水域规模越小，其水质要求越严，则对外界污染影响的承受能力越小，因此，相应地评价工作的要求就越高，评价等级就越高。

（3）评价范围

地表水环境影响的评价范围，应能包括建设项目对周围地表水环境影响较显著的区域，在此区域内进行的评价，能全面说明与地表水环境相联系的环境基本状况，并能充分满足地表水环境影响评价的要求。

三、地表水环境现状调查

（1）调查的原则：收集资料为主，现场实测为辅。

（2）调查的对象（内容）：环境水文条件、水污染源、水环境质量。

（3）调查的方法：搜集资料、现场实测、遥感遥测等。

（4）调查的范围：主要是受建设项目排污影响较显著的地表水区域。

①在确定某具体开发建设项目的地表水环境现状调查范围时，应尽量按照将来污染物排入水体后可能达到地表水环境质量标准的范围，并考虑评价等级后决定，评价等级高时调查范围取偏大值，反之取偏小值。

②当拟定评价范围附近有敏感水域（如水源地、自然保护区等）时，调查范围应考虑延长到敏感水域的上游边界，以满足预测敏感水域所受影响的需要。

（5）调查的时期：见表3-8。

表3-8　调查的时期

水域	一级	二级	三级
河流	一个水文年的枯水期、平水期、丰水期；若评价时间不够，至少枯水期和平水期	条件许可，可调查一个水文年的枯水期、平水期、丰水期；一般情况下可只调查枯水期和平水期；若评价时间不够，只调查枯水期	一般情况下可只调查枯水期
湖泊、水库	一个水文年的枯水期、平水期、丰水期；若评价时间不够，至少枯水期和平水期	一般情况下可只调查枯水期和平水期；若评价时间不够，只调查枯水期	一般情况下可只调查枯水期
入海河口感潮河段	一个潮汐年的枯水期、平水期、丰水期；若评价时间不够，至少枯水期和平水期	一般情况下可只调查枯水期和平水期；若评价时间不够，只调查枯水期	一般情况下可只调查枯水期
近岸海域	调查大潮期和小潮期	一般情况调查大潮期和小潮期；若评价时间不够至少调查小潮期	一般情况下可只调查小潮期

四、环境水文调查与水文测量

（1）调查的原则。

①应尽量收集邻近水文站既有的水文年鉴资料和其他相关的有效水文观测资料，不足则应现场水文调查和水文测量，特别需要进行与水质调查同步的水文调查和水文测量。

②一般情况，水文调查与水文测量在枯水期进行，必要时，可在其他时期（平水期、丰水期、冰封期等）进行。

③水文调查的内容应满足拟采用的水环境影响预测模式对水文参数的要求。

④与水质调查同步进行的水文测量，原则上只在一个时期（水期）内进行，水文测量的时间、频次和断面可不与水质调查完全相同，但应保证满足水环境影响预测所需的水文特征值及环境水力学参数的要求。

（2）调查的内容。

①河流水文条件调查的内容。由评价等级、河流的规模决定，其中主要有丰水期、平水期、枯水期的划分，河流平直及弯曲情况（如平直段长度及弯曲段的弯曲半径等）、横断面、纵断面（坡度）水位、水深、河宽、流量、流速及其分布、水温、糙率及泥沙含量等，丰水期限有无分流漫滩，枯水期有无浅滩、沙洲和断流，北方河流还应了解结冰、封冰、解冻等现象。河网地区应调查各河段流向、流速、流量关系，了解流向、流速、流量的变化特点。

②感潮河段和河口水文调查内容。由评价等级河流的规模决定，其中除与河流相同的内容外，还有感潮河段的范围，涨潮、落潮及平潮时的水位、水深、流向、流速及其分布横断面水面坡度以及潮间隙潮差和历时等。

③湖库水文条件调查的内容。由评价等级湖泊和水库的规模决定，其中主要有湖泊水库的面积和形状（附平面图），丰水期、平水期、枯水期的划分，流入、流出的水量，停留时间，水量的调度和贮量，湖泊、水库的水深，水温分层情况及水流状况（湖流的流向和流速，环流的流向、流速及稳定时间）等。

④海湾及近岸海域水文调查。根据项目情况选择全部或部分内容。

根据评价等级及海湾的特点选择下列全部或部分内容：海岸形状，海底地形，潮位及水深变化，潮流状况（小潮和大潮循环期间的水流变化、平行于海岸线流动的落潮和涨潮），流入的河水流量、盐度和温度造成的分层情况，水温、波浪的情况以及内海水与外海水的交换周期限等。

⑤需要预测建设项目的非点源污染时，应调查历年的降雨资料，并根据预测的需要对资料进行统计分析。

（3）河流环境水文条件调查的主要特征参数。调查的水文特征参数主要包括：河宽（B）、水深（H）、流速（u）、流量（Q）、糙率、纵比降（I，坡度）和弯曲系数等。

弯曲系数=断面间河段长度/断面积间直线距离

当弯曲系数>1.3时，可视为弯曲河流，否则简化为平直河流。

（4）水文调查的方法。水文站资料收集利用法、现场实测法、判图法（判读地形图）。水文资料以收集资料为主，实测和判读地形图为辅。

五、地表水污染源调查

调查的原则以收集现有资料为主，只有在十分必要时才补充现场调查和现场测试（如改扩建项目常需要现场调查和测试）。点源调查内容可根据评价等级及其与建设项目的关系略有不同。

（1）点源调查的内容。点源调查内容包括点源的排放、排放数据、用排水状况、调查排污单位的废污水处理状况。

（2）非点源调查的内容。基本采用间接收集资料，一般不进行实测。主要有农业污染源、农村生活污染源、畜禽养殖污染源、工况污染源（概况，排放方式、排放去向与处理情况，排放数据）、其他非点源污染。

六、地表水环境质量调查

1. 调查的原则

水环境质量调查的原则是尽量利用现有的数据资料，如资料不足时应实测。

①评价等级为一级、二级时，水质调查以实测为主，并辅以既有水质资料的收集利用。

②评价等级为三级时，水质调查宜进行水质实测。

③既有水质资料应为近三年的监测数据，同时应分析其代表性和合理性。

2. 评价因子的选择

包括常规水质因子（反应受纳水域水质的一般状况）和特征水质因子（代表建设项目将

来排污的水质特征），在某些情况下还要调查一些其他方面的因子。

（1）常规水质因子。pH、溶解氧、高锰酸盐指数、五日生化需氧量、凯氏氮或非离子氨、酚、氰化物、砷、汞、铬（六价）、总磷以及水温为基础，可根据水域类别、评价等污染源状况适当增减。

（2）特征水质因子。根据建设项目特点、水域类别及评价等级选定。

（3）其他方面的因子。当受纳水体的环境保护要求较高，如自然保护区、饮用水源地、珍贵水生生物保护区、珍贵鱼类养殖区等，且评价等级为一级、二级时，应考虑调查水生生物和底质。

①水生生物方面：浮游动植物、藻类、底栖无脊椎动物的种类和数量、水生生物群落结构等。

②底质方面：主要调查与拟建工程排水水质有关的易积累的污染物。

3. 各类水域水质取样点的设置

（1）河流水质取样点的设置。

①河流水质取样断面布设：一般应布设对照断面、控制断面和削减断面。在拟建排污口上游应布置对照断面（一般在 500m 以内）；调查范围内不同类水环境功能区、重点保护水域、敏感用水对象附件水域、水文特征突然变化处（如支流汇入处上下游）、水质急剧变化处（如排污口上下游）、涉水构筑物（如闸坝、桥梁等）附近，调查范围的下游边界处、水质例行监测断面处以及其他需要进行水质预测的地点等应布设控制断面；需掌握水质自净规律，通过实测来估算水质衰减系数时，应在恰当河段布设削减断面。

②河流水质取样断面上取样垂线的布设：小型河流在取样断面的主流线上设一条水质取样垂线；河宽≤50m，在水质取样断面上各距岸边三分之一水面宽处（垂线应设在有较明显水流处）；50m<河宽≤200m，在水质取样断面的主流线上及距岸边不小于 5.0m 且有明显水流的地方，各设一条水质取样垂线，共设三条水质取样垂线，如需预测污染带分布的，需在拟设置排污口一侧适当增设水质取样垂线；河宽>200m，可只在拟设置排污口一侧设置水质取样垂线，但水质取样垂线的数量需满足污染带预测的需要。

③河流水质取样垂线上取样点的布设：水质取样垂线上的水深≤1.0m 或者小型河流时，水质取样点设置在取样垂线的 1/2 水深处；1.0m<水质取样垂线上的水深≤5.0m 时，只在水面下 0.5m 处设置一个取样点；5.0m<水质取样垂线上的水深≤10.0m 时，在水面下 0.5m 处和距河底 0.5m 处各设置一个水质取样点；水质取样垂线上的水深>10.0m 时，在水面下 0.5m、1/2 水深、距河底 0.5m 处各设置一个水质取样点。

（2）湖泊、水库水质取样点的设置。

①水质取样垂线的布设：水质取样垂线的设置可采用以排污口为中心、沿放射线布设或网格布设的方法，按照下述原则及方法设置。

当污水排放量≥20000m³/d 时，一级评价布设的水质取样垂线数一般不少于 20 条，二级评价布设的水质取样垂线数一般不少于 16 条，三级评价布设的水质取样垂线数一般不少于 8 条。

当污水排放量 10000~20000m³/d 时，一级评价布设的水质取样垂线数一般不少于 16 条，二级评价布设的水质取样垂线数一般不少于 12 条，三级评价布设的水质取样垂线数一般不少于 6 条。

当污水排放量 ≤100000m³/d 时，一级评价布设的水质取样垂线数一般不少于 12 条，二级评价布设的水质取样垂线数一般不少于 8 条，三级评价布设的水质取样垂线数一般不少于 4 条。

②水质取样垂线上取样点的布设：当水质取样垂线上的水深 ≤5.0m 时，水质取样点设在水面下 0.5m 处（其中水深不足 1.0m 时，水质取样点应设在 1/2 水深处）；5.0m<水质取样垂线上的水深 ≤10.0m 时，在水面下 0.5m 处和距湖（库）底 0.5m 处各设置一个水质取样点；水质取样垂线上的水深>10.0m 时，首先要根据既有水质监测资料查明此湖（库）有无温度分层现象，如无资料可查证，则先测水温，目的是找到斜温层，找到斜温层后，在水面下 0.5m、斜温层下部、据湖（库）底 0.5m 处各设置一个水质取样点。

（3）河口、近岸海域水质取样点的设置。

①水质取样断面和取样垂线的设置：一级评价一般布设 5~7 个取样断面；二级评价一般布设 3~5 个取样断面；三级评价一般布设 1~3 个取样断面。各水质取样断面应与主潮流方向或海岸垂直，水质取样的断面宜平行布设。每个水质取样断面一般布设 3~5 条取样垂线。在不同水质类别区、水环境敏感区、海上污染源、排污口、水动力变化大的区域和需要进行水质预测的海域应布设取样垂线。

②水质取样点的布设：根据垂向水质分布特点，参照 HJ 442—2008 和 GB 12763—2007 执行。

③排污口位于感潮河段内的，其上游设置的水质取样断面，应根据实际情况参照河流决定，其下游断面的布设与河流相同。

4. 各类水域水质取样频次

（1）河流水质取样频次。对于不同评价工作等级的水质调查时期中，每个水期调查取样一次，每次连续调查取样 3~5 天，每个水质取样点每天至少取一组水样。一般情况，每个水质监测因子每天只取一个样，但在水质变化较大时，每间隔一定时间取样一次。

（2）湖泊、水库水质取样频次。对于不同规模的湖泊和水库，不同评价的工作等级的调查时期中，每个水期调查取样一次，每次连续取样 3~5 次。

（3）感潮河段、河口、近岸海域水质取样频次。

①对于感潮河段，在不同评价工作等级的调查水期中，原则上每个水期在大潮周日内和小潮周日内分别采高潮水样和低潮水样，给出所采样品所处潮时，必要时对潮周日内的全部高潮和低潮采样。当上下层水质差距较大时，不取混合样。

②河口上游水质取样频次参照感潮河段相关要求执行，下游水质取样频次参照近岸海域相关要求执行。

③对于近岸海域，在不同评价工作等级的调查水期中，宜在半个太阴月内的大潮期和小潮期分别采样，给出所采样品所处潮时，对于所有选取的水质监测因子，在高潮和低潮时各

取样一次。

5. 水质采样及水质分析要求

（1）一级评价工作等级，每个采样点的每次水样均应分析；二级评价工作等级，至少进行每条采样垂线每次混合样分析；三级评价工作等级，至少进行每个采样断面的每次混合样分析。

（2）湖泊、水库的二级、三级评价工作等级，至少进行每条采样垂线的每次混合样分析。

6. 水温变化过程

水温是影响水质的重要指标，各种参数的变化均与水温有关。水温观测，一般应每间隔6小时观测一次水温，统计计算日平均水温。

七、地表水环境功能调查

水环境功能调查是地表水环境影响评价的基础资料，一般由环境保护部门规定。目的是核对及核准评价水域的水环境功能，若还没有规定水环境功能的则应通过调查水域的时间使用情况，并报当地环境保护部门认可。

调查的方法以间接了解为主，并辅以必要的实地踏勘。

调查的内容包括水资源利用、地表水环境功能、近岸海域环境功能的调查，可根据需要选择下述全部或部分内容：城市、工业、农业、渔业、水产养殖业等各类的用水情况，以及各类用水的供需关系，水质要求和渔业、水产养殖业等所需的水面面积等。此外，对用于排泄污水或者灌溉退水的水体也应调查。在水资源利用及水环境功能状况调查时，还应注意地表水与地下水之间的水力联系。

八、地表水环境现状评价

（1）评价原则。现状评价是水质调查的继续，评价水质现状主要采用文字分析与描述，并辅以数学表达式。

（2）评价依据。地表水环境质量标准和有关法规及当地的环保要求是评价的基本依据，如地表水环境质量标准或相应的地方标准、海水水质标准等。

（3）选择水质评价因子。评价因子从所调查收集的水质参数中选取。如工程废水排放的主要特征污染物；对纳污水体污染影响危害大的水质因子；国家和地方水质管理要求严格控制的水污染因子。评价因子的数量必须能反映水体评价范围的水质现状。

（4）水质评价因子的参数确定。数多、变幅小，采用均值法；数少、变幅大，采用极值法。

在单项水质参数评价中，一般情况下，某水质因子的参数可采用多次检测的平均值；但如果该水质因子监测数据变幅较大时，为了突出高值的影响可采用内梅罗值、极值或其他计入高值影响的方法。

$$C_{内} = \sqrt{\frac{C_{极}^2 + C_{均}^2}{2}}$$

（5）评价方法。水质评价方法主要采用单项水质指数评价法。单项水质指数评价因子是将每个污染因子单独进行评价，利用统计得出各自的达标率或超标率、超标倍数、统计代表值等结果。单项水质指数评价能客观地反映水体的污染程度，可清晰地判断出主要污染因子、主要污染时段和水体的主要污染区域，能较完整地提供监测水域的时空污染变化和比较。

单项水质指数评价因子计算公式如下。

① 一般水质因子：

$$S_{ij} = C_{ij}/C_{si}$$

式中：S_{ij}——单项水质因子 i 在第 j 点的标准指数；

　　　C_{ij}——(i, j) 点的评价因子水质浓度或水质因子 i 在监测点（或预测点）j 的水质浓度，mg/L；

　　　C_{si}——水质评价因子 i 的地表水质标准，mg/L。

② 特殊水质因子。

a. DO 的标准指数 $S_{DO,j}$。

$$S_{DO,j} = \mid DO_f - DO_j \mid /(DO_f - DO_s) \qquad (DO_j \geqslant DO_s)$$

$$S_{DO,j} = 10 - 9(DO_j/DO_s) \qquad (DO_j < DO_s)$$

式中：DO_i——某水温、气压下的饱和溶解氧浓度，mg/L，公式常采用 $DO = 468/(31.6+T)$，T 为水温（℃）；

　　　DO_j——溶解氧实测值（取均值），mg/L；

　　　DO_s——溶解氧的水质评价标准限值，mg/L。

b. pH 的标准指数 $S_{pH,j}$。

水质标准指数大于 1 则为超标，pH_{sd} 为地表水质标准中规定的 pH 下限 6。pH_{su} 为地表水质标准中规定的 pH 上限 9。

$$S_{pH,j} = (7.0 - pH_j)/(7.0 - pH_{sd}), pH \leqslant 7.0$$

$$S_{pH,j} = (pH_j - 7.0)/(pH_{su} - 7.0), pH > 7.0$$

九、地表水环境影响预测

1. 水体自净的基本原理

水体中的污染物在没有人工净化措施的情况下，它的浓度随时间和空间的推移而逐渐降低的特性称为水体的自净特性。从机制方面可将水体自净分为物理、化学、生物三个过程，它们往往是同时发生又是相互影响的。

（1）物理自净。主要是指污染物在水体中的混合稀释（紊动扩散作用、移流作用和离散作用）、扩散和自然沉淀的过程。

（2）化学自净。化学氧化反应是水体化学净化的重要作用。

（3）生物自净。生物自净的基本过程是水中微生物（尤其是细菌）在溶解氧充分的情况下，将一部分有机污染物当作食饵消耗掉，将另一部分有机污染物氧化分解成无害的简单无机物。

2. 预测原则

尽量选用成熟、通用、简便的方法。

（1）对于已确定的评价项目，都应预测建设项目对受纳水域水环境产生的影响，预测的范围、时段、内容和方法均应根据其评价工作等级、工程与水环境特性、当地的环保要求而定。同时应尽量考虑预测范围内，规划的建设项目可能产生的叠加性水环境影响。

（2）对于季节性河流，应根据当地环保部门所定的水体功能，结合建设项目的污水排放特性，确定其预测的原则、范围、时段、内容及方法。

（3）当水生生物保护对地表水环境要求较高时（如珍贵水生生物保护区、经济鱼类养殖区等），应简要分析建设项目对水生生物的影响，分析时一般可采用类比调查法或专业判断法。

3. 预测方法

可采用数学模型法、物理模型法、类比分析（调查）法。

4. 预测范围和预测点位

（1）预测范围。与地表水现状调查范围相同或略小（特殊情况也可以略大），确定预测范围的原则与现状调查的相同。

（2）预测点位。预测点位的数量和预测点位的选择，应根据受纳水体和建设项目的特点、评价等级以及当地的环保要求确定。

5. 地表水环境影响时期的划分和预测时段

（1）地表水环境影响时期的划分。所有建设项目均应预测生产运行阶段对地表水环境的影响，该阶段的影响按正常排放和不正常排放两种情况进行预测。

建设项目应根据其建设过程阶段的特点和评价等级、受纳水体特点以及当地环保要求决定是否预测该阶段的环境影响。同时具备以下三个特点应预测建设过程阶段的影响：地表水水质要求较高，如要求达到三类以上；可能进入地表水环境的堆积物较多或土石方量较大；建设阶段时间较长，如超过一年。

服务期满后地表水环境影响主要源于水土流失所产生的悬浮物以及各种形式存在于废渣、废矿中的污染物。

（2）地表水环境影响预测时段。地表水环境预测从水体的自净能力不同的时段出发，可划分为自净能力最小、中等、最大三个时段。自净能力最小的阶段通常是枯水期，个别水域由于面源严重也可能是在丰水期，自净能力中等的时段通常是平水期，冰封期的自净能力最小，情况特殊时，如果冰封期较长可单独考虑，海湾的自净能力与时期的关系不明显，可以不分时段。

评价等级为一级、二级时，应分别预测建设项目在水体自净能力最小和中等两个时段的环境影响。冰封期较长的水域，当期水体功能为生活饮用水、食品工业用水水源或渔业用水时，还应预测自净能力最小阶段的环境影响。评价等级为三级或者评价等级为二级但是评价时间较短时，可以只预测自净能力最小的阶段的环境影响。

6. 环境影响预测中地表水环境简化

（1）河流简化。

①河流可以简化为矩形平直河流、矩形弯曲河流和非矩形河流。

河流断面宽深比≥20时，可视为矩形河流。大中河流中，预测河段弯曲较大时（如其最大弯曲系数>1.3），可视为弯曲河流，否则简化为平直河流。大中河流河段的断面形状沿程变化较大时，可以分段考虑。大中河流断面上水深变化很大且评价等级较高（如一级评价）时，可以视为非矩形河流并应调查其流场，其他情况可简化为矩形河流。小河流可以简化为矩形平直河流。

②河流水文特征或水质有急剧变化的河段，可在急剧变化处分段，各段分别进行环境影响预测。河网应分段进行环境影响预测。

③评价等级为三级时，江心洲、浅滩等均可按无江心洲、浅滩的情况对待。

江心洲位于充分混合段，评价等级为二级时，可以按无江心洲对待，评价等级为一级且江心洲较大时，可以分段进行环境影响预测，江心洲较小时可不考虑。

江心洲位于混合过程段，可分段进行环境影响预测，评价等级为一级时可以采用数值模式进行环境影响预测。

④人工控制河流根据水流情况可以视其为水库，也可视其为河流，分段进行环境影响预测。

（2）河口简化。河口包括河流汇合部、河流感潮段、河口外滨海段、河流与湖泊、水库汇合部。

河流感潮段是指受潮汐作用影响较明显的河段，可以将落潮时最大断面平均流速与涨潮时最小断面平均流速等于 0.05m/s 的断面作为与河流的界限。河流汇合部可以分为支流、汇合前主流、汇合后主流三段分别进行环境影响预测。河流与湖泊、水库汇合部按照河流与湖泊、水库两部分分别预测其环境影响预测。河口断面沿程变化较大时，可以分段进行环境影响预测。河口外滨海段可视为海湾。

（3）湖泊、水库简化。在预测湖泊和水库时，可以将湖泊和水库简化为大湖（库）、小湖（库）、分层湖（库）等三种情况进行。评价等级为一级时，中湖（库）可以按大湖（库）对待，停留时间较长时也可以按照小湖（库）对待；评价等级为三级时，中湖（库）也可以按照小湖（库）对待，停留时间很长时也可以按照大湖（库）对待；评价等级为二级时，如何简化可视具体情况而定。

水深>10m 且分层期较长（如大于 30 天）的湖泊、水库可以视为分层湖（库）。珍珠串湖泊可以分为若干区，各区分别按上述情况简化。不存在大面积回流区和死水期且流速较快、停留时间较短的狭长湖泊可简化为河流，其岸边形状和水温要素变化较大时还可以进一步分段。不规则形状的湖泊、水库可按照流场的分布情况和几何形状分区。自顶端入口附近排入废水的狭长湖泊或循环利用湖水的小湖，可以分别按各自的特点考虑。

（4）海湾简化。预测海湾水质时，一般只考虑潮汐作用，不考虑波浪作用，评价等级为一级且海流（主要是指风海流）作用较强时，可以考虑海流对水质的影响。

潮流可以简化为二维非恒定流场，当评价等级为三级时，可以只考虑潮周期的平均情况。较大的海湾交换周期很长，可视为封闭海湾。在注入海湾的河流中，大河及评价等级为一级、二级的中河，应考虑其对海湾流场和水质的影响；小河及评价等级为三级的中河可视为点源，忽略其对海湾流场的影响。

7. 环境影响预测中污染源简化

包括排放形式的简化和排放规律的简化，根据具体情况排放形式可简化为点源和面源。

排入河流的两排放口间距较近时，可简化为一个，其位置简化在两排放口之间，其排放量为两者之和；两排放口间距较远时，可分别单独考虑。

排入小湖（库）的所有排放口可以简化为一个，其排放量为所有排放量之和。排入大湖（库）的两排放口间距较近时，可以简化为一个，其位置简化在两排放口之间，其排放量为两者之和；两排放口的间距较远时，可分别单独考虑。

当评价等级为一级、二级并且排入海湾的两排放口间距小于沿岸方向差分网格的步长时，可以简化为一个，其排放量为两者之和，否则可分别单独考虑；评价等级为三级时，海湾污染源简化与大湖（库）相同。

无组织排放可以简化为面源；从多个间距较近的排放口排水时，也可以简化为面源。

（1）点源的环境影响预测。预测范围内的河段为充分混合段、混合过程段和上游河段。充分混合段是指污染物浓度在断面上均匀分布的河段，当断面上任意一点的浓度与断面平均浓度之差小于平均浓度的5%时，可以认为是达到均匀分布。混合过程段是指排放口的下游达到充分混合以前的河段。上游河段是指排放口上游的河段。

混合过程段的长度可由下式估算：

$$L = \frac{(0.4B - 0.6a)Bu}{(0.058H + 0.0065B)(gHI)^{1/2}}$$

式中：B——河流宽度，m；

　　　u——河流断面平流均速，m/s；

　　　a——排放口距岸边的距离（岸边排放时为零），m；

　　　H——平均水深，m；

　　　g——重力加速度，9.81m/s²；

　　　I——河流纵比降，%（坡度）。

（2）面源的环境影响预测。面源主要是指建设项目在各生产阶段由于降雨径流或其他原因从一定面积上向地面水环境排放的污染源，或称为非点源。例如水土流失面源，堆积物非点源，大气沉降面源等。这些项目主要包括以下几方面。

①矿山开发项目应预测其生产运行阶段和服务期满后的面源环境影响，主要有水土流失的悬浮物，和以各种形式存在于废矿、废渣、废石中的污染物。建设项目阶段是否预测视其具体情况而定。

②某些建设项目（如冶金、火力发电、初级建筑材料的生产）露天堆放的原料、燃料、废渣、废弃物较多。

③某些建设项目（如水泥、化工、火力发电）向大气排放的降尘较多。

④需要进行建设过程阶段地面水环境影响预测的建设项目应预测该阶段的面源影响。

⑤水土流失面源和堆积物面源主要考虑一定时期内（如一年）全部降雨所产生的影响，也可以考虑一次降雨所产生的影响。一次降雨应根据当地的气象条件、降雨类型和环保要求选择。

十、地表水环境污染控制管理

1. 水环境容量和总量控制

水环境容量是指水体在环境功能不受损害的前提下所能接纳的污染物的最大允许排放量。环境容量的"环境"是一个较大的范围，如果范围很小，由于边界与外界的物质、能量交换量，相对于自身所占比例较大，此时通常改称为环境承载能力。

2. 水环境容量估算方法

（1）对于拟接纳开发区污水的水体，如常年径流的河流、湖泊、近海水域应估算其环境容量。

（2）污染因子应包括国家和地方规定的重点污染物，开发区可能产生的特征污染物和受纳水体敏感的污染物。

（3）根据水环境功能区划明确受纳水体不同断（界）面的水质标准要求，通过现有资料或现场监测分析清楚受纳水体的环境质量状况，分析受纳水体水质达标程度。

（4）在对受纳水体动力特性进行深入研究的基础上，利用水质模型建立污染物排放和受纳水体水质之间的输入相应关系。

（5）确定合理的混合区，根据受纳水体水质达标程度，考虑相关区域排污的叠加影响，应用输入相应关系，以受纳水体水质按功能达标为前提，估算相关污染物的环境容量（即最大允许排放量或排放强度）。

3. 水污染物排放总量控制目标的确定

要确定建设项目总量控制目标，应进行以下工作。

（1）确定总量控制因子。

（2）计算建设项目不同的排污方案的允许排污量。

（3）分配建设项目总量控制目标。

4. 水环境容量与水污染物排放总量控制主要内容

（1）选择总量控制指标因子：COD、氨氮、总氰化物、石油类等因子以及受纳水体最为敏感的特征因子。

（2）分析基于环境容量约束的允许排放总量和基于技术经济条件约束的允许排放总量。

（3）对于拟接纳开发区污水的水体，应根据环境功能区划所规定的水质指标要求，选用适当的水质模型分析确定水环境容量，对于季节性河流，原则上不要求确定水环境容量。

（4）对于现状水污染物排放实现达标排放，水体无足够的环境容量可利用的情形，应在制定基于水环境功能区域水污染控制计划的基础上确定开发区水污染物排放总量。

（5）如预测的各项总量值均低于上述基于技术水平约束下的总量控制和基于水环境容量的总量控制指标，可选择最小的指标提出总量控制方案；如预测总量大于上述两类指标的某一类指标，需调整规划，降低污染物总量。

5. 达标分析

（1）水污染源的达标分析。排放的污染源浓度达到国家污染物排放标准，污染物总量满足地表水环境控制要求。

（2）受纳水体环境质量的达标分析。找到引起水质变化的污染源和污染指标，GB 3838—2002 规定，溶解氧、化学需氧量、挥发酚、氨氮、氰化物、总汞、砷、铅、六价铬、镉十项指标丰、平、枯水期的达标率应为100%，其他指标应达到80%。

6. 水环境保护措施

（1）污染物削减措施。改革工艺，减少排污负荷量；节约水资源和提高水的循环使用率；对项目设计中所考虑的污水处理措施进行论证和补充，并特别注意点源非正常排放的应急处理措施和水质恶劣的降雨初期径流的处理措施；选择替代方案。

（2）环境管理措施。环境监测计划（主要是施工期和运行期，如有必要跟踪监测计划）；环境管理机构设置；环境监理措施；防止水环境污染事故发生的措施，主要包括污染控制、水污染事故风险防范措施、事故预报预警系统的实施等。

（3）环保投资估算。

第六节　地下水环境影响评价

一、地下水

地下水是指赋存于地表以下土壤与岩石空隙中的水，狭义上讲地下水是指赋存于地表以下土壤与岩石空隙中的重力水。

水文循环是发生在大气水、地表水和地壳岩石空隙中的地下水之间的水循环。

地表以下一定深度上，岩石中的空隙被重力水所充满，形成地下水面，地下水面以上成为包气带，地下水面以下成为饱水带。

1. 地下水分类

通常是指地下水埋藏条件的分类，也可按地下水的某一种特征（如运动特征、化学特征等）或地下水的形成条件（成因）进行分类。比较通用的地下水分类：一是按其埋藏条件划分为上层滞水、潜水（易受到污染）和承压水三种；另一是按其赋存的介质划分为孔隙水、裂隙水和岩溶水三种。

2. 地下水的补给、径流与排泄

地下水平均渗透速度：

$$V = K \times I$$

式中：K——含水介质渗透系数，m/d；

$\quad\quad I$——地下水水力坡度。

3. 地下水污染

地下水污染是指在人为影响下，地下水的物理、化学或生物特性发生不利于人类生活或生产的变化，称为地下水污染。

地下水污染物来源：生活污水与垃圾，工业污水与废渣，农业肥料与农药。

地下水的污染途径主要包括：雨水淋洗堆放在地面的垃圾，废渣中的有毒物质进入含水层；污水排入河、湖、坑塘，再渗入补给含水层；污水灌溉农田；止水不良的井孔，会将浅部的污水导向深层；废气溶解于大气降水，形成酸雨补给地下水。

4. 地下水（含水层）防污性能及其影响因素

地下水防污性能是指污染物自顶部含水层以上某一位置到达地下水系统中某一特定位置的趋势和可能性。

地下水防污性能主要取决于地下水埋深、净补给量、含水层介质、土壤介质、地形坡度、包气带影响、水力传导系数七个因子。

二、常用的地下水质量标准

《地下水质量标准》（GB/T 14848—2017）规定了地下水的质量分类、指标及限值，地下水的质量调查与监测，地下水质量评价等内容，适用于地下水质量调查、监测、评价与管理。

依据我国地下水水质状况和人类健康风险，参照生活饮用水、工业、农业等用水质量要求，依据各组分含量高低（pH 除外），分为五类。

一类：地下水化学组分含量低，适用于各种用途；

二类：地下水化学组分含量较低，适用于各种用途；

三类：地下水化学组分含量中等，以 GB 5749—2006 为依据，主要适用于集中式生活饮用水水源及工农业用水；

四类：地下水化学组分含量较高，以农业和工业用水质量要求以及一定水平的人体健康风险为依据，适用于农业和部分工业用水，适当处理后可做生活饮用水；

五类：地下水化学组分含量高，不宜作为生活饮用水水源，其他用水可根据使用目的选用。

三、地下水环境影响评价

1. 评价基本要求

（1）建设项目分类。

一类：指在项目建设、生产运行和服务期满后的各个过程中，其主要影响表现为由于排放污染物而对地下水质造成影响的建设项目，为Ⅰ类建设项目。

二类：指在项目建设、生产运行和服务期满后的各个过程中，其主要影响表现为通过抽取地下水或向含水层注水，引起地下水位变化而产生环境水文地质问题的建设项目，为Ⅱ类建设项目。

三类：指同时具备Ⅰ类和Ⅱ类建设项目环境影响特征的建设项目，典型的有矿山开发项目、污水土地处理项目。

（2）地下水环境影响识别。根据实施过程的三个阶段（建设、生产运行和服务期满后）的工程特征进行识别，并应考虑正常与事故两种生产运行状态下污染物排放可能造成的地下水环境影响。

（3）地下水环境影响评价的基本任务。包括进行地下水环境现状评价，预测和评价建设项目实施过程中对地下水环境可能造成的直接影响和间接危害（包括地下水污染、地下水流畅或地下水水位变化），并针对这种影响和危害提出防治对策，预防与控制地下水环境恶化，保护地下水资源，为建设项目选址决策、工程设计和环境管理提供科学依据。

2. 评价程序

工作应划分为准备、现状调查与工程分析、预测评价和报告编写四个阶段。

3. 评价工作等级与范围

（1）划分原则。Ⅰ类和Ⅱ类建设项目，分别根据其对地下水环境的影响类型、建设项目所处区域的环境特征及其环境影响程度划定评价工作等级。

Ⅲ类建设项目应分别按一类和二类环境项目评价工作等级划分办法，进行地下水环境影响评价工作等级划分，并按所划定的最高工作等级开展评价工作。

（2）Ⅰ类建设项目工作等级划分。应根据建设项目场地（包括主体工程、辅助工程、公用工程、储运工程等涉及的场地）的包气带防污性能、含水层易污染特征、地下水环境敏感程度、污水排放量与污水水质复杂程度等指标确定。

建设项目场地的包气带防污性能按包气带中岩土层的分布情况分为强、中、弱三级。建设项目场地的含水层易污染特征分为易、中、不易三级。建设项目场地的地下水环境敏感程度分为敏感、较敏感、不敏感三级。建设项目污水排放强度分为大（$\geq 10000\text{m}^3/\text{d}$）、中（$1000 \sim 10000\text{m}^3/\text{d}$）、小（$\leq 1000\text{m}^3/\text{d}$）三级。建设项目或规划污水水质的复杂程度分为复杂、中等、简单三级。

对于废弃岩盐矿井洞穴或人工专制盐岩洞穴、废弃矿井巷道加水幕系统、人工硬岩洞库加水幕系统、地质条件较好的含水层储油和枯竭的气层储油等形式的地下储油库以及危险废物填埋场应进行一级评价。

（3）Ⅱ类建设项目工作等级划分。应根据建设项目地下水供、排水（或注水）规模、引起的地下水水位变化范围、建设项目场地的地下水环境敏感程度以及可能造成的环境水文地质问题的大小等条件确定。

建设项目地下水供、排水（或注水）规模按水量的多少，可分为大（$\geq 10000\text{m}^3/\text{d}$）、中（$2000 \sim 10000\text{m}^3/\text{d}$）、小（$\leq 2000\text{m}^3/\text{d}$）三级。建设项目引起的地下水水位变化范围可用影响半径来表示，分为大（$\geq 1.5\text{km}$）、中（$0.5 \sim 1.5\text{km}$）、小（$\leq 0.5\text{km}$）三级。建设项目场地的地下水环境敏感程度分为敏感、较敏感、不敏感三级。建设项目或规划造成的环境水文地质问题，按其影响程度大小分为强、中等、弱三级。

（4）评价等级技术要求。

①一级评价。了解区域内多年的地下水动态变化规律，详细掌握建设项目场地的环境水文地质文件（给出的环境水文地质资料要≥1/10000），评价区域的环境水文地质条件（给出比例尺≥1/50000 的相关图件）、污染源状况、地下水开采利用现状与规划，查明各含水层之间以及地表水之间的水力联系，同时掌握评价区评价期内至少一个连续水文年的枯、平、丰水期的地下水动态变化特征。

②二级评价。了解区域内多年的地下水动态变化规律，基本掌握建设项目场地的环境水文地质条件（给出的环境水文地质资料要≥1/50000）、污染源状况、地下水开采利用现状与规划，查明各含水层之间以及地表水之间的水力联系，同时掌握评价区评价期内至少一个连续水文年的枯、丰水期的地下水动态变化特征。

③三级评价。通过搜集现有资料，说明地下水分布情况，了解当地的主要环境水文地质条件（给出相关水文地质图件）、污染源状况、地下水开采利用现状与规划。通过回归分析、趋势外推、时序分析或类比预测分析等方法进行地下水影响分析与评价。

四、地下水环境现状调查

1. 调查范围

（1）Ⅰ类建设项目（表3-9）。

表3-9　Ⅰ类建设项目

评价等级	调查评价范围（km^2）	备注
一级	≥20	应包括重要的地下水环境保护目录，必要时适当扩大范围
二级	6~20	
三级	≤6	

当Ⅰ类建设项目位于岩基地区时，一级评价以同一地下水文地质单元为调查评价范围；二级评价原则上以同一地下水文地质单元或地下水地段为调查评价范围；三级评价以能说明地下水环境的基本情况，并满足环境影响预测和分析要求为原则确定调查评价范围。

（2）Ⅱ类建设项目。Ⅱ类建设项目地下水环境现状调查与评价的范围应包括建设项目建设、生产运行和服务期满后三个阶段的地下水水位变化的影响区域，其中应特别关注相关的环境保护目标和敏感区域，必要时扩展至完整的水文地质单元，以及可能与建设项目所在的水文地质单元存在直接补排水关系的区域。

（3）Ⅲ类建设项目。Ⅲ类建设项目地下水环境现状调查与评价的范围应同时包括Ⅰ类和Ⅱ类建设项目所确定的范围。

2. 调查内容

地下水环境现状调查包括水文地质条件调查、环境水文地质问题调查、地下水污染源调查、地下水环境现状监测（地下水水位、水质的动态监测）、环境水文地质勘察与试验（抽水、压水、注水、渗水）五个部分。

（1）现状监测井点布设原则。

①地下水环境现状监测井点采用控制性布点与功能性布点相结合的布设原则。监测井点应主要布设在建设项目场地、周围环境敏感点、地下水污染源、主要现状环境水文地质问题以及对确定边界条件有控制意义的地点。对于Ⅰ类和Ⅲ类改扩建的项目，如不能满足要求时应布设新的监测井。

②监测井点的层位应以潜水和可能受建设项目影响的由开发利用价值的含水层为主。

③一般情况下，地下水水位监测点数应大于相应评价等级地下水水质监测点数的 2 倍以上。

（2）地下水水质监测点布设的具体要求。

一级评价项目的含水层的水质监测点不少于 7 个点/层。评价区面积大于 $100km^2$ 时，每增加 $15km^2$，水质监测点应至少增加 1 个点/层。一般要求建设项目场地上游和两侧的地下水水质监测点各不少于 1 个点/层，建设项目场地及其下游影响区的地下水水质监测点不少于 3 个点/层。

二级评价项目的含水层的水质监测点不少于 5 个点/层。评价区面积大于 $100km^2$ 时，每增加 $20km^2$ 水质监测点应至少增加 1 个点/层。一般要求建设项目场地上游和两侧的地下水水质监测点各不少于 1 个点/层，建设项目场地及其下游影响区的地下水水质监测点不少于 2 个点/层。

三级评价项目的含水层的水质监测点不少于 3 个点层。一般要求建设项目场地上游水质监测点不少于 1 个点/层，建设项目场地及其下游影响区的地下水水质监测点不少于 2 个点/层。

（3）地下水水质现状监测点取样深度的确定。评价等级为一级、Ⅰ类和Ⅲ类的建设项目，对地下水监测井（孔）点应进行定深水质取样，要求为：地下水监测井中水深小于 20m 时，取 2 个水质样品，取样点深度应分别在井水位以下 1.0m 之内和井水位以下井水深度约 3/4 处；地下水监测井中水深大于 20m 时，取三个水质样品，取样点深度应分别在井水位以下 1.0m 之内、井水位以下井水深度约 1/2 处和井水位以下井水深度约 3/4 处。

评价级别为二、三级Ⅰ类和Ⅲ类建设项目和Ⅱ类的建设项目，只取一个水质样品，取样点深度应在井水位以下 1.0m 之内。

3. 现状监测频率

评价等级为一级的建设项目，应在评价期内至少对一个连续水文年的枯、平、丰水期的地下水水位、水质各监测一次。

评价等级为二级的建设项目，对于新建项目，若有近 3 年内至少一个连续水文年的枯、丰水期监测资料，应在评价期内至少进行一次地下水水位、水质监测；对于改扩建项目，若掌握现有工程建成后近 3 年内至少一个连续水文年的枯、丰水期观测资料，应在评价期内至少进行一次地下水水位、水质监测。已有监测资料不能满足本条要求的，应在评价期内分别对一个连续水文年的枯、丰水期的地下水水位、水质各监测一次。

评价等级为三级的建设项目，应至少在评价期内监测一次地下水水位、水质，并尽可能在枯水期进行。

五、地下水环境影响预测

1. 预测范围

地下水环境影响预测的范围可与现状调查范围相同，但应包括保护目标和环境影响的敏感区域，必要时扩展至完整的水文地质单元，以及可能与建设项目所在的水文地质单元存在直接补排关系的区域。

2. 预测重点

已有、拟建和规划的地下水供水水源区；主要污水排放口和固体废物堆放处的地下水下游区域；地下水环境影响的敏感区域（如重要湿地、与地下水相关的自然保护区和地质遗迹等）；可能出现环境水文地质问题的主要区域；其他需要重点保护的区域。

3. 预测时段

地下水环境影响预测时段应该包括建设项目建设、生产运行和服务期满后三个阶段。

4. 预测因子

Ⅰ类建设项目的预测因子应选取与拟建设项目排放的污染物有关的特征因子，选取重点应包括：改扩建项目已经排放的及将要排放的主要污染物；难降解、易生物蓄积、长期接触对人体和生物产生危害作用的污染物；持久性有机污染物；国家或地方要求控制的污染物；反映地下水循环特征和水质成因类型的常规项目或超标项目。Ⅱ类建设项目的预测因子应选取水位与水位变化所引发的环境水文地质问题相关的因子。

5. 预测方法

包括数学模型法和类比预测法。数学模型法包括数值法、解析法、均衡法、回归分析法、趋势外推法、时序分析法等。一级评价应采用数值法；二级评价中水文地质条件复杂时应用数值法，水文地质条件简单时可采用解析法；三级评价可采用回归分析、趋势外推、时序分析或类比预测法。

六、地下水环境影响评价具体操作

1. 评价原则

（1）评价应以地下水环境现状调查和地下水环境影响预测结果为依据，对建设项目不同选址（选线）方案、各实施阶段（建设、生产运行和服务期满后）不同排污方案及不同防渗措施下的地下水环境影响进行评价，并通过评价结果的对比，推荐地下水环境影响最小的方案。

（2）地下水环境影响评价采用的预测值未包括环境质量现状值时，应叠加环境质量现状后再进行评价。

Ⅰ类建设项目应重点评价建设项目污染源对地下水环境保护目标（包括已建成的在用、备用、应急水源地，在建和规划的水源地、生态环境脆弱区域和其他地下水环境敏感区域）的影响。评价因子同预测因子。

Ⅱ类建设项目应重点依据地下水流场变化，评价地下水水位（水头）降低或升高诱发的环境水文地质问题的影响程度和范围。

2. 评价范围

地下水环境影响的评价范围，应与环境影响预测范围相同。

3. 评价方法

Ⅰ类建设项目的地下水水质影响评价，可采用标准指数法进行评价。

Ⅱ类建设项目评价其导致的环境水文地质问题时，可采用预测水位与现状调查水位相比较的方法进行评价。

4. 评价要求

（1）Ⅰ类建设项目。评价Ⅰ类建设项目对地下水水质影响时，可采用以下判据评价水质能否满足地下水环境质量标准要求。

①以下情况应得出可以满足地下水环境质量标准要求的结论。

a. 在建设项目各个不同生产阶段，除污染源附近小范围以外地区，均能达到地下水环境质量标准要求。

b. 在建设项目实施的某个阶段，有个别水质因子在较大范围内出现超标，但采取环保措施后，可满足地下水环境质量标准要求。

②以下情况应得出不能满足地下水环境质量标准要求的结论。

a. 改扩建项目已经排放和将要排放的主要污染物在平均范围内的地下水中已经超标。

b. 削减措施在技术上不可行，或在经济上明显不合理。

（2）Ⅱ类建设项目。评价Ⅱ类建设项目对地下水流场或地下水水位（水头）影响时，应根据地下水资源补采平衡的原则，评价地下水开发利用的合理性及可能出现的环境水文地质问题的类型、性质及其影响的范围、特征和程度。

七、地下水环境保护措施与对策

1. 基本要求

（1）地下水保护措施与对策应符合水污染防治法的相关要求，按照"源头控制，分区防治，污染监控，应急响应"、突出饮用水安全的原则确定。

（2）根据建设项目各自的特点以及建设项目的现状、影响预测与评价的结果等提出需要增加或完善的地下水环境保护措施和对策。

（3）改扩建项目还应针对现有的环境水文地质问题，地下水水质污染问题，提出"以新带老"的对策和措施。

（4）给出各项地下水环保措施与对策的实施效果，列表明确各项具体措施的投资估算，并分析技术和经济的可行性。

2. 建设项目地下水环境保护措施与对策

（1）Ⅰ类建设项目场地污染防治对策应从以下方面考虑：源头控制措施、分区防治措施、地下水污染监控、风险事故应急响应。

（2）Ⅱ类建设项目地下水保护与环境水文地质问题减缓措施：以均衡开采为原则、建立地下水动态监测系统、针对建设项目可能引发的其他环境水文地质问题提出应对预案。

3. 环境管理对策

提出合理、可行、操作性强的防治地下水污染的环境管理体系，包括环境监测方案，向环境保护行政主管部门报告的制度。

第七节　声环境影响评价

一、环境科学中的噪声

环境科学中的噪声指的是人们不需要的声音，它不仅包括杂乱无章、不协调的声音，而且包括影响他人工作、休息、睡眠、谈话和思考的音乐等声音。

环境噪声指在工业生产、建筑施工、交通运输和社会生活中所产生的干扰周围生活环境的声音。

环境噪声污染指所产生的环境噪声超过国家规定的环境噪声排放标准，并干扰他人正常生活、工作和学习的现象。

环境噪声的主要特征有主观感觉性、局地性、分散性、暂时性。

1. 噪声的分类

按产生机理分：有机械噪声、空气动力学噪声和电磁噪声。

按噪声随时间的变化分：有稳态噪声和非稳态噪声。

按噪声的来源分：有工业噪声，建筑施工噪声，交通运输噪声和社会生活噪声。

按实际噪声源的辐射特性及其和敏感点之间的距离分：有点声源噪声，线声源噪声和面声源噪声。

2. 噪声的影响

噪声可导致听力损伤；睡眠干扰；对交谈、工作思考的干扰；对人体的生理影响；对人的心理产生影响（如烦恼，使人激动、易怒、甚至失去理智），因噪声干扰引发民间纠纷等事件是常见的。

二、常用的声环境质量标准

1.《声环境质量标准》（GB 3096—2008）

该标准规定了城市五类环境功能区的环境噪声限制及测定方法。划分为以下五类功能区。

0 类环境功能区：指康复疗养院等需要特别安静的区域。

1 类环境功能区：指以居民住宅、医疗卫生、文化教育、科研设计、行政办公为主要功能，需要保持安静的区域。

2 类环境功能区：指以商业金融、集市贸易为主要功能，或者居住、商业、工业混杂、需要维护住宅安静的区域。

3 类环境功能区：指以工业生产、仓储物流等为主要功能，需要防止工业噪声对周围环境产生严重影响的区域。

4 类环境功能区：指交通干线两侧一定距离之内，需要防止交通噪声对周围环境产生严重影响的区域，包括 4a 和 4b 两种类型。4a 类为高速公路，一级公路、二级公路、城市快速路、城市次干路、城市轨道交通（地面段）、内河航道两侧区域；4b 类为铁路干线两侧区域。

环境噪声限值见表 3-10。

表 3-10 环境噪声限值

环境功能区		昼间（dB）	夜间（dB）
0		50	40
1		55	45
2		60	50
3		65	55
4	4a	70	55
	4b	70	60

（1）表中的 4b 类声环境功能区环境噪声限值，适用于 2011 年 1 月 1 日起环境影响评价文件通过审批的新建铁路（含新开通廊道的增建铁路）干线建设两侧区域。

（2）在下列情况下，铁路干线两侧区域不通过列车时的环境背景噪声限值，按昼间 70dB，夜间 55dB 执行：穿越城区的既有铁路干线；对穿越城区的既有铁路干线进行改扩建的铁路建设项目，既有铁路是指 2010 年 12 月 31 日前建成运营的铁路或环境影响评价文件已通过审批的铁路建设项目。

（3）各类声环境功能区夜间突发噪声，其最大声级超过环境噪声限值的幅度不得高于 15dB。

2.《机场周围飞机噪声环境标准》（GB 9660—1988）

该标准规定了机场周围飞机噪声的环境标准，适用于机场周围受飞机通过所产生的噪声影响的区域。

标准采用一昼夜的计权等效连续感觉噪声级作为评价量，用 L_{WECPN} 表示。

一类区域：特殊住宅区、居住、文教区≤70dB。

二类区域：除一类区域以外的生活区≤75dB。

3.《工业企业厂界环境噪声排放标准》（GB 12348—2008）

该标准规定了工业企业和固定设备厂界环境噪声排放限值（表 3-11）及其测量方法，适用于工业企业噪声排放的管理、评价及控制。机关、事业单位、团体等外环境排放噪声的单位也按该标准执行。

夜间频发噪声的最大声级超过限制的幅度不得高于 10dB（A）；夜间偶发噪声的最大声级超过标准的限值的幅度不应该高于 15dB（A）；工业企业若位于未划分声环境功能区的区域，当场界外有噪声敏感建筑物时，由当地县级以上人民政府参照 GB 3096—2008（《声环境质量标准》）和 GB/T 15190—2014（《城市区域环境噪声适用区划分技术规范》）确定厂界外区的声环境质量要求，并执行相应的厂界环境噪声排放限值；当厂界与噪声敏感建筑物距离小于 1m

时，厂界环境噪声应在噪声敏感建筑物的室内测量，并将标准减 10dB 作为评价依据。

表 3-11　工业企业和固定设备厂界环境噪声排放限值

环境功能区	昼间（dB）	夜间（dB）
0	50	40
1	55	45
2	60	50
3	65	55
4	70	55

4.《社会生活环境噪声排放限值》（GB 22337—2008）

该标准规定了营业性文化娱乐场所、商业经营活动中使用的向环境排放噪声的设备、设施边界噪声排放限值（表 3-12）和测量方法，适用于向环境排放噪声的设备、设施的管理、评价与控制。

表 3-12　营业性文化娱乐场所、商业经营活动中使用的向环境排放
噪声的设备、设施边界噪声排放限值

环境功能区	昼间（dB）	夜间（dB）
0	50	40
1	55	45
2	60	50
3	65	55
4	70	55

（1）社会生活噪声排放源边界处无法进行噪声测量或测量的结果不能如实反映其对噪声敏感建筑物的影响程度的情况下，噪声测量应在可能受影响的敏感建筑物窗外 1m 处进行。

（2）当社会生活噪声排放源边界与噪声敏感建筑物距离小于 1m 时，应在噪声敏感建筑物的室内测量，并将其限值减 10dB 作为评价依据。

5.《建筑施工场界环境噪声排放标准》（GB 12523—2011）

该标准适用于城市建筑施工期间施工场地产生的噪声（表 3-13）。

表 3-13　建筑施工场界环境噪声排放标准

昼间（dB）	夜间（dB）
70	55

6.《铁路边界噪声限值及其测量方法》（GB 12525—1990）

该标准规定了城市铁路边界处铁路噪声的限值及其测定方法，适用于对城市铁路边界噪声的评价，铁路边界指距铁路外轨轨道中心线 30m 处，2008 年环保部对该标准进行了修改，修改方案自 2008 年 10 月 1 日施行。

（1）既有铁路边界铁路噪声按 70/55 执行，既有铁路指 2010 年 12 月 31 日之前已建成运营或环境影响评价文件已通过审批的铁路建设项目。

（2）改扩建既有铁路、铁路边界噪声按 70/55 执行。

（3）新建铁路（含新开廊道的增加铁路）边界铁路噪声按 70/60 执行，新建铁路指 2011 年 1 月 1 日起环境影响评价文件通过审批的铁路建设项目（不包括改扩建既有铁路的建设项目）。

（4）昼间和夜间时段的划分按《中华人民共和环境噪声污染防治法》规定执行，或按铁路所在地人民政府根据环境噪声污染防治需要所做的规定执行。

7.《环境影响评价技术导则　声环境》（HJ 2.4—2009）

该导则规定了声环境影响评价的一般性原则、内容、工作程序、方法和要求。适用于建设项目声环境影响评价及规划环境影响评价中的声环境影响评价。

《城市区域环境噪声适用区划分技术规范》（GB/T 15190—2014），该技术规范规定了城市五类环境噪声标准适用于区划分的原则和方法，适用于城市规划区。

三、噪声评价的指标

1. 噪声评价的物理基础

（1）频率。频率为每秒钟媒质质点振动的次数，单位为赫兹（Hz）。人耳能感觉到的声波频率在 20~20000Hz 范围内，低于 20Hz 是次声，超过 20000Hz 是超声。

可听声波的频率范围较宽，国际上统一按下述公式将可听声波划分为 10 个频带：

$$f_2/f_1 = 2^n$$

倍频带中心频率 f_0 可按下式进行计算：

$$f_0 = \sqrt{f_1 \cdot f_2}$$

对于倍频带，实际使用时通常可用 8 个倍频带进行分析。

（2）声压（P）、声强（I）、声功率（W）

①声压：描述声压可以用瞬时声压和有效声压。瞬时声压是指某瞬时媒质中内部压强受到声波作用后的改变量，即单位面积的压力变化，瞬时声压对时间去均方根值就是有效声压，用 P_e 表示。一般应用时的声压是有效声压。

人耳能听到的最微弱的声音的声压，声压值为 2×10^{-5}Pa，称为人耳的听阈，如蚊子飞过的声音；使人耳产生疼痛感觉的声压，声压值为 20Pa，称为人耳的痛阈，如飞机发动机的噪声。

②声强：指在单位时间内，声波通过垂直于声波传播方向单位面积的声能量，单位为 W/m^2。

$$I = P^2/P_1 c$$

式中：P——有效声压；

　P_1——介质密度；

　c——声速，$P_1 c$ 常温下取 408。

③声功率：声源在单位时间内辐射的声能量称为声功率，单位为 W 或 μW。

$$W = IS$$

式中：S——声波垂直通过的面积。

（3）声压级、声强级、声功率级

①声压级：声压是从听阈到痛阈，即 $2×10^{-5}~20Pa$，用声压比或者能量比的对数来表示声音的大小。声压级的单位是分贝，记为 dB。

$$L_p = 20\lg(P/P_0)$$

式中：L_p——声压级，dB；

　　　P——有效声压，Pa；

　　　P_0——基准声压，即听阈，$2×10^{-5}Pa$。

②声强级：

$$L_1 = 10\lg(I/I_0)$$

式中：L_1——声强级，dB；

　　　I——声强，W/m^2；

　　　I_0——基准声强，$I_0 = 10^{-12}W/m^2$。

一般情况下，声压级可近似于声强级。

③声功率级：

$$L_w = 10\lg(W/W_0)$$

式中：L_w——声功率级，dB；

　　　W——声功率，W；

　　　W_0——基准声功率，$W_0 = 10^{-12}W$。

自由声场指均匀各向同性的媒质中，边界影响可以忽略不计时的声场。在自由声场中，声波将声源的辐射特性向各方向不受阻碍和干扰地传播。

半自由声场指声源位于广阔平坦的刚性反射面上，向下半个空间的辐射声波也全部反射到上半个空间来的声场。

2. 环境噪声评价量

根据《声环境质量标准》GB 3096—2008，声环境功能区的环境质量评价量为昼间等效声级（L_d）、夜间等效声级（L_n），突发噪声的评价量为最大 A 声级（L_{max}）。根据《机场周围飞机噪声环境标准》GB 9660—1988，机场周围区域受飞机通过（起飞、降落、低空飞越）噪声影响的评价量为计权等效连续感觉噪声级（L_{WECPN}）。

（1）声源源强表达量。A 声功率级 L_{AW} 或中心频率为 $63~8000Hz$ 倍频带的声功率级 L_w；据声源 r 处的 A 声级 L_A（r）或中心频率为 $63~8000Hz$ 倍频带的声压级 L_p（r），有效感觉噪声级 L_{EPN}。

（2）厂界、场界、边界噪声评价量。根据 GB 12348—2008、GB 12523—2011 工业企业厂界、建筑施工场界噪声评价量为：昼间等效声级 L_d，夜间等效声级 L_n，室内噪声倍频带声压级，频发、偶发噪声的评价量为最大 A 声级 L_{max}。

根据 GB 12525—1990、GB 14227—2006 铁路边界、城市轨道交通车站站台噪声评价量为：昼间等效声级 L_d，夜间等效声级 L_n。

根据 GB 22337—2008 社会生活噪声源边界噪声评价量为：昼间等效声级 L_d，夜间等效声

级 L_n，室内噪声倍频带声压级，非稳态噪声的评价量为最大 A 声级 L_{max}。

由此可见，声环境评价中的有关评价量为：A 声功率级，倍频带声功率级，倍频带声压级，某一距离处的 A 声级，最大 A 声级，等效感觉噪声级，等效声级，计权等效连续感觉噪声级。

（3）A 声级 L_A。通过 A 计权网络测得的噪声值更接近于人的听觉，这个测得的声压级称为 A 计权声级，简称 A 声级，记为 L_A。设可听范围内的各个倍频带声压级为 L_{pi}，则 A 声级为：

$$L_A = 10\lg\left[\sum_{i=1}^{n} 10^{0.1(L_{pi}+\Delta L_i)}\right]$$

式中：ΔL_i——第 i 个倍频带的计权网络修正值，dB；

$\quad\quad L_{pi}$——第 i 个倍频带声位级，dB。

（4）等效连续 A 声级 $L_{Aaeq,T}$。用能量平均的方法以 A 声级表示该段时间内的噪声大小，可记为 $L_{Aaeq,T}$，简写为 L_{eq}。

$$L_{eq} = 10\lg\left[\frac{1}{T}\int_0^T 10^{0.1L_A(t)}dt\right]$$

$$L_{eq} = 10\lg\left(\frac{1}{N}\sum_{i=1}^{N} 10^{0.1L_i}\right)$$

L_{eq}——在 T 段时间内的等效连续 A 声级，dB（A）；

$L_A(t)$——t 时刻的瞬时 A 声级，dB（A）；

$\quad T$——连续取样的总时间，min。

由于噪声测量实际上是采取等间隔取样法，所以 L_i 是第 i 次读取的 A 声级（dB）；N 是取样总数。

（5）昼夜等效声级 L_{dn}。

$$L_{dn} = 10\lg\left\{\left[T_d \times 10^{0.1L_d} + T_n \times 10^{0.1(L_n+10)}\right]/24\right\}$$

L_d——昼间 T_d 个小时的等效声级，dB（A）；

L_n——夜间 T_n 个小时的等效声级，dB（A）。

一般，昼间小时数取 16，夜间小时数取 8。

3. 噪声在传播过程中的衰减

（1）声的衰减。声波在传播过程中其强度随着距离的增加而逐渐减弱的现象称为声的衰减。引起衰减的原因：声波不是平面波，其波阵面面积随距离的增加而增大，致使通过单位面积的声功率减小；由于媒质的不均匀性引起声波的折射和散射，使部分声能偏离传播方向；由于媒质具有好散特性，使一部分声能转化为热能，即产生所谓声的吸收；由于媒质的非线性使一部分声能转移到高次谐波上，即所谓的非线性损失。

（2）声的吸收。声的吸收是指声波传播经过媒质或遇到表面时声能减少的现象。吸声的机制是由于黏滞性、热传导和分子弛豫吸收面把入射声能最终转变成热能。

（3）噪声在传播过程中的衰减。

①噪声在户外传播声级衰减计算的基本公式：

$$L_p(r) = L_p(r_0) - (A_{div} + A_{bar} + A_{atm} + A_{gr} + A_{exc})$$

式中：A_{div}——几何发散引起的衰减；dB；

$\quad\quad A_{bar}$——遮挡物引起的衰减，dB；

$\quad\quad A_{atm}$——空气吸收引起的衰减，dB；

$\quad\quad A_{gr}$——地面效应引起的衰减，dB；

$\quad\quad A_{exc}$——其他方面效应引起的衰减，dB。

$\quad L_p(r_0)$——参考位置 r_0 处的 A 声级，dB；

$\quad L_p(r)$——距声源 r 处的 A 声级，dB。

在倍频带声压级测试有困难时，可用 A 声级计算：

$$L_{pA}(r) = L_{pA}(r_0) - (A_{div} + A_{bar} + A_{atm} + A_{gr} + A_{exc})$$

式中：$L_{pA}(r_0)$——参考点 r_0 处的计权声压级，dB；

$\quad\quad A_{div}$——几何发散引起的 A 计权声衰减；dB；

$\quad\quad A_{bar}$——遮挡物引起的 A 计权声衰减，dB；

$\quad\quad A_{atm}$——空气吸收引起的 A 计权声衰减，dB；

$\quad\quad A_{gr}$——地面效应引起的 A 计权声衰减，dB；

$\quad\quad A_{exc}$——其他方面效应引起的 A 计权声衰减，dB。

在只考虑几何衰减时，一般噪声衰减可用 A 声级计算方法计算，考虑其他衰减时，可选择 A 声级影响最大的倍频带计算，一般可选中心频率为 500Hz 倍频带估算。

②几何发散衰减。

a. 点声源的几何发散衰减。

ⅰ. 无指向性的点声源几何发散衰减：如果已知点声源的倍频带声功率级 L_w 或 A 声功率级 L_{wA}，且声源处于自由空间，则离声源任一距离处的倍频带声压级或 A 声级可由下边公式求出：

$$L_p(r) = L_w - 20\lg r - 11 \text{ 和 } L_A(r) = L_{wA} - 20\lg r - 11$$

L_w——声功率级，dB；

$\quad r$——预测点距声源距离，m。

如果已知点声源处于半自由空间，则有等效式：

$$L_p(r) = L_w - 20\lg r - 8 \text{ 和 } L_A(r) = L_{wA} - 20\lg r - 8$$

如果已知点声源 r_0 距离处的倍频带声压级 $L_p(r_0)$ 或 A 声级 $L_A(r_0)$，距离声源 r_c 处的倍频带声压级 $L_p(r)$ 或 A 声级 $L_A(r)$ 可由下边公式求出：

$$L_p(r) = L_p(r_0) - 20\lg(r/r_0) \text{ 和 } L_A(r) = L_A(r_0) - 20\lg(r/r_0)$$

式中：$L(r)$ 和 $L(r_0)$ 分别是 r、r_0 的声级；r 点声源的几何发散衰减；其中 $A_{div} = 20\lg(r/r_0)$ 代表的是几何发散衰减。

ⅱ. 具有指向性的点声源几何发散衰减的计算公式：

$$L_p(r) = L_w - 20\lg(r) + D_{I\theta} - 11$$

式中：$D_{I\theta}$——θ 方向上的指向性指数，$D_{I\theta} = 10\lg R_\theta$，$R_\theta$——指向性因素，$R_\theta = I_\theta / I$；

$\quad\quad L_w$——声功率级，dB。

b. 线声源的几何衰减。

ⅰ. 无限长线声源的几何发散衰减的基本公式是：

$$L(r) = L(r_0) - 10\lg(r/r_0)$$

$L(r)$——无限长线声源的几何发散衰减量，dB。

如果已知 r_0 处的 A 声级，则等效为：

$$L_A(r) = L_A(r_0) - 10\lg(r/r_0)$$

式中：r，r_0——垂直于线状声源的距离，m。

上式中第二项表示了无限长线声源的几何发散衰减：$A_{div} = 10\lg(r/r_0)$。

ⅱ. 有限长线声源。设线声源长为 L_0，单位长度线声源辐射的声功率级为 L_W。在线声源垂直平分线上距声源 r 处的声级为：

当 $r>r_0$ 且 $r_0>L_0$ 时，$L(r) = L(r_0) - 20\lg(r/r_0)$，即在有限长线声源的远场，有限长线声源可当作点声源处理；

当 $r<L_0/3$ 且 $r_0<L_0/3$ 时，$L(r) = L(r_0) - 10\lg(r/r_0)$，即在近场区，有限长线声源可当作无限长线声源处理；

当 $L_0/3<r<L_0$ 且 $L_0/3<r_0<L_0$ 时，$L(r) = L(r_0) - 15\lg(r/r_0)$。

ⅲ. 面声源的几何发散衰减。当 $d<a/\pi$ 时，几乎不衰减；当 $a/\pi<d<b/\pi$，距离加倍衰减 3dB，类似线声源衰减特性；当 $d>b/\pi$ 时，距离加倍衰减趋近于 6dB，类似点声源衰减特性（$b>a$）。

c. 空气吸收引起的衰减。

$$A_{atm} = a(r-r_0)/1000$$

式中：r——预测点距声源的距离，m；

r_0——参考位置距离，m；

1000——每 1000m 空气吸收系数，dB。

d. 遮挡物引起的衰减。无限长屏障声衰减为 8.5dB，若有限长声屏障对应的遮蔽角百分率为 92%，则有限长声屏障的声衰减为 6.6dB。

四、声环境影响评价

1. 声环境影响评价的基本任务

（1）评价建设项目实施引起的声环境质量的变化和外界噪声对需要安静建设项目的影响程度。

（2）提出合理可行的防治措施，把噪声污染降低到允许水平，从声环境影响角度评价建设项目实施的可行性。

（3）为建设项目优化选址、选线、合理布局以及城市规划提供科学依据。

2. 声环境影响评价工作等级和范围

（1）声环境影响评价工作等级划分的依据。建设项目所在区域的声环境功能区类别；建设项目建设前后所在区域的声环境质量变化程度；受建设项目影响人口的数量。

（2）声环境影响评价工作等级划分的基本原则。声环境影响评价工作等级一般分为三级，一级为详细评价，二级为一般性评价，三级为简要评价。

一级评价：评价范围内有适用于 GB 3096—2008 规定的 0 类声环境功能区域，以及对噪声有特别限制要求的保护区等敏感目标，或建设项目建设前后评价范围内敏感目标噪声级增高量达 5dB(A) 以上（不含 5dB），或受影响人口数量显著增多时，按一级评价进行工作。

二级评价：建设项目所处的声环境功能区为 GB 3096—2008 规定的 1 类、2 类地区，或建设项目建设前后评价范围内敏感目标噪声级增高量达 3~5dB(A)（含 5dB），或受噪声影响人口数量增加较多时，按二级评价进行工作。

三级评价：建设项目所处的声环境功能区为 GB 3096—2008 规定的 3 类、4 类地区，或建设项目建设前后评价范围内敏感目标噪声级增高量在 3dB(A) 以下，且受影响人口数量变化不大时，按三级评价进行工作。

（3）声环境影响的评价范围。声环境影响的评价范围一般根据评价工作等级确定。

①对于以固定源为主的建设项目（如工厂、港口、施工工地、铁路站场等）。满足一级评价的要求，一般以建设项目边界向外 200m 为评价范围；二级、三级评价范围可根据建设项目所在区域和相邻区域的声环境功能区类别及敏感目标等实际情况适当缩小。如依据建设项目声源计算得到的贡献值到 200m 处，仍不能满足相应功能区标准时，应将评价范围扩大到满足标准值的距离。

②城市道路、公路、铁路、城市轨道交通地上线路和水运线路等建设项目。满足一级评价的要求，一般以道路中心线外两侧 200m 以内为评价范围；二级、三级评价范围可根据建设项目所在区域和相邻区域的声环境功能区类别及敏感目标等实际情况适当缩小。如依据建设项目声源计算得到的贡献值到 200m 处，仍不能满足相应功能区标准时，应将评价范围扩大到满足标准值的距离。

③机场周围飞机噪声评价范围应根据飞行量计算到 WECPNL 为 70dB 的区域。满足一级评价的要求，一般以主要航迹离跑道两端各 6~12km、侧向各 1~2km 的范围为评价范围；二级、三级评价范围可根据建设项目所处区域的声环境功能区类别及敏感目标等实际情况适当缩小。

五、声环境影响评价工作基本要求

1. 一级评价工作基本要求

（1）在工程分析中，给出建设项目对环境有影响的主要声源的数量、位置和声源源强，并在标有比例尺的图中标识固定声源的具体位置或流动声源的路线、跑道等位置，在缺少声源源强的相关资料时，应通过类比测量取得，并给出类比测量的条件。

（2）评价范围内具有代表性的敏感目标的声环境质量现状需要实测，对实测结果进行评价，并分析现状声源的构成及其对敏感目标的影响。

（3）噪声预测应覆盖全部敏感目标，给出各敏感目标的观测值及厂界（场界、边界）噪声值。固定声源评价、机场周围飞机噪声评价、流动声源经过城镇建成区和规划区路段的评价应绘制等声级线图，当敏感目标高于（含）三层建筑时，还应绘制垂直方向的等声级线图。给出建设项目建成后不同类别的声环境功能区内受影响的人口分布、噪声超标的范围和程度。

（4）当工程预测的不同代表性时段的噪声级可能发生变化的建设项目，应分别预测其不同时段（如建设期，投产后的近期、中期、远期）的噪声级。

（5）对工程可行性研究和评价中提出的不同选址（选线）和建设布局方案，应根据不同方案噪声影响人口的数量和噪声影响的程度进行比选，并从声环境保护角度提出最终的推荐方案。

（6）针对建设项目的工程特点和所在区域的环境特征提出噪声防治措施，并进行经济、技术可行性论证，明确防治措施的最终降噪效果和达标分析。

2. 二级评价工作基本要求

（1）在工程分析中，给出建设项目对环境有影响的主要声源的数量、位置和声源源强，并在标有比例尺的图中标识固定声源的具体位置或流动声源的路线、跑道等位置，在缺少声源源强的相关资料时，应通过类比测量取得，并给出类比测量的条件。

（2）评价范围内具有代表性的敏感目标的声环境质量现状以实测为主，可适当利用评价范围内已有的声环境质量监测资料，并对声环境质量现状进行实测。

（3）噪声预测应覆盖全部敏感目标，给出各敏感目标的观测值及厂界（场界、边界）噪声值，根据评价需要绘制等声级线图，给出建设项目建成后不同类别的声环境功能区内受影响的人口分布、噪声超标的范围和程度。

（4）当工程预测的不同代表性时段噪声级可能发生变化的建设项目，应分别预测其不同时段的噪声级。

（5）从声环境保护角度对工程可行性研究和评价中提出不同选址（选线）和建设布局方案的环境合理性进行分析。

（6）针对建设项目的工程特点和所在区域的环境特征提出噪声防治措施，并进行经济、技术可行性论证，明确防治措施的最终降噪效果和达标分析。

3. 三级评价工作基本要求

（1）在工程分析中，给出建设项目对环境有影响的主要声源的数量、位置和声源源强，并在标有比例尺的图中的标识固定声源的具体位置或流动声源的路线、跑道等位置，在缺少声源源强的相关资料时，应通过类比测量取得，并给出类比测量的条件。

（2）重点调查评价范围内主要敏感目标的声环境质量现状，可利用评价范围内已有的声环境质量监测资料，若无现状监测资料时应进行实测，并对声环境质量现状进行评价。

（3）噪声预测应给出建设项目建成后各敏感目标的预测值及厂界（场界、边界）噪声值，分析敏感目标受影响的范围和程度。

（4）针对建设项目的工程特点和所在区域的环境特征提出噪声防治措施，并进行达标分析。

六、环境噪声现状调查与评价

1. 主要调查内容

影响声波传播的环境要素；声环境功能区划；敏感目标；现状声源。

2. 调查方法

收集资料法、现场调查法和现场测量法。

3. 现状监测

监测布点原则：布点应覆盖整个评价范围，包括厂界（场界、边界）和敏感目标。当敏感目标高于（含）三层建筑时，还应选取有代表性的不同楼层设置测点。

评价范围内没有明显的声源（如工业噪声、交通运输噪声、建筑施工噪声、社会生活噪声等），且声级较低时，可选择有代表性的区域布设测点。

评价范围内有明显的声源，并对敏感目标的声环境质量有影响，或建设项目为改、扩建工程，应根据声源种类采取不同的监测布点原则。

①当声源为固定源，现状监测点应重点布设在可能既受到现有声源影响又受到建设项目声源影响的敏感目标处，以及有代表性的敏感目标处；为满足预测要求，也可在距现有声源不同距离处设衰减测点。

②当声源为流动声源，且呈现线声源特点时，现状监测点位置选取应兼顾敏感目标的分布情况、工程特点及线声源噪声影响随距离衰减的特点，布设在具有代表性的敏感目标处；为满足预测要求，也可选取若干线声源的垂线，在垂线上距噪声源不同距离处设监测点。其余敏感目标的现状声级可通过具有代表性的敏感目标实测噪声的验证和计算求得。

③对于改扩建机场工程，测点一般布设在主要敏感目标处，测点数量可根据机场飞行量及周围敏感目标情况确定，现有单条跑道、二条跑道或三条跑道的机场可分别布设 3~9、9~14 或 12~18 个飞机噪声测点，跑道增多可进一步增加测点。其余敏感目标的现在飞机噪声声级可通过测点飞机噪声声级的验证和计算求得。

4. 现状评价

（1）以图、表结合的方式给出评价范围内的声环境功能区及其划分情况，以及现有敏感目标的分布情况。

（2）分析评价范围内现有主要声源种类、数量及相应的噪声级、噪声特性等，明确主要声源分布。

（3）分别评价不同类别的声环境功能区内各敏感目标的超、达标情况，说明其受到现有主要声源的影响状况。

（4）给出不同类别的声环境功能区噪声超标范围内的人口数及分布情况。

七、声环境影响预测

1. 预测范围

（1）基本要求。噪声预测范围应与评价范围相同。

（2）预测点的确定原则。建设项目厂界（场界、边界）和评价范围内的敏感目标应作为预测点。

（3）预测需要的基础资料。建设项目噪声预测应掌握的基础资料包括建设项目的声源资料和室外声波传播条件、气象参数及有关资料等。

2. 预测步骤

（1）建立坐标系，确定各声源坐标和预测点坐标，并简化声源为点声源、线声源或面声源。

（2）根据已获得的声源源强的数据和各声源到预测点的声波传播条件资料，计算衰减量。

将噪声影响值与预测点处的噪声现状值叠加作为该预测点的值：

$$L_{eq} = 10\lg(10^{0.1L_{eq,a}} + 10^{0.1L_{eq,b}})$$

式中：$L_{eq,a}$——预测点处噪声源所产生的噪声影响值，dB；

$L_{eq,b}$——预测点处噪声现状值。

3. 噪声预测模式

包括工业噪声预测模式、社会生活噪声预测模式、铁路噪声预测模式和机场噪声预测模式。

八、声环境影响评价的基本内容

（1）评价方法和评价量。进行边界噪声评价时，新建项目以工程噪声贡献值作为评价量，改扩建项目以工程噪声贡献值与受到现有工程影响的边界噪声值叠加后的预测值作为评价量。进行敏感目标噪声环境影响评价时，以敏感目标所受的噪声贡献值与背景噪声值叠加后的预测值作为评价量。

（2）影响范围、影响程度分析。给出评价范围内不同声级范围覆盖下的面积，主要建筑物类型、名称、数量及位置，影响的户数、人口数。

（3）噪声超标原因分析。

（4）对策建议。分析建设项目的选址（选线）、规划布局和设备选型等的合理性，评价噪声防治对策的适用性和防治效果，提出需要增加的噪声防治对策、噪声污染管理、噪声监测及跟踪评价等方面的建议，并进行技术、经济可行性论证。

九、噪声防治对策和措施

1. 噪声防治的一般要求

（1）工业（工矿企业和事业单位）建设项目的噪声防治措施应针对建设项目投产后噪声影响的最大预测值制定，以满足厂界（场界、边界）和厂界外敏感目标（声环境功能区）的达标要求。

（2）交通运输类建设项目（如公路、铁路、城市轨道交通、机场项目等）的噪声防治措施应针对建设项目不同代表性时段的噪声影响预测值分期制定，以满足声环境功能区及敏感目标功能要求，其中铁路建设项目的噪声防治措施还应同时满足铁路边界噪声排放标准要求。

2. 噪声防治的途径

（1）规划防治对策。主要指从建设项目选址（选线）、规划布局、总图布置和设备布局等方面进行调整，提出减少噪声影响的建议，"闹静分开""合理布局"。

（2）技术防治措施。

①从声源上降低噪声的措施：改进机械设计；采取声学控制措施；维持设备处于良好的运转状态；改革工艺、设施结构和操作方法等。

②从噪声传播途径上降低噪声的措施：在噪声传播途径上增设吸声、声屏障等措施；利用自然地形物（如利用位于声源和噪声敏感区之间的山丘、土坡、地堑、围墙等）降低噪声。

（3）敏感目标自身防护措施。受声者自身增设吸声、隔声等措施；合理布局噪声敏感区中的建筑物功能和合理调整建筑物平面布局。

（4）管理措施。主要包括提出环境噪声管理方案（如制定合理的施工方案、优化飞行程序等），制定噪声监测方案，提出降噪减噪设施的使用运行，维护保养等方面的管理要求，提出跟踪评价要求等。

十、典型工程项目的声环境影响评价

1. 工矿企业声环境影响评价

（1）基础资料收集。

①声源分析。

a. 主要噪声源的确定。依据工程可行性研究报告分析工程使用的设备类型、型号、数量，并结合设备类型、设备和工程边界、敏感目标的相对位置明确确定工程的主要噪声。

b. 噪声源的空间分布。依据平面布置图及有关工程资料，标明主要噪声源的位置。

c. 噪声源的分类。将主要噪声源划分为室内声源和室外声源。

d. 主要噪声源汇总。列表汇总确定主要噪声源的名称、型号、数量、坐标位置；声功率级或某一距离处的倍频带声压级、A 声级。

②声源强度的确定。

a. 声源强度的表达方法：倍频带声功率级或 A 声功率级，某一距离处的倍频带声压级、A 声级。

b. 声源强度的来源。

c. 周围环境调查。

d. 声波传播路径分析。

（2）噪声现状调查。

①现有车间的噪声现状调查，重点调查 85dB 以上的噪声源。

②厂区噪声水平调查采用网格法测量，每隔 10~50m（大厂每隔 50~100m）测量一次。

③生活居住区噪声现状水平调查。

（3）噪声环境影响预测。

①预测点的布置。厂界预测点应能预测到厂界噪声最大值。对于在评价范围内的主要敏感点均为预测点。

②预测内容。

厂界（场界、边界）噪声预测；敏感目标噪声预测；绘制等声级线图；根据厂界（场界、边界）和敏感目标受影响的状况，明确厂界（场界、边界）和周围声环境功能区声环境质量的主要声源，分析厂界和敏感目标的超标原因。

（4）噪声环境影响评价。评价应重点说明以下问题。

①按厂区周围敏感目标所处的声环境功能区域类别，评价噪声影响的范围和程度，说明受影响的人口分布情况。

②分析主要影响的噪声源，说明厂界和界外声环境功能区超标原因。

③评价厂区总图布置和控制噪声措施方案的合理性与可行性，提出必要的替代方案。

④明确必须增加的噪声控制措施及降噪效果。

（5）工业噪声的防治对策。

①应从选址、总图布置、声源、声传播途径及敏感目标自身等方面分别给出噪声防治的具体方案。主要包括：选址的优化方案及其原因分析；总图布置调整的具体内容及其降噪效果（包括边界和敏感目标）；给出各主要声源的降噪措施、效果和投资。

②设置声屏障和对敏感建筑物进行噪声防护等的措施、效果及投资，并进行经济、技术可行性论证。

③在符合《城乡规划法》中规定的对可城乡规划进行修改的前提下，提出厂界（场界、边界）与敏感建筑物之间的规划调整建议。

④提出噪声监测计划等对策建议。

2. 公路、铁路噪声环境影响评价

（1）预测参数。

①工程参数。

a. 公路工程参数。通过可行性研究报告或初步设计分段给出公路、道路结构，坡度，路面材料，标高，地面材料，交叉口、道桥的数量；分段给出公路、道路昼间和夜间各类车辆的比例、昼夜比例、平均车流量、高峰车流量、车速；在缺少相应昼夜比例和车型比例的预测参数时，可通过附近类似道路的类比调查获取。

b. 铁路工程参数：依据可行性研究报告或初步设计分段给出线路条件，其中包括路基、桥梁、道床、轨枕、扣件、钢轨类型等；分段给出列车昼间和夜间的对数、编组及运行速度；列车可分为客车、货车，按牵引类型可分为内燃机车、电力机车、蒸汽机车等。

②声波传播路径参数。列表给出噪声源和预测点间的距离、高差，分析噪声源和预测点之间的传播路径状况，给出影响声波传播的相关参量。

③敏感点参数。根据现场实际调查，给出沿线敏感点的名称、类型、所在路段、桩号（里碑）、路基的相对高差、人口数量、沿线分布情况、建筑物的朝向、层数等。

（2）公路、铁路环境噪声现状调查。沿线敏感目标——城镇、学校、医院、居民集中区或农村生活区建筑物的分布及所在的功能区。

根据噪声敏感区域分布状况和工程特点，贯彻"以点带线，点段结合，反馈全线"的原则，确定若干具有代表性的典型噪声测量断面和代表性的敏感点进行测量。若有噪声源（固定源、流动源）应调查其分布情况和敏感点受气影响的情况。

（3）预测内容。按评价工作等级的要求，分别计算各个预测点的噪声贡献值、预测值、预测值与现状噪声值的差值，预测高层建筑有代表性的不同楼层所受的噪声影响。

（4）预测评价。根据预测结果，采用噪声控制标准评述以下问题：针对项目建设期和不同运营阶段，评价沿线评价范围内各敏感目标（包括城镇、学校、医院、生活集中区等），按标准要求评价其达标及超标状况，并分析受影响人口的分布情况。

对沿线两侧的城镇规划受到噪声影响的范围绘制等声级曲线，明确合理的噪声控制距离和规划建设控制要求。结合工程选线和建设方案布局，评价其合理性和可行性，必要时提出环境替代方案。对提出的各种噪声防治措施应进行经济、技术可行性论证，在多方案比选后确定应采取的措施，并说明其降噪效果。

（5）公路、道路交通噪声防治对策。公路、城市道路交通噪声防治措施可通过不同选线方案的声环境影响预测结果，分析敏感目标受影响的程度，提出优化的选线方案建议；根据工程与环境特征，给出局部线路调整、敏感目标搬迁、临路建筑物使用功能变更、改善道路结构和路面材料、设置声屏障和对敏感建筑物进行噪声防护等具体的措施方案及其降噪效果，并进行经济、技术可行性论证；在符合《城乡规划法》中规定的可对城乡规划进行修改的前提下，提出城镇规划区段线路与敏感建筑物之间的规划调整建议；给出车辆行驶规定及噪声监测计划等对策建议。

（6）铁路、城市轨道噪声防治对策。铁路、城市轨道噪声防治措施可通过不同选线方案环境影响预测结果，分析敏感目标受影响的程度，提出优化的选线方案建议；根据工程与环境特征，给出局部线路和站场调整，敏感目标搬迁或功能置换，轨道、列车、路基（桥梁）、道床的优选，列车的运行方式、运行速度、鸣笛方式的调整，设置声屏障和对敏感建筑物进行噪声防护等具体的措施方案及其建筑效果，并进行经济、技术可行性论证；在符合《城乡规划法》中规定的可对城乡规划进行修改的前提下，提出城镇规划区段铁路（城市轨道交通）与敏感建筑物之间的规划调整建议；给出车辆行驶规定及噪声监测计划等对策建议。

十一、规划环境影响评价中的声环境影响评价要求

（1）资料分析。收集规划文本、规划图件和声环境影响评价的相关资料，分析规划方案的主要声源及可能受影响的敏感目标的分布等情况。

（2）现状调查、监测与评价。现状调查以收集资料为主，当资料不全时，可视情况进行必要的补充监测。

现状调查的主要内容为：声源的数量、种类、分布及噪声特性；规划及影响范围内的主要敏感目标的类型、分布及规模等；以图、表结合的方式说明规划及影响范围内不同区域的土地使用功能和声环境功能区划，以及各功能区的声环境质量状况；对规划及影响范围内的环境噪声、工业噪声、交通运输噪声、建筑施工噪声和不同声功能区代表点分别进行昼间和夜间监测；根据现状调查与噪声监测结果进行规划及其影响范围内的声环境现状评价。

（3）声环境影响分析。通过规划资料及规划区环境规划资料的分析，预测规划实施后区域声环境质量的时空变化。

（4）声环境功能区划分和调整。规划区内主要敏感目标的分布、声环境影响评价结果和区域总体规划。提出声环境功能区划分和调整的建议。

（5）噪声污染防治对策和建议。"闹静分隔""以人为本"原则。

第八节　振动环境影响评价

振动环境影响评价包括施工期和运营期对应阶段，根据有关法规、标准，对环境振动进行监测、预测评价并提出相应的防治措施，以满足相关标准要求，将振动环境影响降低到最低程度。

一、振动的基本评价量

振动的基本评价量为振动位移、速度和加速度。

振动加速度和加速度级：振动加速度是一个随时间变化的量，表示振动加速度值的大小，通常使用峰值、平均值和有效值。从人体刚刚感觉到的微弱振动，振动加速度变化高达百万倍，这给振动加速度的测量、运算和表达带来了极大的不便，为方便起见，国内及国际上有关振动的标准，采用振动加速度级代替振动加速度。

振动加速度 a（m/s^2）的加速度级 VAL（dB）是按下式定义的：

$$VAL = 20\lg(a/a_0)$$

$a_0 = 10^{-6} m/s^2$，为参考振动加速度。

（1）振动加速度级的相加：$a_{合} = \sqrt{a_甲^2 + a_乙^2}$，上例还表示 2 个相等的加速度级相加增加 3dB，4 个相等的加速度级增加 6dB，10 个相等的加速度级相加增加 10dB，n 个相等的加速度级相加增加 $10\lg n$（dB）。

多个振动加速度级合成，可按下式计算得到：

$$VAL = 10\lg\left(\sum_{i=1}^{n} 10^{0.1VAL_i}\right)$$

（2）振动加速度级的相减：

$$a_{差} = \sqrt{|a_1^2 - a_2^2|}$$

（3）振动加速度级取平均：$\overline{VAL} = 10\lg\left(\frac{1}{n}\sum_{i=1}^{n} 10^{0.1VAL_i}\right)$，如果 VAL_i 之间最大差值不超过 5dB，则可以采用算术平均值。

（4）振动频率：说任何物理现象均和"振动"有关，环境振动（直接作用于人体）则集中于 1~100Hz 的范围内。

二、常用的振动环境影响评价标准

GB10070—1988《城市区域环境振动标准》，见表 3-14。

表 3-14 城市区域环境振动标准

适用地带范围	昼间（dB）	夜间（dB）
特殊住宅区	65	65
居民、文教区	70	67
混合区、商业中心区	75	72
工业集中区	75	72
交通干线道路两侧	75	72
铁路干线两侧	80	80

（1）本标准适用于连续发生的稳态振动、冲击振动和无规振动。

（2）每日发生几次的冲击振动，其最大值昼间不允许超过标准值 10dB，夜间不超过 3dB。

（3）适用地带范围的划定："特殊住宅区"是指特别需要安宁的住宅区；"居民、文教区"是指纯居民区和文教、机关区；"混合区"是指一般商业与居民混合区；工业、商业、少量交通与居民混合区；"商业中心区"是指商业集中的繁华地区；"工业集中区"是指在一个城市或区域内规划明确确定的工业区；"交通干线道路两侧"是指每日车流量不少于 20 列的铁道外轨 30m 外两侧的住宅区；

本标准使用的地带范围由地方人民政府划定，昼间、夜间的时间由当地人民政府按当地习惯和季节变化划定。

其他标准还有 GB/T 50355—2005《住宅建筑室内振动限值及其测量方法标准》，GB/T 50452—2008《古建筑防工业振动技术规范》，GB 6722—2003《爆破安全规程》。

三、振动环境影响评价

1. 振动源特性

振动的环境影响评价通常是对振动的负面和消极的影响的研究，并且是对除了自然力引起的"地震"以外的，由于人类生产、生活过程造成的振动影响的研究。城市区域环境振动污染源是广泛复杂的，但就其形式而言基本可分为固定式单一源和集合源两类。振动分为稳态振动、冲击振动、无规则振动、轨道振动等。

2. 振动传播途径

以轨道交通振动传播途径为例，其基本传播途径为振源—传播途径（结构及围护土层）—受振对象。

3. 环境振动的测量方法——《城市区域环境振动测量方法》（GB 10071—1988）

（1）测量量：测量量为铅垂向 Z 振级。

（2）测量方法和评价量：采用仪器时间常数为 1s。

对于稳态振动，每个测点测量一次，取 5s 内的平均示数作为评价量。

对于冲击振动，取每次冲击过程中的最大示数作为评价量；对于重复出现的冲击振动，以 10 次读数的算术平均值作为评价量。

对于无规振动，每个测点等间隔地读取瞬时示数，采样间隔不大于 5s，连续测量时间不少于 1000s。

对于轨道振动，读取每次列车通过过程中的最大示数，每个测点连续测量 20 次列车，以 20 次读值的算术平均值作为评价量。

（3）测点位置：测点置于建筑物室外 0.5m 以内振动敏感处，必要时，测点置于建筑物室内。

第九节　生态环境影响评价

一、基础知识

生态学是研究生物与其生存的有机和无机环境全部关系的学科。生态学的研究层次一般分为个体生态学、种群生态学、群落生态学、生态系统生态学和景观生态学。

1. 种群和群落

物种是由遗传基因决定的、具有种内繁殖能力、区别于其他生物类群的一类生物。生态影响评价中对珍稀濒危野生动植物物种及具有生态经济价值的动植物须特别关注。

种群是指某一地区中同种个体的集合体。

种群有三个基本特征：空间特征，即种群内具有一定的分布区域；数量特征，每单位面积（空间）的个体数量（即密度）是变动的；遗传特征，种群内具有一定的基因组成，即是一个基因库，以区别于其他物种，但基因组成同样处于变动之中。个体的迁入和迁出、出生率和死亡率、栖息地条件和人类的干扰因素均影响种群的动态。

种群密度是指单位面积或单位空间的个体数目。

群落生活在某一地区中所有种群的集合体，可分为植物群落、动物群落和微生物群落三大类。

群落的外部形态特征常被作为划分类型的依据，群落的结构特征亦被用作判别其完整性的指标。群落中起主导和控制作用的物种称作优势种，可用重要值表征。群落主要层（如森林的乔木层）的优势种，称为建群种。群落的生物量和物种多样性常作为评价其优劣或重要性的指标。

在一定地段上，群落由某一类型转变为另一类型的、有顺序的演变过程称为群落演替。群落演替是有顺序的过程，有规律地向一个方向发展，因而是能够预测的；虽然群落演替受物理环境所约束，但主要是由生物群落自身所决定，即演替前期为后期的物种入侵和繁殖准备了条件；演替的最后阶段是稳定的系统往往生物量最大，物种种群间的相互作用最紧密。

2. 生态系统

生态系统是指生命系统与非生命（环境）系统在特定空间组成的具有一定结构和功能的系统。

某一地区的生物群落及其非生物环境的集合体构成了这一地区的生态系统。

生态系统由生产者、消费者、分解者和非生物环境组成。

生态系统最重要的运行过程是物质循环、能量流动、信息传递以及调节反馈和动态变化，这是生态系统的基本功能。

生态系统具有整体性、复杂有序的层次结构、开放的系统、一定的稳定性、一定的脆弱性、动态变化性和区域分异性。

根据生态系统与人类活动的关系，可将生态系统分为自然生态系统、人工生态系统和半自然生态系统。

生态系统具有以下环境功能：提供生产和生活资料的直接服务功能；间接服务功能（稳定大气功能）；水文调节和水资源供应功能；水土保持和土壤熟化功能；防风固沙功能；气候调节功能；净化环境功能；形成自然景观，给人美的享受；为人类提供生物选择价值。

3. 生境

生境是指物种（也可以是种群或群落）存在的环境域，即生物生存的空间和其中全部生态因子的总和。

生境包括结构性因素、资源性因素以及物种之间的相互作用等。生境结构可以分为水平结构（空间异质性）、垂直结构（垂直分化和分层现象）和时间结构（周期性变化）。

4. 植被

植被是指覆盖地表的植物及其群落的泛称。

植被类型是指具有一致外貌（优势种生活型相同）的植物群路组合，是植物群落的高级或最高级的分类单位。

植被按地理环境特征可分为高山植被、中山植被、平原植被、温带植被和热带植被等；植被按分布地域可分为天山植被、秦岭植被和长白山植被等；植被按植物群里类型可分为草甸植被和森林植被等；植被按形成过程可分为自然植被和人工植被。

我国主要的陆生植被类型有草原、荒漠、热带雨林、常阔叶林、落阔叶林和针叶林。

5. 景观

景观是一个空间异质性的区域，由相互作用的拼快（斑块）或生态系统组成，以相似的形式重复出现。

景观生态学的狭义景观是指几十千米至几百千米的范围内，由不同类型生态系统所组成、具有重复性格局的异质性地理单元；广义景观则包括出现在从微观到宏观不同尺度上的，具有异质性或斑块性的空间单元。

景观生态学研究对象和内容可概括为景观结构、景观功能、景观动态三个方面；重点集中在空间异质性或格局的形成和动态及其与生态学过程的相互作用。

6. 生物多样性

生物多样性是生物和它们组成的系统的总体多样性和变异性。生物多样性有遗传多样性、物种多样性和生态系统多样性三个层次。

（1）生物多样性保护对策：加强国际合作，并在国家层面上予以落实；就地保护；迁地保护；建立种子库和基因资源库；退化生态系统的恢复；依法保护；生物多样性的监测。

（2）生态恢复：分为自然恢复和人工恢复。对于自然或人为因素导致的在生态系统承载能力范围内的干扰或破坏，生态系统可以通过演替恢复其原有的状态；但对于超过生态自然恢复能力的干扰或破坏，生态系统自我恢复将是十分困难的，需要人类采取措施促进恢复。退化生态系统自然恢复的实质是群落演替、自我修复的过程。

（3）生态影响：指外力作用（一般指人为作用）与生态系统的作用，导致其发生结构和功能变化的过程。在环境保护管理中，通常将生态影响按作用分为污染影响与非污染影响两大类型。

（4）生态影响的特点：累积性；区域性和流域性；高度相关和综合性。由于上述特点，生态影响也就具有了整体性特点，即不管影响到生态系统的什么因子，其影响效应是整体性的。

二、生态影响评价

生态影响评价是识别、分析或预测评价（尽可能量化）某项目活动对生态系统或组分可能造成的直接影响或间接影响的过程，并提出减少影响或改善生态的策略和措施。

生态影响评价的主要目的是认识生态特点和功能，明确开发建设项目对生态影响的敏感程度，确定应采取的相应措施以维持区域生态功能和自然资源的可持续利用。

1. 开发建设项目的生态环境影响评价标准

开发建设项目的生态环境影响评价标准应能满足如下要求。

（1）能反映生态系统的优劣，特别是能够衡量生态功能的变化。

（2）能反映生态系统受影响的范围和程度，尽可能定量化。

（3）能用于规划开发建设活动的行为方式，即具有可操作性。

2. 生态影响评价的工作内容

（1）规划分析和建设项目工程分析。

（2）生态现状的调查与评价。

（3）上述二者的关系分析，即进行环境影响识别与评价因子筛选。

（4）确定生态影响评价等级和范围。

（5）生态影响预测评价或分析。

（6）有针对性地提出生态保护措施。

（7）得出结论。

3. 生态影响型项目工程分析技术要点

（1）工程组成与工程占地。

（2）是否涉及敏感生态保护目标。

（3）土石方平衡。

（4）施工方案。

（5）营运方案。

（6）生态保护措施有效性分析（生态保护措施一般包括预防、最小化、减量化、修复、重建、异地补偿、人工改造等)。

4. 生态影响识别

生态影响识别一般是以列表清单法或矩阵表达，并辅以必要的文字说明。生态影响识别包括三个方面：

(1) 影响因素识别：即识别作用主体，内容全面，全过程识别，识别主要工程及其作用方式。

(2) 影响对象识别：即识别作用受体，生态系统类型，生态敏感保护目标及重要生境，自然环境，自然、人文遗迹与风景名胜。

(3) 影响效应识别：即识别影响作用的性质、程度等，影响性质、影响程度、影响的可能性。

5. 生态影响评价工作等级划分

根据《环境影响评价技术导则　生态影响》(HJ 19—2011)，将生态影响评价工作等级分为一级、二级、三级，位于原厂界(或永久用地)范围内的工业类改扩建项目，可做生态影响分析(或可不做生态影响评价)。

评价依据如下。

(1) 影响区域的生态敏感性。

(2) 评价项目的工程占地(含水域)范围(包括永久占地和临时占地)。

生态影响评价工作等级划分见表3-15。

表 3-15　生态影响评价工作等级划分

影响区域的生态敏感性	工程占地(含水域)范围		
	面积≥20km² 或长度≥100km	面积2~20km² 或长度 50~100km	面积≤2km² 或长度≤50km
特殊生态敏感区	一级	一级	一级
重要生态敏感区	一级	二级	三级
一般区域	二级	三级	三级

当工程占地(含水域)范围的面积或长度分别属于两个不同评价工作等级时，原则上应按其中较高评价工作等级进行评价。改扩建工程的工程占地范围以新增占地(含水域)面积或长度计算。

在矿山开采可能导致矿区土地利用类型明显改变，或拦河闸坝建设可能明显改变水文情势等情况下，评价工作等级应上调一级。

6. 生态影响评价范围

(1) 生态影响评价范围确定的基本原则。

①生态影响评价应能够充分体现生态完整性确定，涵盖评价项目全部活动的直接影响区域和间接影响区域。

②评价工作范围应依据评价项目对生态因子的影响方式、影响程度以及生态因子之间的相互影响和相互依存关系确定。

③可综合考虑评价项目与项目区的气候过程、水文过程、生物过程等生物地球化学循环过程的相互作用关系，以评价项目影响区域所涉及的完整气候单元、水文单元、生态单元、地理单元界限为参照边界。

（2）生态影响评价范围的规定。

①有行业要求、规范或导则的，可参照行业要求、规范或导则所规定的评价范围。

a. 交通运输类。公路：中轴线向外延伸300~500m；铁路：线路两侧300m；水上线路：江河类包括所经汇河段的全河段及其沿江陆地；海上线路；主航线向两侧延伸500m；场站：机场周际外延5km，码头区周际外延3~5km。

b. 煤炭开采。二级、三级项目应综合考虑煤炭井工或露天开采地表沉陷及地下水的影响范围，一般以矿区及矿区边界外500~2000m作为评价范围。一级项目要从生态完整性的角度出发，凡是由于矿产开采直接和间接引发生态影响问题的区域均应进行评价。

c. 石油天然气开采。

区域性开采项目评价范围：一级评价范围为建设项目影响范围并外扩2~3km；二级为建设项目影响范围并外扩2km；三级为建设项目影响范围并外扩1km。

线状建设项目评价范围：一级为油气集输管线两侧各500m带状区域；二三级为油气集输管线两侧各200m带状区域。

d. 水利水电类：二级、三级项目以库区为主，兼顾上游集水区域和下游水文变化区域的水体和陆地；一级项目要对库区、集水区域、水文变化区域（甚至含河口和河口附近海域）进行评价；此外，要对施工期的辅助场地进行评价。

②无行业导则的开发建设项目，评价人员可以根据专业或通过专家咨询，根据工程实际及可能的影响来确定生态影响评价范围。

三、生态现状调查

1. 区域现状特征调查要求

生态现状调查是生态现状评价、影响预测的基础和依据，调查的内容和指标应能反应评价工作范围内的生态背景特征和现存的主要生态问题。在有敏感生态保护目标（包括特殊生态敏感区和重要生态敏感区）或其他特别保护要求对象时，应做专题调查。

一般根据开发建设项目的时间情况可分别按中尺度（区域）和小尺度（评价范围）进行生态影响调查。中尺度以项目所在地（县或乡）为主，应在收集资料的基础上开展工作，概括性说明项目所在地的生态现状，以了解区域性生态特征；小尺度应以项目影响范围为主，具体、详细地说明评价范围内的生态现状，生态现状调查的范围应不小于评价工作的范围。

一级评价应给出采样地样方实测、遥感等方法测定的生物量、物种多样性等数据，给出主要生物物种名录、受保护的野生动植物物种等调查资料。

二级评价的生物量和物种多样性调查可依据已有资料推断，或实测一定数量的、具有代表性的样方予以验证。

三级评价可充分借鉴已有资料进行说明。

2. 影响范围内生态现状调查

（1）生态背景调查。根据生态系统的空间和时间尺度特点，调查影响区域内涉及的生态系统类型、结构、功能和过程，以及相关的非生物因子特征（如气候、土壤、地形地貌、水文及水文地质等），重点调查受保护的珍稀濒危物种、关键种、土著种、建群种、特有种和天然的重要经济物种。如涉及国家级和省级保护物种、珍稀濒危物种和地方特有物种时，应逐个或逐类说明其类型、分布、保护级别、保护状况等；如涉及特殊生态敏感区和重要生态敏感区时，应逐个说明其类型、等级、分布、保护对象、功能区划、保护要求等。

（2）重要敏感生态保护目标调查。

①生态敏感保护目标识别。主要生态敏感保护目标包括：自然保护区、风景名胜区、世界文化和自然遗产地、饮用水水源保护区；基本农田保护区、基本草原、森林公园、地质公园、重要湿地、天然林、珍稀濒危野生植物天然集中分布区、重要水生生物的自然产卵场及索饵场、越冬场和洄游通道、天然渔场、资源性缺水地区、水土流失重点防治区、沙化土地禁封保护区、封闭和半封闭海域、富营养化水域。

2008年7月环境保护部、中国科学院联合公布《全国生态功能区划》，对重要生态区划出5类50个重要生态功能区域。5类重要的功能区分别是：水源涵养重要区、土壤保持重要区、防风固沙重要区、生物多样性保护重要区、洪水调蓄重要区。

②敏感保护目标调查内容。自然保护区（地理位置、级别、类型、主要保护对象等）；珍稀野生动植物；文物古迹。

（3）自然资源调查。包括农业资源、气候资源、植物资源、海洋资源、矿产的调查。

（4）主要生态问题调查。调查主要生态问题，并分析产生的原因，以利于提出解决问题的对策、措施。

3. 现状调查方法

收集现有资料；现场调查；专家和公众咨询法；生态监测法、遥感调查法、海洋生态调查法、水库渔业资源调查法。

4. 植物样方调查

首先确定样地大小，在选定的样地范围内，依据植株大小和密度确定样方。一般草本样方$1m^2$以上，灌木样方在$10m^2$以上，乔木样方在$100m^2$以上；其次需要确定样方数目，样方的面积须包括群落的大部分物种，一般可用种与面积的关系曲线确定样方数目。样方的排列有系统排列和随机排列两种方式。样方调查中"压线"植物的计量必须准确。

调查内容除自然环境基本特征（地理坐标、海拔高度、坡度、坡向、土壤类型等）外，重点调查样方内植物组成（种类、数量、建群种或优势种）、生活期、生长状态（如植株高度、径级等）、层析结构等。计算公式：

$$密度＝个体数目/样方面积$$

$$相对密度＝一个种的密度/所有种的密度之和×100\%$$

$$优势度=底面积（或覆盖面积总值）/样方面积$$

$$相对优势度=一个种的相对优势度/所有种优势度之和×100\%$$

$$频度=包含该种样方数/样方总数$$

$$相对频度=一个种的频度/所有种的频度之和×100\%$$

$$重要值=相对密度+相对优势度+相对频度$$

根据物种重要值可判断植物群落的类型。一般以重要值最高或重要值排在前两位或前三位单位物种作为该地植物群落类型。

5. 动物调查

陆地动物一般采用样线（带）法、样地（样方）法、捕捉法、样本收集法、直观调查法、特征识别法、访谈法等。淡水生物和海洋生物可参考《淡水水生物资源调查技术规范》和《海洋生物调查技术规范》。调查内容主要包括：种类、分布、种群数量（种群密度、栖息地面积等）、栖居生境类型及质量、不同生境的指示物种、主要经济种类及其用途与利用现状、受威胁现状及因素、保护现状等。

四、生态现状评价

在区域生态基本特征现状调查的基础上，对评价取得生态现状进行定量或定性的分析评价，评价采用文字和图件相结合的表现形式。

1. 现状评价基本内容

（1）在阐明生态系统现状的基础上，分析影响区域生态质量的主要原因。

（2）分析和评价影响区域内动物、植物等生物因子的现状组成、分布；当评价区域涉及受保护的敏感物种时，应重点分析该敏感物种的生态学特征。当评价区域涉及特殊生态敏感区或重要生态敏感区时，应分析其生态现状、保护现状和存在的问题等。

（3）评价生态现状可采用植被覆盖率、频率、密度、生物量、土壤侵蚀程度、荒漠化面积、物种数量等测算值、统计值等指标。

2. 现状评价技术方法

可采用导则、规范等推荐的列表清单法或描述法、图形叠置法、生态机理分析法、景观生态学法、指数法和综合指数法、类比分析法、系统分析法、生物多样性定量计算方法、生态质量评价法、生态环境状况指数法等。

3、不同评价等级的基本要求

（1）一级评价。评价项目建设影响范围内生态系统的生态系统结构与功能的完整性、稳定性及其演变历史或趋势，评价国家或地方保护野生动植物、重要经济物种的生境条件及现状质量，评价或说明生态敏感保护目标的生态环境质量现状水平，分析或说明造成区域生态环境问题的原因。

（2）二级评价。评价项目建设影响范围内典型或重要生态系统的生态系统结构与功能的完整性、稳定性及其演变历史或趋势，评价重要经济物种的生境条件及现状质量，分析或说明造成区域生态环境问题的原因。

（3）三级评价。简要说明土地利用现状、代表性野生植物及植被类型或生态系统类型以及土壤侵蚀情况。

4. 生态制图

在生态现状调查与评价中，所获得的信息除文字信息外，还有图件和图像等直观易见的信息，其中图件既是表达环境现状的良好手段，也是评价结果的重要表达手段，生态制图在生态影响评价中具有特别重要的意义。

（1）一级评价基本图件。项目区域地理位置图；工程平面图；土地利用现状图；地表水系图；植被类型图（独有）；特殊生态敏感区和重要生态敏感区空间分布图；主要评价因子的评价成果和预测图；生态监测布点图；典型生态保护措施平面布置图。

（2）二级评价基本图件。项目区域地理位置图；工程平面图；土地利用现状图；地表水系图；特殊生态敏感区和重要生态敏感区空间分布图；主要评价因子的评价成果和预测图；典型生态保护措施平面布置图。

（3）三级评价基本图件。项目区域地理位置图；工程平面图；土地或水体利用现状图；典型生态保护措施平面布置图。

图形整饰规范：生态影响评价图件应符合专题地图制图的整饰规范要求，成图应包括图名、比例尺、方向标/经纬度、图例、注记、制图数据源（调查数据、实验数据、遥感信息源或其他）、成图时间等要素。

5. 生态现状评价结论

简要说明项目所在区域的环境概况，重要说明项目评价范围内的自然环境特征，包括生态系统类型及其重要组成，主要植物种类及植被类型、野生动物、生态敏感保护目标状况与建设项目的关系；区域性开发建设项目还应说明生态完整性及其演替趋势、土地和植被的承载力，指出主要环境问题及原因，特别是重大环境问题要给予明确回答。通过定性或定量指标（植被覆盖率、频度、密度，生物多样性或生态脆弱性，如沙化或荒漠化等）反映评价范围内的生态环境质量水平。

五、生态影响预测评价

1. 生态影响预测与评价的基本内容

（1）评价工作范围内设计的生态系统及其主要生态因子的影响评价。

（2）敏感生态保护目标的影响评价应在明确保护目标的性质、特点、法律地位和保护要求的情况下，分析评价项目的影响途径、影响方式和影响程度，预测潜在的后果。

（3）预测评价项目对区域现有主要生态问题的影响趋势。

2. 不同评价等级的内容与重点

（1）一级评价。处于特殊生态敏感区，或处于重要生态敏感区的占地面积 $\geqslant 20km^2$ 或长度 $\geqslant 100km$ 的建设项目，生态影响评价应充分利用 "3S" 等先进技术手段，除进行单项预测外，还应从生态完整性的角度，对区域性全方位的影响进行预测，预测评价对生态系统组成、结构、功能及演变趋势的影响。

对于只直接影响的特殊生态敏感保护目标的开发建设项目，重点分析评价工程建设对敏感生态保护目标的影响，提出替代或比选方案，必要时应单独进行专题评价，编制专题影响报告。

进行生态影响一级评价的开发建设项目，应在工程营运后一定时间内进行生态影响的后评价。

对于山区、丘陵区、风沙区的建设项目应充分利用水土保持方案的成果，根据工程建设分区分类情况，说明工程可能造成的水土流失影响。

（2）二级评价。处于重要生态敏感区的占地面积 $2 \sim 20 km^2$ 或长度 $50 \sim 100 km$ 的建设项目，处于一般区域占地面积 $\geqslant 20 km^2$ 或长度 $\geqslant 100 km$ 的建设项目，对评价范围内涉及的典型生态系统及其主要生态因子的影响进行预测评价，对影响范围外可能间接影响的生态敏感保护目标，应分析在不利情况下对其结构、功能及主要保护对象的影响，预测对生态系统组成和服务功能变化趋势的影响。

对于山区、丘陵区、风沙区的建设项目应利用水土保持方案的成果，简要说明工程可能造成的水土流失影响。

（3）三级评价。处于重要生态敏感区、一般区，占地面积 $\leqslant 2 km^2$ 或长度 $\leqslant 50 km$ 的建设项目，以及处于一般区域占地面积 $2 \sim 20 km^2$ 或长度 $50 \sim 100 km$ 的建设项目，生态影响评价只需简要分析对影响范围内土地利用格局、制备等关键评价因子的影响。

对处于山区、丘陵区、风沙区的建设项目应简要说明工程造成的水土流失影响。

3. 重要生态敏感保护目标影响评价（一般采用"五段论"模式）

（1）简要介绍敏感区基本情况。

（2）与开发建设项目的位置关系。

（3）进行影响分析或预测评价。

（4）提出影响保护措施（或对策与建议）。

（5）明确敏感区主管部门的意见和要求。

4. 生态影响预测评价技术要求

（1）确定生态影响的性质（有利影响与不利影响；可逆影响与不可逆影响；近期影响与长期影响；一次影响与累积影响；明显影响与潜在影响；局部影响与区域影响）。

（2）根据生态影响识别的结果，对识别出的环境影响进行预测分析。

（3）全过程预测评价。

（4）敏感生态保护目标的影响评价应在明确保护目标的行踪、特点、法律地位和保护要求的情况下，分析评价项目的影响途径、影响方式和影响程度，预测潜在的后果。

（5）预测评价项目对区域已有的主要生态问题的影响趋势。

（6）有行业环境影响评价导则的，根据行业导则的要求针对具体项目进行生态影响评价。

5. 生态影响预测评价的方法

进行生态影响预测或分析时，需注意如下问题。

（1）保持生态完整性观念。

（2）保持生态系统开放型系统观。

（3）保持生态系统为地域差异性的系统观。

（4）保持生态系统为动态变化的系统观。

（5）做好深入细致的分析，要做到全部工程活动（包括主体工程、辅助工程）。

（6）正确处理依法影响评价和科学影响评价的问题。

（7）正确处理一般评价和生态影响特殊性问题（生态影响分析中应充分重视间接性的、潜在性的、区域性的和综合性的影响）。

六、生态保护措施

1. 生态保护措施的基本原则

《环境影响评价导则　生态影响》（HJ 19—2011）提出的生态保护（防护、恢复及替代方案）基本原则如下。

（1）应按照避让、减缓、补偿和重建等次序提出生态影响防护与恢复的措施；采取措施的效果应有利恢复和增强区域生态功能。

（2）凡是涉及不可替代、极具价值、极敏感、被破坏后很难恢复的敏感生态保护目标时（如特殊生态敏感区、珍稀濒危物种时），必须提出可靠的避让措施或生境替代方案。

（3）涉及采取措施后可恢复或修复的生态目标时，也应尽可能提出避让措施；否则应制定恢复、修复和补偿措施。

2. 生态保护措施的基本要求

（1）生态保护措施应体现法律的严肃性。

（2）体现可持续发展战略与政策。

（3）要有明确的目的性。

（4）遵循生态保护的原理。

（5）全过程的评价与管理。

（6）突出针对性和可行性。

3. 生态保护措施的基本内容

（1）替代方案。替代方案要求如下。

①替代方案主要是指项目中的选线、选址替代方案，项目的组成和内容替代方案，工艺和生产技术的替代方案，施工和运营方案的替代方案，生态保护措施的替代方案。

②评价应对替代方案进行生态可行性论证，有些选择生态影响最小的替代方案，最终选定的方案至少应该是生态保护可行的方案。

（2）减少生态影响的工程措施。

①方案优化。选点、选线规避环境敏感目标，选址减少资源消耗的方案，采用环境友好方案；环保建设工程。

②施工方案优化。规范化操作，合理安排季节、时间、次序。

③加强工程的环境保护。施工期环境工程监理与队伍管理，运营期环境监测与"达标"管理。

（3）重要生态保护措施。

物种多样性和法定保护生物、珍稀濒危物种及特有生物物种的保护；植被的保护与恢复；资源保护和合理利用；水土保持措施。土壤质量保护；合理选址；加强生态系统的监理与管理；加强生态保护教育；健全管理体制。

其中水土流失预防措施应遵巡："预防为主、保护优先、全面规划、综合治理、因地制宜、突出重点、科学管理、注重效益"的方针。水土流失治理措施应将工程治理措施和生物治理措施（首先考虑绿化工程）相结合。

（4）生态监测。

（5）生态监理。

七、典型生态型建设项目工程分析与生态影响评价要点

1. 公路项目

公路分为高速公路、一级公路、二级公路、三级公路等。高等级公路（高速公路、一级公路）路基高，路面宽，工程量大，配套设施多，工程分析时涉及的内容亦多，要求较高。

（1）公路工程组成。

①主体工程：路基工程及其路堤、路堑、桥梁工程（大桥、特大桥和互通式立交桥）、隧道工程。

②辅助工程：导排水沟、涵洞、通道、天桥等。

③附属工程：服务区、收费站、监控机防护设施、通讯设施、标准标线等。

④临时工程：三场（取土场、弃土场、砂石料场）、施工道路、施工营地等。

⑤土石方工程：土石方总量，挖方、填方，或石方、土方，或借方、弃方。

公路环境影响评价采取"点段结合、重在点上""以点为主，反馈全线的原则"，工程分析中必须对这些重点段和敏感环境点段做重点分析。这些点段如下。

①大桥、特大桥：若河漏有取水口或河流水环境功能高者，尤为重要。

②长隧道：尤其关注弃渣量、弃渣地点、弃渣方式及防护，还有地下水疏水问题。

③互通式立交桥、高填段和深挖段。

（2）主要环境影响。

①施工期：以土地占用、植被破坏、土石方工程、水土流失和景观影响为主要内容的生态破坏与影响；以扬尘为主的空气污染、施工废水和生活污水及车辆和施工噪声为主的污染影响。

②营运期：汽车行驶，主要污染因子是噪声，其次是尾气以及降雨随地表径流发生的水污染。

2. 水电建设项目

（1）工程组成。以水力发电为目的的水电工程组成。

①主体工程：如库坝、发电厂房等。

②配套工程：如引水涵洞等。

③辅助工程：如对外交通道路、施工道路网络、各种作业场地（取土场、采石场、弃土弃渣场等）。

④公用工程：如生活区、水电供应设施、通讯设施等。

⑤环保工程：如生活污水和工业废水控制设施、绿化工程等。

（2）主要环境影响。

①施工前期影响：移民环境影响和民族文化影响（少数民族地区文化多样性）。

②施工期：植被破坏与水土流失、地质灾害；施工作业的污染影响；破坏原有自然景观或有价值的历史遗迹；环境健康影响（人员来自不同地方，且较为集中，可能导致疫源性疾病或与水传播有关的病原滋生导致传染病流行）。

③营运期：坝上库区的环境影响问题。

④大坝产生的生态影响问题：大坝阻隔使坝上和坝下水生生物的交流中断，特别是洄游生物影响最为明显，可能导致洄游性生物灭绝。对洄游性鱼类，可能使其历史形成的鱼类三场（产卵场、越冬场和索饵场）发生变化，使鱼类不能生存而消失。

3. 矿业建设项目

主要环境影响如下。

（1）地下开采（井工开采）主要环境影响：土地及植被破坏问题；地下水资源受破坏问题；景观生态影响问题。

（2）露天开采主要环境影响：对土地的占用；对水资源的影响；对植被的破坏；对河流水系的破坏与污染。

（3）尾矿库环境风险（垮坝风险）。

（4）移民安置生态影响。

（5）伴生矿的放射性问题。

第十节　水土保持方案

《中华人民共和国环境影响评价法》第三章第十七条规定："……涉及水土保持的建设项目，还必须经水行政主管部门审查同意的水土保持方案。"

在引述、复核和完善"水保方案"时，环境影响评价报告中的"水土保持篇章"应包括以下内容：水土流失与水土保持现状调查；水土流失预测；水土流失防治分区和分区防治措施及典型设计；水土保持监测；投资估算及效应分析。

一、水土流失的概念及防治标准等级

1. 水土流失

水土流失是指土壤及其他地表组成物质在外营力（水力、风力、冻融、重力等）的作用下，被破坏、剥蚀、转运和沉积的过程。也常定义为在外营力的作用下，水土资源和土地生产力的损失和破坏。水土流失和土壤流失概念不同，前者范围更广。

2. 土壤流失

土壤流失对应于土壤侵蚀强度，是指地壳表层土壤在自然营力（水力、风力、冻融、重力等）和人类活动综合作用下，单位面积和单位时段内被剥蚀并发生位移的土壤侵蚀量，以土壤侵蚀模数表示。

土壤侵蚀按外营力性质可分为水蚀、风蚀、重力侵蚀、冻融侵蚀和人为侵蚀等类型。

3. 水土流失防治标准执行等级

一级标准：开发建设项目生产建设活动对国家和省级人民政府确定的重要江河、湖泊的防洪河段、水源保护区、水库周边、生态功能保护区、景观保护区、经济开发区等直接产生重大水土流失影响，并经水土保持方案论证确认作为一级标准防治的区域。

二级标准：开发建设项目生产建设活动对国家和省、地级人民政府依法确定的重要江河和湖泊的防洪河段、水源保护区、水库周边、生态功能保护区、景观保护区、经济开发区等直接产生较大水土流失影响，并经水土保持方案论证确认作为二级标准防治的区域。

三级标准：一级、二级标准未涉及的区域。

二、水土流失预测及防治

1. 水土流失预测

（1）预测内容、范围。水土流失预测内容包括开挖扰动地表面积、损坏水土保持设施的数量、弃土（石、渣）量、水土流失量、新增水土流失量、水土流失危害等。

（2）预测时段。一般将水土流失的预测时段划分为施工准备期、施工期和试运行期。

（3）水土流失预测的主要方法（表3-16）。

表 3-16 水土流失预测的主要方法

预测内容	预测方法
工程永久及临时占地开挖扰动地表、占压土地和损坏林草植被类型、面积	查阅设计图纸、技术资料并结合实地查勘测量分析
建设期土（渣）方开挖、回填量及弃土（渣）量	查阅设计资料，同主体工程设计单位相关专业配合，对挖方、弃方分别统计分析
可能造成的水土流失量（新增水土流失量）	类比和公式计算法，同地区的同类项目类比确定预测参数，预测模式进行计算
水土流失对工程、土地资源、周边生态环境等方面影响的可能性	现状调查及对水土流失量的预测结果进行综合分析

2. 水土流失防治分区和防治措施及典型设计

（1）水土流失防治分区。根据地形和气候特征、水土流失防治责任范围可划分为山岭区防治区、平原防治区或河谷防治区一级分区，根据工程单元及其施工、占地特点进行二级分区。

（2）主体工程与水土保持措施。主体工程列为水土保持工程的措施有：边坡的水土保持措施、特殊地质处理及防护、排水工程（排水系统的组成、设计的洪水频率等）。

（3）水土保持植物措施。植物措施主要包括绿化工程和边坡防护中植物防护（包括铺草皮、三维植被网、喷播等）、骨架植被防护（包括骨架植草护坡、框架植草等）等。

（4）分区水土保持措施及评价。一般从以下四方面进行水土保持措施的布设和评价：工程措施和土地整治；植物措施；临时措施；施工管理措施。

三、水土保持

1. 水土保持工程分析

（1）工程方案及主要控制点。

（2）工程土石方数量、土石方平衡和土石方平衡的合理性分析。

（3）工程建设期——地基（路基等）开挖和填筑。

（4）工程建设期——永久和临时占地。

（5）工程建设期——取土、采料、弃土。

（6）工程建设期——拆迁安置。

（7）工程试运行期——恢复工程。

（8）施工组织及施工工艺的水土保持影响分析。

2. 水土保持现状调查要点

（1）水土流失的自然环境影响因素调查。气候气象条件；地形地貌；地质因素和地面物质；地表水、地下水水系及其水文地质条件；植被因素；自然资源。

（2）项目区人为影响因素调查。项目区内水土保持分区类型；项目区水土流失现状调查；水土保持人为因素调查要点；生产发展方向与防治措施布局调查；社会经济调查；水土流失危害。

（3）各个工程单元水土保持潜在影响因素调查。以弃渣场为例，环境保护更关注的选址原则应为：工程合理、安全可控、因地制宜、保护环境。

3. 水土保持监测

（1）监测内容。监测内容包括水土流失状况监测、灾害及不良地点（地段）的水土流失状况监测、各项水土保持措施运行状况及效能监测。

（2）主要调查、监测方法。主要调查、监测方法为地面观测法和调查监测法。

（3）监测点布设及监测时段。水土流失及防治状况的监测采用定点定时监测与定期巡查相结合的方法。根据对工程分析及现场的踏勘情况，选定大挖大填、取土、弃渣场及不良地质等代表地点进行各工程单元水土流失的定点监测。巡查时间可安排在施工期第一年、第二年、竣工第一年的汛期各 1~3 次。

第十一节 固体废物环境影响评价

一、固体废物

1. 固体废物的定义

固体废物是指在生产、生活和其他活动中产生的丧失原有价值或者虽未丧失利用价值但被抛弃或者放弃的固体、半固体和置于容器中的气态的物品、物质以及法律、行政法规规定纳入固体废物管理的物品、物质。

2. 固体废物的范围

依据《固体废物鉴别导则（试行）》，固体废物包括（但不限于）下列物质、物品或材料：从家庭收集的垃圾；生产过程中产生的废弃物质、报废产品；实验室产生的废弃物质；办公产生的废弃物质；城市污水处理厂的污泥；生活垃圾填埋场产生的残渣；其他污染控制设施产生的垃圾、残余渣、污泥；城市河道疏浚污泥；不符合标准或规范的产品，继续用作原用途的除外；假冒伪劣产品；所有者或其代表声明是废物的物质或物品；被污染的材料（如被多氯联苯 PCBs 污染的油）；被法律禁止使用的任何材料、物品或物质；国务院环境保护行政主管部门声明是固体废物的物质或物品。

固体废物不包括下列物质或物品：放射性废物；不经过贮存而在现场直接返回原生产过程或其产生的过程的物质或物品；任何用于原始用途的物质或物品；实验室用样品；国务院环境保护行政主管部门批准其他可不按固体废物管理的物质或物品。

3. 固体废物的分类

按其来源，可分为工业固体废物、农业固体废物和生活垃圾。按其特性，可分为危险废物和一般废物。

（1）工业固体废物：冶金工业固体废物；能源工业固体废物；石油化学工业固体废物；矿业固体废物；轻工业固体废物；其他工业固体废物（如加工过程产生的金属碎屑、电镀污泥、建筑废料以及其他工业加工过程产生的废渣等）。

（2）农业固体废物：农业固体废物来自农业生产、畜禽饲养、农副产品加工所产生的废物（如农作物秸秆、农用薄膜、畜禽排泄物等）。

（3）生活垃圾：指在日常生活中或者为日常生活提供服务的活动中产生的固体废物以及法律、行政法规规定视为生活垃圾的固体废物，包括城市生活垃圾、建筑垃圾、农村生活垃圾。

二、固体废物对环境的污染

1. 对大气环境的影响

（1）堆放的固体废物中的细微颗粒、粉尘等可随风飞扬，从而对大气环境造成污染。

（2）一些有机固体废物，在适宜的湿度和温度下易被微生物分解，能释放出有害气体，造成地区性空气污染。

（3）采用焚烧法处理固体废物，已成为有些国家大气污染的主要污染源之一。

2. 对水环境的影响

（1）固体废物弃置于水体，将使水质直接接受到污染，严重危害水生生物的生存条件，并影响水资源的充分利用。

（2）向水体倾倒固体废物还将缩减江河湖泊有效面积，使其排洪和灌溉能力有所降低。

（3）在陆地堆积或简单填埋的固体废物，经过雨水的淋洗、浸渍和废物本身的分解，将会产生含有害化学物质的渗滤液，对附近地区的地表径流及地下水造成污染。

3. 对土壤环境的影响

（1）杀害土壤中微生物。

（2）改变土壤的性质和土壤结构，破坏土壤的腐解能力，导致草木不生。

（3）固体废物的堆放需要占用土地。

三、固体废物的管理及处理与处置

1. 固体废物的管理

2004 年 12 月 29 日修订的《中华人民共和国固体废物污染环境防治法》对固体废物的管理有如下规定。

（1）管理原则。对固体废物的管理，应该从产生、收集、运输、贮存、再循环利用到最终处置，实现废物的全过程控制，从而达到废物管理减量化、资源化、无害化的目的。

（2）管理制度。废物交换制度；废物审核制度；申报登记制度（环保部门为了掌握工业固体废物和危险废物）；排污收费制度；许可证制度；转移报告单制度。

（3）污染物控制标准。污染物控制标准是固体废物管理标准中最重要的标准，是环境影响评价、三同时、限期治理、排污收费等一系列管理制度的基础。固体废物排放标准分为以下两类。

一类是废物处置控制标准；另一类是设施控制标准，如《生活垃圾填埋污染控制标准》（GB 16889—2008）、《危险废物焚烧污染控制标准》（GB 18484—2001）、《生活垃圾焚烧污染控制标准》（GB 18485—2001）、《危险废物贮存污染控制标准》（GB 18598—2001）、《一般工业固体废物贮存、处置场污染控制标准》（GB 18599—2001）。这些标准中都规定了各种处置设施的选址、设计与施工、入场、运行、封场的技术要求和释放物的排放标准以及监测要求。

2. 固体废物的处理与处置

（1）固体废物的综合利用和资源化。包括：一般工业固体废物的再利用；有机固体废物堆肥技术（是对固体废物稳定化、无害化处理的重要方式之一）。

（2）固体废物的焚烧处置技术。焚烧法是一种高温热处置技术，即以一定的过剩空气量与被处置的有机废物在焚烧炉内进行氧化燃烧反应，废物中的有毒有害物质在高温下氧化、热解而被破坏。焚烧技术的特点是它可以实现废物的无害化、减量化、资源化。

（3）焚烧技术的废气污染。焚烧烟气中常见的空气污染物包括以下几方面。

①粒状污染物：废物中的不可燃物；部分无机盐类在高温下氧化而排出，在炉外凝结成粒状物；未燃烧完全而产生的碳颗粒和煤烟。

②酸性气体：SO_2、HCl 与 HF 等。

③氮氧化物：来源有 N_2 与 O_2 反应形成热氮氧化物，或是废物中的氮组分转化成 NO_x。

④重金属：最终产物包括元素态重金属、重金属氧化物及重金属氯化物。

⑤一氧化碳。

⑥有机氯化合物：废物焚烧过程中产生的有毒性有机氯化物主要为二噁英，途径有废物本身、炉内形成和炉外低温再合成三种。有机氯化合物毒性极强，具有高温分解低温合成再生的特点。

四、生活垃圾的填埋处置

填埋处置对环境的影响包括多个方面，通常主要考虑占用土地、植被破坏所造成的生态影响以及填埋场释放物（包括渗滤液和填埋气体）对周围环境的影响。

1. 填埋场污染控制"三重屏障"理论

地质屏障、人工防渗屏障和废物处理屏障，对填埋场污染控制的重点通常是在填埋场选址、填埋场防渗结构和渗滤液处理。

2. 生活垃圾填埋场选址要求

依据《生活垃圾填埋污染控制标准》（GB 16889—2008），生活垃圾填埋场选址要求如下。

（1）生活垃圾填埋场选址应符合区域性环境规划、环境卫生设施建设规划和当地的城市规划。

（2）生活垃圾填埋场场址不应选在城市工农业发展规划区、农业保护区、自然保护区、风景名胜区、文物（考古）保护区、生活饮用水水源保护区、供水远景规划区、矿产资源储存区、军事要地、国家保密地区和其他需要特别保护的区域内。

（3）生活垃圾填埋场选址的标高应位于重现期不小于 50 年一遇的洪水位之上，并建设在长远规划中的水库等人工蓄水设施的淹没区和保护区之外。

（4）生活垃圾填埋场场址的选择应避开下列区域：破坏性地震及活动构造区，活动中的坍塌、滑坡和隆起地带，活动中的断裂带，石灰石溶洞发育带，废弃矿区的活动坍塌区，活动沙丘区，海啸及涌浪影响区，湿地，尚未稳定的冲击扇及冲沟地区，泥炭以及其他可能危及填埋场安全的区域。

（5）生活垃圾填埋场场址的位置及与周围人群的距离应据环境影响评价结论确定，并经地方环境保护行政主管部门批准。

此外，在对生活垃圾填埋厂厂址进行环境影响评价时，还应考虑生活垃圾填埋场产生的渗滤液、大气污染物（含恶臭物质）、滋养动物（蚊、蝇、鸟类等）因素影响，根据其所在地区的环境功能区类别，综合评价其对周围环境、居住人群的生态健康、日常生活和生产生活的影响，确定生活垃圾填埋场与常住居民居住场所、地表水域、高速公路、交通主干道（国道或省道）、铁路、飞机场、军事基地等敏感对象之间合理的位置关系以及合理的防护距离。环境影响评价的结论可作为规划控制的依据。

3. 垃圾填埋场人工防渗屏障要求

生活垃圾填埋场应根据填埋区天然基础层的地质情况以及环境影响评价的结论，并经当地地方环境保护行政主管部门批准，选择天然黏土防渗衬层、单层人工合成材料防渗衬层或双层人工合成材料防渗衬层作为生活垃圾填埋场填埋区和其他渗滤液或储备设施的防渗衬层。

根据《生活垃圾填埋污染控制标准》（GB 16889—2008）的要求，针对天然基础层不同的渗透系数，对防渗层的要求如下。

（1）如果天然基础层饱和渗透系数小于 1.0×10^{-7} cm/s，且厚度不小于 2m，可采用天然黏土防渗衬层。

（2）如果天然基础层饱和渗透系数小于 1.0×10^{-5} cm/s，且厚度不小于 2m，可采用单层人工合成材料防渗衬层，人工合成材料衬层应具有厚度不小于 0.75m，且其被压实后的饱和渗透系数小于 1.0×10^{-7} cm/s 的天然黏土防渗衬层，或具有同等以上隔水效力的其他材料防渗衬层〔高密度聚乙烯（HDPE）〕。

（3）如果天然基础层饱和渗透系数不小于 1.0×10^{-5} cm/s，或者天然基础层厚度小于 2m，应采用双层人工合成材料防渗衬层。下层人工合成材料防渗衬层下应具有厚度不小于 0.75m，且被压实后的饱和渗透系数小于 1.0×10^{-7} cm/s 的天然黏土防渗衬层，或具有同等以上隔水效力的其他材料防渗衬层，两层人工合成材料衬层之间应布设导水层及渗漏检验检测层。

4. 渗滤液产生量及控制要求

渗滤液产生量 Q 受垃圾含水量、填埋场区降雨情况以及填埋作业区大小的影响，同时也受场区蒸发量、风力的影响以及场地地面的面积情况、种植情况等因素影响。

$$Q = （W_p - R - E）A_a + Q'$$
$$R = C \times W_p$$

式中：W_p——年降水量；

$\quad R$——年地表径量；

$\quad E$——年蒸发量；

$\quad A_a$——填埋场地表面积；

$\quad Q'$——垃圾产水量；

$\quad C$——地表径流系数（与土壤条件、地表植被条件和地形条件有关）。

5. 渗滤液排放控制项目

根据《生活垃圾填埋污染控制标准》（GB 16889—2008）的要求，渗滤液排放控制项目有色度、化学需氧量、生化需氧量、悬浮物、总氮、氨氮、总磷、粪大肠菌群数、总汞、总镉、总铬、六价铬、总砷、总铅 14 项。其他项目，视各地垃圾成分，由当地环境保护行政主管部门确定。

6. 垃圾填埋场大气污染物排放控制要求

垃圾填埋场大气污染物主要是 TSP、甲烷、氨、硫化氢、甲硫醇及臭气。《生活垃圾填埋场污染控制标准》（GB 16889—2008）中规定填埋工作面上 2m 以下高度范围内甲烷的体积百分比应不大于 0.1%，同时生活垃圾填埋场应采取甲烷减排措施，当通过大气管道直接排放填埋气体时，导气管排放口的甲烷的体积百分比不大于 5%。生活垃圾填埋场周围环境敏感点方位的场界，氨、硫化氢、甲硫醇、臭气浓度等恶臭污染物浓度，根据生活垃圾填埋场所在区域，应符合《恶臭污染物排放标准》（GB 14554—1993）的相应规定。对于颗粒物可执行相应无组织排放控制标准。

7. 垃圾填埋场填埋废物入场要求

（1）下列废物可以直接进入生活垃圾填埋场填埋处置。

①由环境卫生机构收集或者自行收集的混合生活垃圾，以及企事业单位产生的办公废物。

②生活垃圾焚烧炉渣（不包括焚烧飞灰）。

③生活垃圾堆肥处理产生的固态残余物。

④服装加工、食品加工以及其他城市生活服务行业产生的性质与生活垃圾相近的一般工业固体废物。

（2）《医疗废物分类目录》中的感染性废物经过下列方式处理后，可以进入生活垃圾填埋场填埋处置。

①按照《医疗废物化学消毒集中处理工程技术规范（试行）》（HJ/T 228—2006）要求进行破碎毁形和化学消毒处理，并满足消毒效果检验指标。

②按照《医疗废物化学消毒集中处理工程技术规范（试行）》（HJ/T 228—2006）要求进行破碎毁形和微波消毒处理，并满足消毒效果检验指标。

③按照《医疗废物化学消毒集中处理工程技术规范（试行）》（HJ/T 228—2006）要求进行破碎毁形和高温蒸汽处理，并满足处理效果检验指标。

（3）生活垃圾焚烧飞灰和医疗废物焚烧残渣（包括飞灰和底渣）经处理后满足下列条件，可以进入生活垃圾填埋场填埋处置。

①含水率小于 30%。

②二噁英含量低于 3μgTEQ/kg。

③按照《固体废物浸出毒性浸出方法　醋酸缓冲溶液法》HJ/T 300—2007 制备的浸出液中危害成分浓度低于《生活垃圾填埋场污染控制标准》GB 16889—2008 中规定的限值。

（4）一般工业固体废物经处理后，按照《固体废物浸出毒性浸出方法　醋酸缓冲溶液法》HJ/T 300—2007 制备的浸出液中危害成分浓度低于 GB 16889—2008 中规定的限值，可以进入生活垃圾填埋场填埋处置。

（5）经处理后满足第（3）条要求的生活垃圾焚烧飞灰和医疗废物焚烧残渣（包括飞灰和底渣）和满足第（4）条要求的一般工业固体废物在生活垃圾填埋场中应单独分区填埋。

（6）厌氧产沼等生物处理后的固态残余物、粪便经处理后的固态残余物和生活污水处理厂污泥经处理后含水率小于 60%，可以进入生活垃圾填埋场填埋处置。

（7）处理后分别满足（2）~（5）条要求的废物应由地方环境保护行政主管部门认可的监测部门检测、经地方环境保护行政主管部门批准后，方可进入生活垃圾填埋场。

（8）下列废物不得在生活垃圾填埋场中填埋处置。除符合第（3）条规定的生活垃圾焚烧飞灰以外的危险废物；未经处理的餐饮废物；未经处理的粪便；畜禽养殖废物；电子废物及其处理处置残余物；除本填埋场产生的渗滤液之外的任何液态废物和废水。

国家环境保护标准另有规定的除外。

8. 垃圾填埋场的环境影响评价

（1）填埋场渗滤液泄露或处理不当对地下水及地表水的污染。

（2）填埋场产生气体排放对大气的污染、对公众健康的危害以及可能发生的爆炸对公众安全的威胁。

（3）施工期水土流失对生态环境的不利影响。

（4）填埋场的存在对周围景观的不利影响。

（5）填埋作业及垃圾堆放体对周围地质环境的影响，如造成滑坡、崩塌、泥石流等。

（6）填埋场机械噪声对公众的影响。

（7）填埋场滋生的害虫、昆虫、啮齿动物以及在填埋场觅食的鸟类和其他动物可能传播疾病。

（8）填埋垃圾中的塑料袋、纸张以及尘土等在未来得及覆土压实情况下可能飘出场外，造成环境污染和景观破坏。

（9）流经填埋场区的地表径流可能受到污染。

封场后的填埋场对环境的影响减小，上述中（6）~（8）基本不再存在，但在填埋场植被恢复过程中所种植与填埋场顶部覆盖层上的植物可能受到污染。

9. 垃圾填埋场环境影响评价的工作内容

根据垃圾填埋场建设及排污特点，环境影响评价工作主要工作内容见表3-17。

表3-17　环境影响评价工作主要工作内容

评价项目	评价内容
场址选择评价	场址评价是填埋场环境影响评价的重要内容，主要是评价拟选场地是否符合选址标准。其方法是根据场地的自然条件，采用选址标准逐项进行评价。评价的重点是场地的水文地质条件、工程地质条件、土壤自净能力等
自然、环境质量现状评价	自然现状评价方面，要突出对地质现状的调查预评。环境质量现状评价方面，主要评价拟选场地及其周围空气、地表水、地下水、噪声等自然环境质量状况。其方法一般是根据监测值与各种标准，采用单因子和多因子综合评判法
工程污染因素分析	对拟填埋垃圾的组分、预测产生量、运输途径等进行分析说明；对施工布局、施工作业方式、取土石区及其环境类型和占地特点进行说明；分析填埋场建设过程中和建成投产后可能产生的主要污染源及其污染物，以及它们产生的数量、种类、排放方式等。其方法一般采用计算、类比、经验统计等。污染源一般有渗滤液、释放气、恶臭、噪声等

评价项目	评价内容
施工期影响评价	主要评价施工期场地内排放生活污水，各类施工机械产生的机械噪声、振动以及二次扬尘对周围地区产生的环境影响，还应对施工期水土流失生态环境影响进行相应评价
水环境影响预测与评价	主要评价填埋场衬里结构的安全性以及结合渗滤液防治措施综合评价渗滤液的排出对周围水环境的影响，包括以下两方面 1. 正常排放对地表水的影响。主要评价渗滤液经处理达到排放标准后排出，经预测并利用相应标准评价是否会对受纳水体产生影响或影响程度如何 2. 非正常渗漏对地下水的影响。主要评价衬里破裂后渗滤水下渗对地下水的影响。此外，在评价时段上应体现对施工期、运行期和服务期满后的全时段评价
空气环境影响预测与评价	主要评价填埋场释放气体及恶臭对环境的影响 1. 释放气体：主要是根据排气系统的结构，预测和评价排气系统的可靠性、排气利用的可能性以及排气对环境的影响，预测模式可采用底面源模式 2. 恶臭：主要评价运输、填埋过程中及封场后可能对环境的影响。评价时要根据垃圾的种类，预测各阶段臭气产生的位置、种类、浓度及其影响范围，在评价时段上应体现对施工期、运行期和服务期满后的全时段评价

标准规定如下。

（1）生活垃圾填埋场应设置污水处理装置，生活垃圾渗滤液（含调节池废水）等污水经处理并符合本标准规定的污染物排放控制要求后，可直接排放。

（2）2011年7月1日前，现有生活垃圾填埋场无法满足《生活垃圾填埋场污染控制标准》（GB 16889—2008）规定的水污染物排放浓度限值要求的，满足以下条件时可将生活垃圾渗滤液达到城市二级污水处理厂进行处理。

①生活垃圾渗滤液在填埋场经过处理后，总汞、总镉、总铬、六价铬、总砷、总铅等污染物浓度达到《生活垃圾填埋场污染控制标准》（GB 16889—2008）规定的水污染物排放浓度限值。

②城市二级污水处理厂每日处理生活垃圾渗滤液总量不超过污水总量的0.5%，并不超过城市二级污水处理厂额定的污水处理能力。

③生活垃圾渗滤液应均匀注入城市二级污水处理厂。

④不影响城市二级污水处理场的污水处理效果。

2011年7月1日起，现有全部生活垃圾填埋场应自行处理生活垃圾渗滤液并执行《生活垃圾填埋场污染控制标准》（GB 16889—2008）规定的水污染物排放浓度限值。

（3）根据环境保护工作要求，在国土开发密度已经较高、环境承载能力开始减弱、或环境容量较小、生态环境脆弱，容易发生严重环境污染问题而需要采取特别保护措施的地区，应严格控制生活垃圾填埋场的污染物排放行为，并达到规定的水污染物特别排放限值。

五、危险废物的处理与处置

1. 危险废物的概念

危险废物是指列入国家危废名录或者根据国家规定的危险废物鉴别标准和鉴别方法认定

的具有危险特性的固体废物。

危险特性包括腐蚀性（C）、毒性（T）、易燃性（I）、反应性（R）和感染性（In）。

《国家危险废物名录》共列出 49 类危险废物类别、废物来源、废物代码、废物危险特性、常见危险废物组分和废物名称，共约 400 种。

《国家危险废物名录》明确了医疗废物属于危险废物。医疗废物是指医疗卫生机构在医疗、预防、保健以及其他相关活动中产生的具有直接或间接传染、毒性以及其他危害性的废物。医疗废物分为五类：感染性废物、病理性废物、损伤性废物、药物性废物和化学性废物。

危险废物中含有的有毒有害物质对生态和人体健康的危害具有长期性和潜伏性，可以延续很长时间，对人类构成很大威胁。

2. 危险废物的处置方法

（1）物理化学方法：沉淀法，脱水法。

（2）焚烧方法：焚烧装置技术指标如下。

$$燃烧效率 = CO_2 / (CO_2 + CO) \times 100\%$$

式中：CO_2 和 CO 为燃烧后排气中 CO_2 和 CO 的浓度。

$$焚毁去除率 DRE = (W_i - W_0) / W_i \times 100\%$$

式中：W_i——被焚烧物种某种有机物的重量；

W_0——焚烧后烟道排气和焚烧残余物中与 W_i 相对应的有机物的重量之和。

$$焚烧残渣的热酌减率 P = (A - B) / A \times 100\%$$

式中：A——干燥后原始焚烧残渣在室温下的质量；

B——焚烧残渣经 600℃（±25℃）3h 灼烧后冷却至室温的质量。

还有焚烧炉温度、烟气停留时间等。

（3）焚烧炉的技术性能指标（表 3-18）。

表 3-18　焚烧炉的技术性能指标

类别	焚烧炉温度（℃）	烟气停留时间（s）	燃烧效率（%）	焚毁去除率（%）	焚烧残渣的热灼减率（%）
危险固废	≥1100	≥2.0	≥99.9	≥99.99	<5
多氯联苯	≥1200	≥2.0	≥99.9	≥99.9999	<5
医院临床废物	≥850	≥1.0	≥99.9	≥99.99	<5

①对于医疗废物集中焚烧处置，应执行《医疗废物集中处置技术规范》确定的"焚烧炉温度"和"停留时间"指标，高温焚烧处置装置应设置二燃室，并保证二燃室烟气温度≥850℃，烟气停留时间≥2.0s。

②对于医疗废物分散焚烧处理，应执行《危险废物焚烧污染控制标准》中"医院临床废物"的"焚烧炉温度"和"烟气停留时间"指标，即：焚烧炉温度≥850℃。

③对于同时处置医疗废物和危险废物，应执行《危险废物焚烧污染控制标准》中"危险废物"的"焚烧炉温度"和"烟气停留时间"指标，即：焚烧炉温度≥1100℃，烟气停留时

间≥2.0s。

④以上焚烧装置出口烟气中氧浓度含量应为6%~10%（干烟气）。

⑤规范中未规定的其他要求按《危险废物焚烧污染控制标准》执行。

（4）焚烧炉的选择。焚烧炉种类很多，功能有所不同，主要有回转炉、固定床炉及液体注入炉等。

①炉体对整个系统（包括废物预处理、进料方式和二次污染控制）的制约性最小。

②具有多功能性和最大的灵活性。

③破坏有害成分性质优越。

④运行稳定性高。

⑤设备寿命长。

⑥有较大的处理能力。

（5）焚烧处置技术中两个重要问题。在焚烧处置危险废物时，除应注意工况控制，以达到有关标准要求外，特别值得关注的两个问题是预处理和二噁英控制。

①预处理工艺。预处理过程要满足以下三个主要要求。

a. 对于固体废物，在进入焚烧炉前按需要进行粉碎，以便在形态上适应进料系统的尺寸，同时也增大了与空气的接触面积，达到焚烧完全的目的。

b. 对于要处置的废物，在焚烧前要进行热值分析，要将热值高的废物和热值低的废物加以混合，达到所需要的热值，以保证焚烧工艺的稳定进行。

c. 防止不相容的废物混合。相容性即某种废物与其他危险废物接触不会产生气体、热量、有害物质，不会燃烧或爆炸，不发生其他可能对处置设施产生不利影响的反应和变化。相反，不相容的废物的混合将会对处置过程构成威胁。

②控制二噁英的生成。焚烧工艺产生的有害物质有很多，但是由于监测困难和毒性大，二噁英物质最引人关注。控制二噁英类物质生成应通过对初始阶段、高温分解阶段和后期合成阶段的运行参数加以严格控制来实现。

（6）焚烧选址原则。根据《危险废物焚烧污染控制标准》（GB 18484—2001）及《危险废物集中焚烧处置工程建设技术规范》（HJ/T 176—2005）的要求，场址选择应符合城市总体发展规划和环境保护专业规划，符合当地的大气污染防治、水资源保护和自然资源生态保护要求，并应通过环境影响和环境风险评价。

场址选择应综合考虑危险废物焚烧场的服务区域、交通、土地利用现状、基础设施状况、运输距离及公众意见等因素。场址条件应符合下列要求。

①不允许建设在《地表水环境质量标准》（GB 3838—2002）中规定的地表水环境质量Ⅰ类、Ⅱ类功能区和《环境空气质量标准》（GB 3095—2012）中规定的环境空气质量Ⅰ类功能区，即自然保护区、风景名胜区、人口密集的居住区、商业区、文化区和其他需要特殊保护的地区。

②各类焚烧场不允许建设在居民区主导风向的上风向地区。焚烧厂内危险废物处理设施距离主要居民区以及学校、医院等公共设施的距离应不小于800m [《危险废物和医疗废物处

置设施建设项目环境影响评价技术原则》（试行）要求是1000m，且由厂界计]。

③应具备满足工程建设要求的工程地质条件和水文地质条件，不应建在受洪水、潮水或内涝威胁的地区，受条件限制，必须建在上述地区时，应具备抵御百年一遇洪水的防洪、排涝设施。

④场址选择时，应充分考虑焚烧产生的炉渣及飞灰的处理与处置，其宜靠近危险废物安全填埋场。

⑤应有可靠的电力供应。

⑥应有可靠的供水水源和污水处理及排放系统。

六、安全填埋

是否能够阻断废物同环境的联系便是填埋处置成功与否的关键，也是安全填埋潜在的风险。一个完整的填埋场应包括废物接收与贮存系统、分析监测系统、预处理系统、防渗系统（填埋区）、渗滤液集排水系统、雨水及地下水集排水系统、渗滤液处理系统、渗滤液监测系统、管理系统和公用工程等。

1. 场址选择的要求

（1）填埋场场址的选择应符合国家及地方城乡建设总体规划要求，场址应处于一个相对稳定的区域，不会因自然或人为的因素受到破坏。

（2）填埋场场址的选择应进行环境影响评价，并经环境保护行政主管部门批准。

（3）填埋场场址不应选在城市工农业发展规划区、农业保护区、自然保护区、风景名胜区、文物（考古）保护区、生活饮用水源保护区、供水远景规划区、矿产资源储备区和其他需要特别保护的区域内。

（4）填埋场距飞机场、军事基地的距离应在3000m以上。

（5）填埋场场界应位于居民区800m以外，并保证当地气象条件下对附近居民区大气环境不产生影响。

（6）填埋场场址必须位于百年一遇的洪水标高线以上，并在长远规划中的水库等人工蓄水设施淹没区和保护区之外。

（7）填埋场场址距离地表水水域的距离不应小于150m。

（8）填埋场场址的地质条件应符合以下条件。

①能充分满足填埋场基础层的要求。

②现场或其附近有充足的黏土资源以满足构筑防渗层的需要。

③位于地下水饮用水水源地主要补给区范围之外，且下游无集中供水井。

④地下水位应在不透水层3m以下，否则必须提高防渗设计标准并进行环境影响评价，取得主管部门同意。

⑤天然地层岩性相对均匀、渗透率低。

⑥底质结构相对简单、稳定、没有断层。

（9）填埋场场址选择应避开下列区域：破坏性地震及活动构造区，海啸及涌浪影响区，湿地和低洼汇水处，地应力高度集中、地面抬升或沉降速率快的地区，石灰溶洞发育带，废弃矿区或坍塌区，崩塌、岩堆、滑坡区、山洪、泥石流地区，活动沙丘区，尚未稳定的冲积扇及冲沟区，高压缩性淤泥、泥潭及软土区以及其他可能危及填埋场安全的区域。

（10）填埋场场址必须有足够大的可使用面积以保证填埋场建成后有 10 年或更长的使用期，在使用期内能充分接纳所产生的危险废物。

（11）填埋场场址应选在交通便利、运输距离较远、建造和运行费用低、能保证填埋场正常运行的地区。

2. 填埋场入场要求

（1）可以直接入场填埋的废物。

①根据《固体废物浸出毒性方法》（GB 5086.1—1997）和《固体废物浸出毒性测定方法》（GB/T 15555.1—1995～GB/T 15555.12—1995）测得的废物浸出液中有一种或一种以上有害成分浓度超过《危险废物鉴别标准浸出毒性鉴别》中的标准值并低于《危险废物填埋污染控制标准》中标准值并低于《危险废物填埋污染控制标准》中允许进入填埋区控制限值的废物。

②根据《固体废物浸出毒性方法》（GB 5086.1—1997）和《固体废物浸出毒性测定方法》（GB/T 15555.1—1995～GB/T 15555.12—1995）测得的废物浸出液 pH 在 7.0～12.0 的废物。

（2）需要处理后方能进入场填埋的废物。

①根据《固体废物浸出毒性方法》（GB 5086.1—1997）和《固体废物浸出毒性测定方法》（GB/T 15555.1—1995～GB/T 15555.12—1995）测得废物浸出液中任何一种有害成分浓度超过允许进入填埋区的控制限值的废物。

②根据《固体废物浸出毒性方法》（GB 5086.1—1997）和《固体废物浸出毒性测定方法》（GB/T 15555.1—1995～GB/T 15555.12—1995）测得废物浸出液 pH<7.0 和 pH>12.0 的废物。

③本身具有反应性、易燃性的废物。

④含水率高于 85% 的废物。

⑤液体废物。

（3）禁止填埋的废物。

①医疗废物。

②与衬层具有不相容性反应的废物。

3. 安全填埋场设计要求

防渗层的设计原则是填埋技术的关键。根据标准要求，针对基础层不同的渗透系数，对防渗层的结构有如下要求。

（1）填埋场天然基础层的饱和渗透系数不应大于 $1.0×10^{-5}$cm/s，且其厚度不应小于 2m。

（2）填埋场应根据天然基础层的地质情况分别采用天然材料衬层、复合衬层或双人工衬层作为防渗层。

（3）如果天然基础层饱和系数小于 $1.0×10^{-7}$ cm/s，且厚度大于 5m，可选用天然材料衬层。天然材料衬层经机械压实后的饱和渗透系数不应大于 $1.0×10^{-7}$ cm/s，厚度不应小于 1m。

（4）如果天然基础层饱和渗透系数小于 $1.0×10^{-6}$ cm/s，可选用复合衬层，复合衬层必须满足下列条件。

天然材料衬层经机械压实后的饱和渗透系数不应大于 $1.0×10^{-7}$ cm/s，厚度应满足要求。

人工合成材料衬层可以采用高密度聚乙烯（HDPE），其渗透系数不大于 $1.0×10^{-12}$ cm/s，厚度不小于 1.5mm，必须是优质品，禁止使用再生产品。

（5）如果天然基础层饱和渗透系数大于 $1.0×10^{-6}$ cm/s，则必须选用双人工衬层。上层可用 HDPE 材料，厚度不小于 2.0mm，下层可用 HDPE 材料，厚度不小于 1.0mm。

七、医疗废物的处置方法

医疗废物的主要处理方法有焚烧技术处置、高压蒸汽法、微波消毒法、化学消毒法、等离子热解法等。

1. 焚烧方法的适用性

根据医疗废物的特性，它与工业危险废物的重要区别是医疗废物具有传染性，由于在大部分医疗废物中，都带有传染疾病的微生物，因此，灭活是处理工艺首要的技术要求，其次是减量化和无害化的要求。

2. 医疗废物集中焚烧的场址选择原则

场址选择应符合全国危险废物和医疗废物处置设施建设规划及当地城乡总体发展规划，符合当地大气污染防治、水资源保护、自然保护的要求，并应通过环境影响评价和环境风险评价的认定。

场址选择应符合《危险废物焚烧污染控制标准》（GB 18484—2001）、《医疗废物集中处置技术规范》（试行）和《医疗废物集中焚烧处置工程建设技术规范》（HJ/T 177—2005）中的选址要求，具体如下。

（1）处置场不允许建设在 GB 3838—2002 中规定地表水 Ⅰ 类、Ⅱ 类功能区和 GB 3095—2012 中规定的环境空气质量 Ⅰ 类功能区。

（2）处置场选址应遵守《医疗废物管理条例》第 24 条规定，远离居（村）民区、交通干道，要求处置场厂界与上述区域和类似区域边界的距离大于 800m，《危险废物和医疗废物处置设施建设项目环境影响评价技术导则》（试行）要求是 1000m。处置场选址应遵守国家饮用水水源保护区污染防治管理规定。处置场距离工厂、企业等工作场所直线距离应大于 300m，地表水域应大于 150m。

（3）处置场的选址应尽可能位于城市常年主导风向或最大风频的下风向。

（4）场址应满足工程建设的工程地质条件和水文地质条件，不应选在发震断层、滑坡、泥石流、沼泽、流砂及采矿陷落区等地区。

（5）选址应综合考虑交通、运输距离、土地利用及基础设施状况等因素、宜进行公众调查。

（6）场址不受洪水、潮水或内涝的威胁，必须建在该地区时，应有可靠的防洪、排涝措施。

（7）场址选择应同时考虑炉渣、飞灰处理与处置的场所。

（8）场址附近应有满足生产、生活的供水水源和污水排放条件。

（9）场址附近应保障电力供应。

八、固体废物的环境影响评价

1. 一般工程项目的固体废物环境影响评价

（1）污染源调查。

（2）防治措施的论证。

（3）提出危险废物的最终处置措施：综合利用；焚烧处置；安全填埋处置；其他处置方法（使用其他物理、化学方法处置危险废物）；委托处置。

2. 固体废物集中处置设施的环境影响评价

（1）一般固体废物集中处置设施建设项目的环境影响评价内容和技术原则，可以生活垃圾填埋场为例。

（2）危险废物和医疗废物处置设施建设项目的环境评价。

①技术原则的内容。主要包括场址选择、工程分析、环境现状调查、大气环境影响评价、水环境影响评价、生态影响评价、污染防治措施、环境风险评价、环境监测与管理、公众参与、结论与建议等。

②技术原则的要点。

a. 场（厂）址选择：由于危险废物及医疗废物的处置所具有危险性和危害性，因此，在环境影响评价中，首先要关注的是场（厂）址的选址，处置设施选址要符合国家法律法规要求。

b. 全时段的环境影响评价。

c. 全过程的环境影响评价。

d. 必须有环境风险评价（具有传染性、毒性、腐蚀性、易燃易爆性）。

e. 充分重现环境管理与环境监测。

在环境监测方面，焚烧处置场重点是大气环境监测，而安全填埋场重点则是地下水监测。

第十二节　清洁生产

清洁生产是我国实施可持续发展战略的重要组成部分，也是我国污染控制由末端控制向全过程控制转变，实现经济和环境协调发展的一项重要措施。

清洁生产是指不断采用改进设计，使用清洁的能源和原料，采用先进的工艺技术与设备，改善管理，综合利用，从源头削减污染，提高资源利用效率，减少或者避免生产、服务和产品使用过程中污染物的产生和排放，以减轻或者消除对人类健康和环境的危害。

清洁生产主要包括自然资源的合理利用、经济效益的最大化、对人类健康和环境危害最小化三个方面。

因此，应掌握国家、地方的环境保护政策、产业政策、技术政策，及时了解国家和地方的宏观政策的发展走向，保持建设项目与国家和地方相关政策发展趋势上的一致性，从而使建设项目一开始就具有一定的前瞻性，避免盲目投产建设后带来不可弥补的后果。

应掌握行业清洁生产技术信息，为建设项目从源头建设废物的产生，提出行业先进工艺技术、设备，清洁的原材料和能源等可操作的技术方案以及建设项目可能采用的清洁生产措施，可参照国家发改委不定期公布的《国家重点行业清洁生产技术导向目录》，工业和信息化部近年陆续发布的行业清洁生产技术推行方案。

一、建设项目清洁生产评价指标

1. 清洁生产评价指标的选取原则

(1) 从产品生命周期全过程考虑（最重要的原则）。

(2) 体现污染预防思想。

(3) 容易量化。

(4) 满足政策法规要求，符合行业发展趋势。

2. 清洁生产评价指标

(1) 生产工艺与装备要求。

(2) 资源、能源利用指标。

①单位产品用水量。单位产品用水量：

$$V_{ut} = (V_i + V_t) / Q$$

式中：V_{ut}——单位产品用水量，m^3/单位产品；

V_i——在一定的计量时间内，生产过程中取水量总和，m^3；

V_t——在一定的计量时间内，生产过程中重复利用水量总和，m^3；

Q——产品产量。

重复利用率：

$$R = V_t / (V_i + V_t) \times 100\%$$

式中：R——重复利用率，%；

V_t——在一定的计量时间内，生产过程中重复利用水量总和，m^3；

V_i——在一定的计量时间内，生产过程中取水量总和，m^3。

②单位产品的能耗。

③单位产品的物耗。

④原辅材料的选取（毒性、生态影响、可再生性、能源强度、可回收利用性）。

(3) 产品指标：包括质量、包装、销售、使用、寿命优化、报废。

(4) 污染物产生指标。

①废水产生指标：分为单位产品废水产生量和单位产品主要水污染物产生量。

$$单位产品废水产生量=全年废水产生量/产品产量$$

$$单位产品\ COD\ 产生量=全年\ COD\ 产生量/产品产量$$

$$污水回用率=C_{污}/\left(C_{污}+C_{直污}\right)\times100\%$$

式中：$C_{污}$——污水回用量；

　　$C_{直污}$——直接排入环境的污水量。

②废气产生指标：分为单位产品废气产生量和单位产品主要大气污染物产生量。

$$单位产品废气产生量=全年废气产生量/产品产量$$

$$单位产品\ SO_2\ 产生量=全年\ SO_2\ 产生量/产品产量$$

③固体废物产生指标：简单地分为单位产品主要固体废物产生量和单位固体废弃物中主要污染物产生量。

（5）废物回收利用指标。

（6）环境管理指标。环境法律法规标准、废物处理处置、生产过程环境管理、环境审核、相关方环境管理。

二、清洁生产评价

1. 清洁生产评价方法

可选用的评价方法有指标对比法和分值评定法，国内较多采用指标对比法。

2. 清洁生产评价程序

（1）收集相关行业清洁生产资料。

（2）预测项目的清洁生产指标数值。

（3）进行清洁生产指标评价。

（4）给出建设项目清洁生产评价结论。

（5）提出建设项目的清洁生产方案或建议。

3. 评价等级

一级代表国际清洁生产先进水平，二级代表国内清洁生产先进水平，三级代表国内清洁生产基本水平。当一个建设项目全部指标未达到三级标准，从清洁生产角度讲，该项目不可以被接受。

4. 结论和建议

在实际环境影响评价工作中，仅使用二级指标来进行评价。全部指标达到二级，说明该项目在清洁生产方面，达到国内清洁生产先进水平，该项目在清洁生产方面是可行的；全部或者部分指标未达到二级，说明该项目在清洁生产方面，做得不够，需要改进。

三、环境影响评价报告书中清洁生产评价的编写要求

（1）应从清洁生产的角度对整个环境影响评价过程中有关内容加以补充和完善。

（2）大型工业项目可在环评报告中单列"清洁生产分析"一章，专门进行叙述；中小型且污染较轻的项目可在工程分析一章中增列"清洁生产分析"一节。

（3）清洁生产指标数据的选取要有充足的依据。

（4）报告书中必须给出关于清洁生产的结论以及所应采取的清洁生产方案建议。

第十三节　环境风险评价

环境风险是指在自然环境中产生的，或者是通过自然环境传递的对人类健康和幸福产生不利影响，同时又具有某些不确定性的危害事件。

环境风险主要分为化学性风险、物理性风险、自然灾害性风险三类。

建设项目环境风险是指建设项目有毒、有害和易燃易爆物质的生产、使用、储运等"可能发生的突发性事故对环境造成的危害及可能性"，一般不包括人为破坏及自然灾害的环境风险。建设项目环境风险主要包括建设项目本身和外界因素两个方面。

也可以根据危害性事件承受对象的差异，将风险分为人群风险、设施风险以及生态风险三类。

一、建设项目环境风险评价的定义

建设项目环境风险评价简称环境风险评价。广义上讲是指对某建设项目的兴建、运转或是区域开发行为所引发的或面临的灾害（包括自然灾害）对人体健康、社会经济发展、生态系统等所造成的风险，可能带来的损失进行评估，并以此进行管理和决策的过程。狭义上讲是指对有毒有害物质危害人体健康的可能程度进行分析、预测和评估，并提出降低环境风险的方案和决策。环境风险评价关注点是事故对单位周界外环境的影响。

环境风险评价与安全评价既有相同点，又有不同点。相同点是都要确定风险源、源强及最大可信事故概率，环境风险评价的危险识别、重大危险源、源强估算模式、事故概率等均来自安全评价的理论。不同点是关注对象不同，安全评价更关心危险度，环境风险评价则更关心向环境迁移影响的最大可接受水平。

二、环境风险评价工作等级（表3-19）

表3-19　环境风险评价工作等级

建设项目所涉及的环境敏感程度	建设项目所涉及物种的危险性质和危险程度		
	极度和高度危害物质	中度和轻度危害物质	火灾、爆炸物质
环境敏感区	一级	一级	二级
非环境敏感区	一级	二级	三级

环境风险评价的工作程序如下：

风险识别→源项分析→后果计算→风险评价和计算→风险可接受水平→风险管理

1. 环境敏感区的确定

环境敏感区的确定依据是指《建设项目环境影响评价分类管理目录》中规定的"依法设

立的各级各类自然、文化保护地，以及对建设项目的某类污染因子或者生态影响因子特别敏感的区域"。

建设项目下游水域 10km 以内分布的饮用水水源保护区，珍稀濒危野生动植物天然集中分布区、重要水生生物的自然产卵场和索饵场、越冬场和洄游通道、天然渔场，应视为选址于环境敏感区；建设项目边界外 5km 范围内、管道两侧 500m 范围内分布有以居住、医疗卫生、文化教育、科研、行政办公等为主要功能的区域等，应视为选址、选线于环境敏感区。

2. 重大危险源的识别

重大危险源指长期或短期生产、加工、运输、使用或贮存危险物质，且危险物质的数量等于或超过临界量的单元。

应根据 GB 18218—2014《危险化学品重大危险源辨识》的规定辨识是否为危险性物质和是否为重大危险源。

（1）经过对建设项目的初步工程分析，选择生产、加工、运输、使用或贮存中涉及的 1~3 个主要化学品，进行物质危险性判定。物质危险性包括物质的毒性和火灾、爆炸危险性。

（2）物质的毒性、危险性的确定可参照卫生部颁布的《高毒物品目录》《剧毒化学品目录》《常用危险化学品的分类及标志》《建筑设计防火规范》《石油化工企业设计防火规范》。

（3）建设项目涉及的物料，按职业接触毒物危害程度分为极度危害、高度危害、中度危害和轻度危害四级，苯等物质的毒性应按国家有关标准中给出的最严重毒性确定，"三致"物质应按极度危害物质考虑。

（4）易燃物质和爆炸物质均视为火灾、爆炸危险物质。

（5）根据建设项目初步工程分析，划分功能单元。凡生产、加工、运输、使用或贮存危险性物质，且危险性物质的数量等于或超过临界量的功能单元，定为重大危险源。危险物质及临界量按 GB 18218—2014 的有关规定执行。虽属火灾、爆炸危险物质重大危险源，但不会因火灾、爆炸事故导致环境风险事故，则可按非重大污染源判断评价工作等级。

3. 评价范围

大气环境风险评价范围是为一级评价的，评价范围距建设项目边界不低于 5km；二级评价范围距建设项目边界不低于 3km；三级评价范围距建设项目边界不低于 1km。长输油和长输气管道建设工程一级评价范围距管道中心两侧不低于 500m；二级评价范围距管道中心线两侧不低于 300m；三级评价范围距管道中心线两侧不低于 100m。地表水环境影响预测评价范围不低于按 HJ/T 2.3—1993 确定的评价范围。

4. 评价的基本内容

评价的基本内容包括风险识别、源项分析、后果计算、风险计算和评价、提出环境风险防范措施及突发环境事件应急预案等五个方面内容。

三、环境风险识别与源项分析

1. 环境风险识别

风险识别范围包括生产设施风险识别、生产过程所涉及物质的风险识别、受影响的环境因素识别。

（1）生产设施风险识别范围：主要包括生产装置、贮运系统、公用工程系统、辅助生产设施及工程环保设施等，目的是确定重大危险源。

（2）物质风险识别范围：主要包括原材料及辅助材料，燃料、中间产品、最终产品以及"三废"污染物等，目的是确定环境风险因子。

（3）受影响的环境因素识别：应当根据有毒有害物质排放途径确定，如大气环境、水环境、土壤、生态等，明确受影响的环境保护目标，目的是确定风险目标。

风险类型可根据有毒有害物质放散起因，分为火灾、爆炸和泄漏三种。

风险性识别内容包括物质危险性识别和系统生产过程危险性识别。

2. 源项分析

（1）源项分析内容和确定最大可信事故的原则。源项分析内容是根据潜在事故分析列出的设定事故，筛选最大可信事故。对最大可信事故进行源项分析，包括源强和发生概率。一级评价应对事故发生可能性进行定量分析，二级、三级评价可对事故发生可能性进行定性和定量分析。

确定最大可信事故的原则：设定的最大可信事故中应当存在污染物向环境转移的途径；"最大"是指对环境的影响最大，应当分别对不同环境要素的影响进行分析；"可信"是指应为合理的假定，一般不包括极端情况；同类污染物存在于不同功能单元，对同一环境要素的影响，可只分析其中一个功能单元发生的最大可信事故。

（2）确定最大可信事故概率的方法：事故树和事件树、归纳统计法和几种类型事故概率的推荐值。

四、环境风险事故后果及其计算模式

1. 环境风险事故后果分析步骤

最大可信灾害事件→确定典型泄露→确定泄漏物质性质→泄漏所致后果判断→泄漏后果分析→直接释放特性分析→后果危害分析→扩散途径或危害类型→后果综述

2. 环境风险事故后果计算和评价

（1）环境风险事故危害。

①急性中毒和慢性中毒。

②物质毒性的常用表示方法：绝对致死量或浓度（$LD100$ 或 $LC100$）；半数致死量或浓度（$LD50$ 或 $LC50$）；最小致死量或浓度（MLD 或 MLC）；最大耐受量或浓度（$LD0$ 或 $LC0$，极限阈值浓度）。

（2）风险值计算。

$$R = P \cdot C$$

式中：R——某一最大可信事故的环境风险值；

　　　P——最大可信事故概率（事故数/单位时间）；

　　　C——最大可信事故造成的危害程度（后果/事故）。

五、风险防范措施和应急预案

（1）风险防范措施。风险防范措施分析论证包括以下几方面。

①充分性分析。事故预防措施、事故预警措施、事故应急处置措施、事故终止后的处理措施、对外环境敏感目标的保护措施。

②有效性分析。

③可操作性分析。

④替代方案。

（2）应急预案。应符合"企业自救，属地为主，分类管理，分级响应，区域联动"的原则。应急预案的基本内容见表3-20。

表 3-20　应急预案的基本内容

序号	项目	具体内容
1	总则	1.1 编制目的
		1.2 编制依据
		1.3 环境事件分类与分级
		1.4 适用范围
		1.5 工作原则
2	组织指挥与职责	
3	预警	
4	应急响应	4.1 分级响应机制
		4.2 应急响应程序
		4.3 信息报送与处理
		4.4 指挥和协调
		4.5 应急处置措施
		4.6 应急监测
		4.7 应急终止
5	应急保障	5.1 资金保障
		5.2 装备保障
		5.3 通讯保障
		5.4 人力资源保障
		5.5 技术保障
		5.6 宣传、培训与演练
		5.7 应急能力评价
6	善后处理	
7	预案管理与更新	

六、风险评价结论与建议

（1）项目选址及重大危险源区域布置的合理性和可行性。

（2）重大危险源的类别极其危险性主要分析结果。

（3）环境敏感区及与环境风险的制约性。

（4）环境风险防范措施和应急预案。

（5）环境风险评价结论。

第十四节　环境监测

环境监测是为了特定目的，按照预先设计的时间和空间，用可以比较的环境信息和资料收集的方法，对一种或多种环境要素或指标进行简短或连续地观察、测定，分析其变化及对环境影响的过程。

环境监测必须把握好各个技术环节，包括监测项目和范围的确定、采样点数量和位置的布设、采样时间和频次的确定、样品的采集、样品的处理和分析、数据处理和综合评价以及质量保证和质量控制等。

环境监测是环境保护工作的基础，是环境立法、环境规划和环境决策的依据。环境监测是环境管理的重要手段之一，按监测目的环境监测可分为：监视性监测、特种目的监测（应急监测或特例监测）、研究性监测（科研监测）。

一、环境监测在环境影响评价中的作用

建设项目从筹建到投产，在以下几个阶段需要进行环境监测。

（1）在可行性研究阶段，编制环境影响报告书需要进行环境监测，查清项目所在地区的环境质量现状，为环境影响预测和评价提供叠加需要的本底值。

（2）在建设项目施工阶段，应进行施工环境监测，以掌握项目施工污染物排放情况，及其对环境的影响，考察环评提出的环保措施的实际效果。

（3）在建设项目竣工时生产阶段，需进行项目竣工环境保护验收监测和环境管理检查，考核建设项目是否达到了环境保护要求，验证环境影响评价的预测和要求是否科学合理。

二、监测方案的制定

1. 制定监测方案的基本原则

（1）必须依据环境保护法规和环境质量标准、污染物排放标准中国家、行业和地方的相关规定。

（2）必须遵循科学性、实用性的原则。

（3）优先污染物优先监测。优先污染物包括：毒性大、危害严重、影响范围广的污染物质；对环境具有潜在危险的污染物质；具有广泛代表性的污染因子。

（4）全面规划、合理布局。

2. 制订监测方案的基本内容

现场调查和资料收集；监测项目；检测范围和点位布设；监测时间和频次；样品采集和分析测定；质量控制和质量保证（代表性、准确性、精密性、可比性、完整性的质量要求）；监测单位的资质要求（出具数据，加盖 CMA 印章）。

三、环境空气质量监测

1. 监测因子

（1）凡项目排放的污染物属于常规污染物的应筛选为监测因子。

（2）凡项目排放的特征污染物有国家或地方环境质量标准的、或者有《工业企业设计卫生标准》（TJ 36—1979）中居住区大气中有害物质最高容许浓度的应筛选为监测因子。

（3）对于项目排放的污染物属于毒性较大的，若没有相应环境质量标准，应按照实际情况，选取有代表性的污染物作为监测因子，同时应给出参考标准值和出处。

2. 监测点布设

采用极坐标法在评价范围内布点。

（1）一级评价项目，监测点应包括评价范围内有代表性的环境空气保护目标，点位不少于 10 个。以监测期间所处季节的主导风向为轴向，取上风向为 0°，至少在约 0°、45°、90°、135°、180°、225°、270°、315°方向上各设 1 个监测点，在主导风向下风向距离中心点（或主要排放源）不同距离，加密布设 1~3 个监测点。具体监测点位可根据局地地形条件、风频分布特征以及环境功能区、环境空气保护目标所在方位做适当调整。

（2）二级评价项目，监测点应包括评价范围内有代表性的环境空气保护目标，点位不少于 6 个。对于地形复杂、污染程度空间分布差异较大、环境空气保护目标较多的区域，可增加监测数目。以监测期间所处季节的主导风向为轴向，取上风向为 0°，至少在约 0°、90°、180°、270°方向上各设 1 个监测点，主导风向应加密布点。具体监测点位可根据局地地形条件、风频分布特征以及环境功能区、环境空气保护目标所在方位做适当调整。

（3）三级评价项目，若评价范围内已有例行监测点位，或评价范围内有近 3 年的监测资料，且其监测数据有效性符合环评导则有关规定，并能满足项目评价要求的，可不再进行现状监测，否则，应设置 2~4 个监测点。若评价范围内没有其他污染源排放同种特征污染物的，可适当减少监测点位。以监测期间所处季节的主导风向为轴向，取上风向为 0°，至少在约 0°、180°方向上各设 1 个监测点，主导风向应加密布点，也可根据局地地形条件、风频分布特征以及环境功能区、环境空气保护目标所在方位做适当调整。

（4）城市道路项目，可不受上述监测点设置数目限制，根据道路布局和车流量状况，并结合环境空气保护目标的分布情况，选择有代表性的环境空气保护目标设置监测点位。

（5）监测点周围空间应开阔，采样口水平线与周围建筑物的高度夹角小于 30°；监测点周围应有 270°采样捕集空间，空气流动不受任何影响；避开局地污染源的影响，原则上 20m 范围内应没有局地排放源；避开数目和吸附力较强的建筑物，一般在 15~20m 范围内没有绿色乔木、灌木等。

3. 监测时间和频次

一级评价项目应进行二期（冬季、夏季）监测；二级评价项目可取一期不利季节进行监测；三级评价项目必要时可作一期监测。

每次监测时间，至少应取得有季节代表性的 7 天有效数据，采样时间应符合监测资料的统计要求，对于评价范围内没有排放同种特征的污染物的项目，可减少监测天数。

一级评价项目每天监测时段应至少获取当地时间 2、5、8、11、14、17、20、23 时 8 个小时浓度值；二级和三级评价项目每天监测时段至少获取当地时间 2、8、14、20 时 4 个小时浓度值。同时，一小时平均浓度和日平均浓度监测值应符合《环境空气质量标准》（GB 3095—2012）。

4. 气象观测

在进行环境空气质量监测的同时，应测量风向、风速、气温、气压等气象参数，并同步收集项目位置附近有代表性，且与环境空气质量现状监测时间相对应的常规地面气象观测资料。

5. 固定源废气监测

（1）监测项目。根据建设项目的工程分析和相关的大气污染物排放标准确定检测项目。

（2）监测工况要求。应根据相关污染物排放标准的要求，在其规定的工况条件下进行监测。

（3）采样点位设置。排气测定和颗粒物采样，采样位置应设置在气流平稳的管道，避开烟道弯头和断面急剧变化的部位，优先选择在垂直管段。采样位置距弯头、阀门、变径管下游方向不小于 6 倍直径和距上述部件上游方向不小于 3 倍直径处。

（4）采样频次和采样时间。一般情况下，排气筒中废气的采样，以连续 1 小时的采样获取平均值，或在 1 小时内以等时间间隔采集 3~4 个样品，计算平均值。

6. 大气污染物无组织排放监测

无组织排放是指大气污染物不经过排气筒的无规则排放。无组织排放源是指设置于露天环境中具有无组织排放的设施，或指具有无组织排放的建筑构造（如车间、工棚等）。露天煤场和干灰场属于无组织排放源。

（1）气象条件。监测期间的风向变化、平均风速和大气稳定度三项指标对污染物的稀释和扩散影响最大。通常较适宜进行无组织排放监测的气象条件为：10 分钟平均风向的标准差小于 30°；平均风速小于 3m/s；大气稳定度为 F、E 和 D。

（2）采样点位设置。采样点位的设置按照《大气污染物无组织排放监测技术导则》（HJ/T 55—2000）规定执行。二氧化硫、氮氧化物、颗粒物和氟化物具有显著的本底（背景）值，对于现有污染源，在无组织排放源下风向设监控点，同时在上风向设参照点，监控点设在无组织排放源下风向 2~50m 范围内的浓度最高点，相对应的参照点设在排放源上风向 2~50m 范围内。对于其他一般情况，在单位周界外设监控点，监控点设在单位周界外 10m 范围内的浓度最高点。按规定监控点最多设 4 个，参照点只设 1 个。

（3）监测时间和频次。无组织排放监控点和参照点监测的采样，一般采用连续 1 小时采样计平均值；若污染物浓度过低，需要时可适当地延长采样时间；若分析方法灵敏度高，仅需用短时间采集样品时，应实行在 1 小时内等时间间隔采样，采集 4 个样品计平均值。

（4）监测结果计算。以监控点中的浓度最高点监测值与参照点浓度之差值，或周界外浓度最高点浓度值作为监测结果。

六、地表水监测

1. 监测项目

（1）常规水质因子。GB 3838 中的 pH、溶解氧、高锰酸盐指数或化学耗氧量、五日生化需氧量、总氮或氨氮、酚、氰化物、砷、汞、铬（六价）、总磷及水温为基础监测项目，根据水域类别、评价等级及污染源状况适当增减。

（2）特殊水质因子。可按 HJ/T 2.3—1993 所列行业特征水质参数表进行选择，根据建设项目特点、水域类别和评价等级适当删减。

2. 河流水质采样

（1）取样断面的布设。河流一般布设对照断面（排污口上游包括上游所有污染源入河的位置）；削减断面和背景断面。

①调查范围的两端应布设取样断面。

②调查范围内重点保护水域、重点保护对象附近水域应布设取样断面。

③水文特征突然变化处（如支流汇入处等）、水质急剧变化处（如污水排入处等）、重点水工构筑物（如取水口、桥梁涵洞等）附近、水文站附近等应布设取样断面。

④适当考虑其他需要进行水质预测的地点。

⑤在拟建成排污口上游 500m 处应设置一个取样断面。

（2）取样垂线的确定。当河流断面形状为矩形或者近似矩形时，可按以下原则布设。

①小河。在取样断面的主流线上设一条取样垂线。

②大、中河。河宽小于 50m 者，在取样断面上各距两岸边 1/3 水面宽处设一条取样垂线（垂线应设在有较明显水流处），共设两条取样垂线；河宽大于 50m 者，在主流线上及距离两岸不少于 0.5m 并有明显水流的地方各设一条取样垂线，共设三条取样垂线。

③特大河。由于河流过宽，应适当增加取样垂线，而且主流线两侧的垂线数目不必相等，拟设置排污口一侧可以多一些。

（3）垂线上取样水深的确定。在一条垂线上，水深大于 5m 时，在水面下 0.5m 水深处及距河底 0.5m 处各取一个样；水深为 1~5m 时，只在水面下 0.5m 处取一个水样；在水深不足 1m 时，取样点距水面不应小于 0.3m，距河底也不应小于 0.3m。对于三级评价的小河，不论河水深浅，只在一条垂线上取一个样，一般情况下取样点应在水面下 0.5m 处，距河底不应小于 0.3m。

（4）取样方式。

①二级、三级评价。需要预测混合过程段水质的场合，每次应将该段内各取样断面中每条垂线上的水样混合成一个水样。其他情况每个取样断面每次只取一个混合水样，即在该断

面上，各处所取的水样混匀成一个水样。

②一级评价。每个取样点的水样均应分析，不取混合样。

3. 湖泊、水库水样水质采样

（1）大、中型湖泊、水库。当建设项目污水排放量＜50000m³/d 时，一级评价每 1～2.5km² 布设一个取样位置，二级评价每 1.5～3.5km² 布设一个取样位置，三级评价每 2～4km² 布设一个取样位置；当建设项目污水排放量＞50000m³/d 时，一级评价每 3～6km² 布设一个取样位置，二级、三级评价每 4～7km² 布设一个取样位置。

（2）小型湖泊、水库。当建设项目污水排放量＜50000m³/d 时，一级评价每 0.5～1.5km² 布设一个取样位置，二级、三级评价每 1～2km² 布设一个取样位置；当建设项目污水排放量＞50000m³/d 时，各级评价每 0.5～1.5km² 布设一个取样位置。

（3）取样方式。对于小型湖泊、水库，水深＜10m 时，每个取样位置取一个水样，如水深≥10m 时，则只取一个混合样，在上下层水质差别较大时，可不进行混合。对于大中型湖泊、水库，各取样位置上不同深度的水样均不混合。

（4）监测频次。不在所规定的不同规模河流、湖泊（水库）、不同等级的调查时期中，每期调查一次每次调查 3～4 天，至少有一天对所有已选取的水质参数取样分析，其他天数根据预测需要，配合水文测量对拟预测的水质参数取样。

表层溶解氧和水温每隔 6 个小时测一次，并在调查期内适当监测藻类。

七、地下水监测

1. 监测布点

地下水环境监测点采用控制性布点与功能性布点相结合的原则，监测点应重点布置在不同水文地质单元、主要含水层、易污染含水层和已污染含水层，以及主要环境水文地质问题的易发区域或已发区域等。一般情况下，地下水水位监测点数应大于各级地下水水质监测点数的 2 倍以上。

（1）一级评价项目的地下水水质监测点大于 7 个点（含 7 个），一般要求建设项目场地上游和两侧的地下水水质监测点各大于 1 个点（含 1 个点），建设项目场地及其下游影响区域的地下水水质监测点不得少于 3 个点。

（2）二级评价项目的地下水水质监测点不得小于 5 个点，一般要求建设项目场地上游和两侧的地下水水质监测点各不得少于 1 个点，建设项目场地及其下游影响区域的地下水水质监测点不得少于 2 个点。

（3）三级评价项目的地下水水质监测点不得小于 3 个点，一般要求建设项目场地上游不得少于 1 个点，建设项目场地及其下游影响区域的地下水水质监测点不得少于 2 个点。

2. 监测时间和频次

应在能代表当地地下水枯、平、丰水期的月份中进行。

（1）评价等级为一级的建设项目，应分别在枯、丰、平水期各监测一次。

（2）评价等级为二级的建设项目，应分别在枯、丰水期各监测一次。

（3）评价等级为三级的建设项目，应尽可能在枯水期监测一次。

八、污水监测

1. 监测项目

根据建设项目排水中的特征污染物和相关的行业废水污染物排放标准确定监测项目，对于尚未有行业排放标准的项目，可依据《污水综合排放标准》（GB 8978—1996），监测项目还应包括废水产生量、排放量、水的重复利用情况等。

2. 监测点位

第一污染物总汞、烷基汞、总镉、总铬、六价铬、总砷、总铅、总镍、苯并芘（a）、总铍、总银、总 α 放射性、总 β 放射性等 13 项污染因子的采样点一律设在车间处理设施排放口。

第二类污染物采样点一律设在排污单位的外排口。

如需评价污水处理设施的处理效率，还需在处理设施的污水进口和出口同时采样。

3. 采样频次

工业废水按照生产周期和生产特点确定监测频次，生产周期在 8h 以内的，每 2h 采样一次，生产周期大于 8h 的，每 4h 采样一次，24h 不少于 2 次。

4. 水污染物排放总量监测

四种总量监测的方式：物料衡算（日排水量 100t 以下的排污单位）；环境监测与统计相结合（日排水量 100~500t 的排污单位，每年至少监测 4 次）；等比例采样实验室分析（500t<日排水量<1000t 的排污单位）；自动在线监测（日排水量≥1000t 的排污单位）。

九、土壤环境监测

1. 土壤污染物

主要有有机污染物（有机氯、有机磷农药两类）；重金属；土壤 pH；全氮量及硝态氮量；全磷量；各种化肥；有害微生物；放射性元素。

2. 采样点的布设

建设项目土壤环境评价监测，采样点数目不小于 5 个。每 100 公顷占地面积，采样点数目不少于 5 个，其中小型建设项目设 1 个柱状样采样点，大中型建设项目不少于 3 个柱状样采样点，特大型建设项目或对土壤环境影响敏感的建设项目不少于 5 个柱状样采样点。

建设工程生产或者将要产生导致的污染物，以工艺烟雾（尘）、污水、固体废物等形式污染周围土壤环境，采样点以污染源为中心放射状布设为主，在主导风向和地表水的径流方向适当增加采样，以水污染性为主的土壤按水流方向带状布点，采样点自纳污口起由密渐疏；综合污染性土壤监测布点采用综合放射状、均匀、带状布点法。

3. 样品采集和土样制备

表层土样采集深度 0~20cm，每个柱状样取样深度都为 100cm，分取三个土样：表层样

（0~20cm）、中层样（20~60cm）、深层样（60~100cm）。

4. 分析方法和质量控制

第一方法：标准方法（即仲裁方法）。

第二方法：由权威部门规定或推荐的方法。

第三方法：根据各地实情，自选等效方法，但应做标准样品验证或比对实验，起检出限、准确度、精密度不低于相应的通用方法要求水平或待测物确定量的要求。

十、声环境监测

1. 监测布点原则

（1）布点应覆盖整个评价范围，包括场界（或厂界、边界）和敏感目标。当敏感目标高于（含）三层建筑时，还应选取有代表性的不同楼层设置测点。

（2）评价范围内没有明显的声源（如工业噪声、交通运输噪声、建设施工噪声、社会生活噪声等），且声级较低时，可选择有代表性的区域布设测点。

（3）评价范围内有明显的声源，并对敏感目标的声环境质量有影响，或建设项目为改扩建工程，应根据声源种类采取不同的监测布点原则。

①当声源为固定源时，现状测点应重点布设在可能既受到现有声源影响，又受到建设项目声源影响的敏感目标处，以及有代表性的敏感目标处，为满足预测需要，也可在距离现有声源不同距离处设衰减测点。

②当声源为流动声源且呈线性声源特点时，现状测点位置选取应兼顾敏感目标的分布状况、工程特点及线声源噪声影响随距离衰减的特点，布设具有代表性的敏感目标处，为满足预测需要，也可以选取若干线声源的垂线，在垂线上距声源不同距离处布设监测点，其余敏感目标的现状声级可通过具有代表性的敏感目标噪声的验证和计算求得。

（4）对于改扩建机场工程，测点一般布设在主要敏感目标处，测点数量可根据机场飞行量及周围敏感目标情况确定。单条跑道、二条跑道或三条跑道的机场可分别布设3~9、9~14或12~18个飞机噪声测点，跑道增多可进一步增加测点。

2. 环境噪声测点选择

（1）一般户外。距离任何反射面（地面除外）至少3.5m，距离地面高度1.2m以上，必要时可置于高层建筑上，以扩大监测受声面积；使用监测车辆测量，传声器应固定在车顶部1.2m高度处。

（2）噪声敏感建筑物户外。在噪声敏感建筑物外，距墙壁或窗户1m处，距地面高度1.2米以上。

（3）噪声敏感建筑物室内。距墙壁和其他反射面至少1m，距窗约1.5m，距地面1.2~1.5m高。

3. 测量时段

应在声源正常运行工况的条件下测量，每一测点，应分别进行昼间、夜间测量。

4. 气象条件

测量应在无雨雪、无雷电天气，风速 5m/s 以下时进行。

5. 监测类型和方法

根据监测对象和目的，环境噪声监测分为声环境功能区监测和噪声敏感建筑物监测两种类型，采用《声环境质量标准》（GB 3096—2008）中附录监测方法。

十一、工厂企业厂界噪声监测

1. 测量条件

测量应在无雨雪、无雷电天气，风速 5m/s 以下时进行。不得不在特殊气象条件下测量时，应采取必要措施保证测量准确性，同时注明当时所采取的措施及气象情况。测量应在被测量声源正常工作时间进行，同时注明当时的工况。

2. 测点位置

（1）测点布设。根据工业企业声源、周围噪声敏感建筑物的布局以及毗邻的区域类别，在工业企业厂界布设多个测点，其中包括距噪声敏感建筑物较近以及受被测声源影响最大的位置。

（2）测点位置。一般规定，一般情况下测点选在工业企业厂界外 1m、高度 1.2m 以上、距任意反射面距离不小于 1m 的位置。

（3）测点位置其他规定。

①当厂界有围墙且周围有受影响的敏感建筑物时，测点应选在厂界外 1m、高于围墙 0.5m 以上的位置。

②当厂界无法测量到声源的实际排放状况（如声源位于高空、厂界设有声屏障等），应按照（2）设置测点，同时在受影响的噪声敏感建筑物户外 1m 处另设测点。

③室内噪声测量时，室内测量点位应设在距任一反射面至少 0.5m 以上、距地面 1.2m 高度处，在受噪声影响方向的窗户开启状态下测量。

④固定设备结构传声至噪声敏感建筑物室内，在噪声敏感建筑物室内测量时，测点应距任一反射面至少 0.5m 以上、距地面 1.2m、距外窗 1m 以上，窗户关闭状态下测量。被测房屋内的其他可能干扰测量的声源应关闭。

当厂界与噪声敏感建筑物距离小于 1m 时，厂界环境噪声应在噪声敏感建筑物的室内测量，并将相应限值减 10dB（A）作为评价依据。

3. 测量时段

分别在昼间、夜间两个时段测量。夜间有频发、偶发噪声影响时测量最大声级，被测声源是稳态噪声，采用 1min 的等效声级，测量被测声源有代表性时段的等效声级，必要时测量被测声源整个正常工作时段的等效声源。

4. 背景噪声测量

测量环境不受被测声源影响且其他声环境与测量被测声源保持一致。测量时段与被测声源的时间长度相同。

5. 测量结果修正

（1）噪声测量值与背景噪声值相差大于 10dB 时，噪声测量值不作修正。

（2）噪声测量值与背景噪声值相差在 3~10dB 时，噪声测量值与背景噪声值的差值取整后修正。

（3）噪声测量值与背景噪声值相差小于 3dB 时，应采取措施降低背景噪声后，视情况按（1）或（2）执行。

6. 各个测量结果评价

各个测点的测量结果应单独评价，同一测点每天的测量结果按昼间、夜间进行评价，最大声级 L_{max} 直接评价。

十二、建筑施工厂界噪声监测

1. 测量条件

测量应在无雨、无雪的天气下进行，当风速超过 1m/s 时，要求测量时加防风罩，如风速超过 5m/s 时，应停止测量。

2. 测点位置

确定噪声敏感建筑或区域的方位，并在建筑施工场地边界线上选择离敏感建筑物或区域最近的点作为测点，传声器置于距地面 1.2m 的边界线敏感处。如果边界处有围墙，也可将传声器置于 1.2m 以上高度。

3. 测量时段

分别昼夜两个时段测量。

4. 背景噪声

当建筑物停止施工时测量背景噪声。背景噪声应比测量噪声低 10dB 以上，若测量值与背景噪声值相差小于 10dB，按标准规定进行修正。

十三、环境振动测量

依据《城市区域环境振动测量方法》测量。

1. 测量量

测量量为铅垂向 Z 振级。

2. 测量方法和评价量

采用的仪器时间计权常数为 1s。对于稳态振动，每个测点测量一次，取 5s 内的平均示数作为评价量。对于冲击振动，取每次冲击过程中的最大示数作为评价量；对于重复出现的冲击振动，以 10 次读数的算术平均值作为评价量。对于无规振动，每个测点等间隔读取瞬时示数，采样间隔不大于 5s，连续测量时间不少于 1000s，以测量数据的 VLz10 值为评价量。对于铁路振动，读取每列车通过过程中的最大示数，每个测点连续测量 20 列车，以 20 次读数的算术平均值作为评价量。

3. 测点位置

测点置于建筑物室外 0.5m 以内振动敏感处，必要时，测点置于建筑物室内。

4. 振动传感器的放置

振动传感器应平稳地安放在平坦、坚实的地面上，避免置于如草地、沙地、雪地或地毯等；振动传感器的灵敏度主轴方向应与测量方向一致。

5. 测量条件

测量时振源应处于正常工作状态，测量应避免足以引起环境振动测量值的其他环境因素。对于铁路振动，每个测量时间不少于 1000s，铁路振动与背景振动的差值小于 10dB 时，进行修正，若背景振动低于 5dB 以下，测量结果仅作为参考值。

十四、监测数据的判断和使用

1. 监测数据的质量要求

具有代表性（代表的时间和地点）、准确性（标准样品分析、加标回收率测定、不同方法比较）、精密性（极差、平均偏差、相对平均偏差、标准偏差和相对标准偏差表示）、可比性以及完整性。

2. 环境监测及监测数据使用应注意的问题

（1）选择合适的监测方法。灵敏度是指某方法对单位浓度或单位量待测物质变化所产生的相应量的变化程度。方法的灵敏度高，表明它对待测物质的敏感程度高。

（2）监测方法的最佳测定范围。我国规定 4 倍检出限为测定下限。如果污染物浓度低于方法的测定下限，监测结果就不可能准确可靠，甚至测不出来；如果污染物浓度高于方法的测定上限，就必须对样品进行稀释处理，增加了工作量，引进了测量误差。

（3）监测数据的合理性判断。化学需氧量（COD）在一定程度上反映了水体受到有机物污染的程度，但不能认为 COD 就是有机污染指标。生化需氧量（BOD）是指有氧的条件下，水中微生物分解有机物的生物化学过程中所需溶解氧的质量浓度。一般情况下，必须是 COD>BOD，只有酿造行业污水两者很接近，但是也不可能 BOD>COD。溶解氧（DO）是溶解于水中的分子态氧，用每升水里氧气的毫克数表示。水中溶解氧的多少是衡量水体自净能力的一个指标，一般情况下，DO 最高不能超过 14.6mg/L，当 DO>8mg/L，COD 和 BOD 测定值应在测定下限附近；反之，如果 COD 和 BOD 较高，则 DO 应很低，否则数据不合理。

（4）监测结果计算和处理。两个排放相同的污染物（不论是否为同一工艺过程产生）的排气筒，若距离小于该两个排气筒高度之和时，应合并视为一根等效排气筒，对其排放速率进行考核。分析样品 pH 平均值的正确计算应该是先将单次 pH 测定值进行指数运算，算出单次测定的氢离子浓度，再对氢离子进行算术平均，算出氢离子浓度的平均值，最后根据氢离子浓度的平均值进行对数计算，从而算出 pH 的平均值。

（5）检测数据的正确报出。计算结果的报出必须使用国家法定计量单位，如 ppm 应换算为 mg/m^3。

（6）注意质量控制的科学性。加标回收率是在试样处理前加。

第十五节　危险废物环境影响评价

一、危险废物环境影响评价基本原则

（1）重点评价，科学估算。对于所有产生危险废物的建设项目，应科学估算产生危险废物的种类和数量等相关信息，并将危险废物作为重点进行环境影响评价，并在环境影响报告书的相关章节中细化完善，环境影响报告表中的相关内容可适当简化。

（2）科学评价，降低风险。对建设项目产生的危险废物种类、数量、利用或处置方式、环境影响以及环境风险等进行科学评价，并提出切实可行的污染防治对策措施。坚持无害化、减量化、资源化原则，妥善利用或处置产生的危险废物，保障环境安全。

（3）全程评价，规范管理。对建设项目危险废物的产生、收集、贮存、运输、利用、处置全过程进行分析评价，严格落实危险废物各项法律制度，提高建设项目危险废物环境影响评价的规范化水平，促进危险废物的规范化监督管理。

二、危险废物环境影响评价技术要求

1. 工程分析

（1）基本要求。工程分析应结合建设项目主辅工程的原辅材料使用情况及生产工艺，全面分析各类固体废物的产生环节、主要成分、有害成分、理化性质及其产生、利用和处置量。

（2）固体废物属性判定。根据《中华人民共和国固体废物污染环境防治法》《固体废物鉴别标准通则》（GB 34330—2017），对建设项目产生的物质（除目标产物，即产品、副产品外），依据产生来源、利用和处置过程鉴别属于固体废物并且作为固体废物管理的物质，应按照《国家危险废物名录》《危险废物鉴别标准通则》（GB 5085.7—2010）等进行属性判定。

①列入《国家危险废物名录》的直接判定为危险废物，环境影响报告书（表）中应对照名录明确危险废物的类别、行业来源、代码、名称、危险特性。

②未列入《国家危险废物名录》，但从工艺流程及产生环节、主要成分、有害成分等角度分析可能具有危险特性的固体废物，环评阶段可类比相同或相似的固体废物危险特性判定结果，也可选取具有相同或相似性的样品，按照《危险废物鉴别技术规范》（HJ/T 298—2007）、《危险废物鉴别标准》（GB 5085.1—2010～GB 5085.6—2010）等国家规定的危险废物鉴别标准和鉴别方法予以认定。该类固体废物产生后，应按国家规定的标准和方法对所产生的固体废物再次开展危险特性鉴别，并根据其主要有害成分和危险特性确定所属废物类别，按照《国家危险废物名录》要求进行归类管理。

③环评阶段不具备开展危险特性鉴别条件的可能含有危险特性的固体废物，环境影响报告书（表）中应明确疑似危险废物的名称、种类、可能的有害成分，并暂按危险废物从严管理，并要求在该类固体废物产生后开展危险特性鉴别，环境影响报告书（表）中应按《危险废物鉴别技术规范》（HJ/T 298—2007）、《危险废物鉴别标准通则》（GB 5085.7—2010）等要求给出详细的危险废物特性鉴别方案建议。

（3）产生量核算方法。采用物料衡算法、类比法、实测法、产排污系数法等相结合的方法核算建设项目危险废物的产生量。

对于生产工艺成熟的项目，应通过物料衡算法分析估算危险废物产生量，必要时采用类比法、产排污系数法校正，并明确类比条件、提供类比资料；若无法按物料衡算法估算，可采用类比法估算，但应给出所类比项目的工程特征和产排污特征等类比条件；对于改扩建项目可采用实测法统计核算危险废物产生量。

（4）污染防治措施。工程分析应给出危险废物收集、贮存、运输、利用、处置环节采取的污染防治措施，并以表格的形式列明危险废物的名称、数量、类别、形态、危险特性和污染防治措施等内容，样表见表3-21。

表3-21 工程分析中危险废物汇总样表

序号	危险废物名称	危险废物类别	危险废物代码	产生量（吨/年）	产生工序及装置	形态	主要成分	有害成分	产废周期	危险特性	污染防治措施
1											
2											
...											

注 污染防治措施一栏中应列明各类危险废物的贮存、利用或处置的具体方式。对同一贮存区同时存放多种危险废物的，应明确分类、分区、包装存放的具体要求。

在项目生产工艺流程图中应标明危险废物的产生环节，在厂区布置图中应标明危险废物贮存场所（设施）、自建危险废物处置设施的位置。

2. 环境影响分析

（1）基本要求。在工程分析的基础上，环境影响报告书（表）应从危险废物的产生、收集、贮存、运输、利用和处置等全过程以及建设期、运营期、服务期满后等全时段角度考虑，分析预测建设项目产生的危险废物可能造成的环境影响，进而指导危险废物污染防治措施的补充完善。

同时，应特别关注与项目有关的特征污染因子，按《环境影响评价技术导则 地下水环境》《环境影响评价技术导则 大气环境》等要求，开展必要的土壤、地下水、大气等环境背景监测，分析环境背景变化情况。

（2）危险废物贮存场所（设施）环境影响分析。危险废物贮存场所（设施）环境影响分析内容应包括以下几方面。

①按照《危险废物贮存污染控制标准》及其修改单，结合区域环境条件，分析危险废物贮存场选址的可行性。

②根据危险废物产生量、贮存期限等分析、判断危险废物贮存场所（设施）的能力是否满足要求。

③按环境影响评价相关技术导则的要求，分析预测危险废物贮存过程中对环境空气、地表水、地下水、土壤以及环境敏感保护目标可能造成的影响。

（3）运输过程的环境影响分析。分析危险废物从厂区内产生工艺环节运输到贮存场所或处置设施可能产生散落、泄漏所引起的环境影响。对运输路线沿线有环境敏感点的，应考虑其对环境敏感点的环境影响。

（4）利用或者处置的环境影响分析。利用或者处置危险废物的建设项目环境影响分析应包括以下几方面。

①按照《危险废物焚烧污染控制标准》《危险废物填埋污染控制标准》等，分析论证建设项目危险废物处置方案选址的可行性。

②应按建设项目建设和运营的不同阶段开展自建危险废物处置设施（含协同处置危险废物设施）的环境影响分析预测，分析对环境敏感保护目标的影响，并提出合理的防护距离要求。必要时，应开展服务期满后的环境影响评价。

③对综合利用危险废物的，应论证综合利用的可行性，并分析可能产生的环境影响。

（5）委托利用或者处置的环境影响分析。环评阶段已签订利用或者有委托处置意向的，应分析危险废物利用或者有处置途径的可行性。暂未委托利用或者有处置单位的，应根据建设项目周边有资质的危险废物处置单位的分布情况、处置能力、资质类别等，给出建设项目产生危险废物的委托利用或处置途径建议。

3. 污染防治措施技术经济论证

（1）基本要求。环境影响报告书（表）应对建设项目可研报告、设计等技术文件中的污染防治措施的技术先进性、经济可行性及运行可靠性进行评价，根据需要补充完善危险废物污染防治措施。明确危险废物贮存、利用或处置相关环境保护设施投资并纳入环境保护设施投资、"三同时"验收表。

（2）贮存场所（设施）污染防治措施。分析项目可研、设计等技术文件中危险废物贮存场所（设施）所采取的污染防治措施、运行与管理、安全防护与监测、关闭等要求是否符合有关要求，并提出环保优化建议。

危险废物贮存应关注"四防"（防风、防雨、防晒、防渗漏），明确防渗措施和渗漏收集措施，以及危险废物堆放方式、警示标识等方面内容。

对同一贮存场所（设施）贮存多种危险废物的，应根据项目所产生危险废物的类别和性质，分析论证贮存方案与《危险废物贮存污染控制标准》中的贮存容器要求、相容性要求等的符合性，必要时，提出可行的贮存方案。

环境影响报告书（表）应列表明确危险废物贮存场所（设施）的名称、位置、占地面积、贮存方式、贮存容积、贮存周期等，样表见表3-22。

表3-22　建设项目危险废物贮存场所（设施）基本情况样表

序号	贮存场所（设施）名称	危险废物名称	危险废物类别	危险废物代码	位置	占地面积	贮存方式	贮存能力	贮存周期
1									
2									
…									

（3）运输过程的污染防治措施。按照《危险废物收集 贮存 运输技术规范》（HJ 2025—2012），分析危险废物的收集和转运过程中采取的污染防治措施的可行性，并论证运输方式、运输线路的合理性。

（4）利用或者处置方式的污染防治措施。按照《危险废物焚烧污染控制标准》《危险废物填埋污染控制标准》和《水泥窑协同处置固体废物污染控制标准》等，分析论证建设项目自建危险废物处置设施的技术、经济可行性，包括处置工艺、处理能力是否满足要求，装备（装置）水平的成熟、可靠性及运行的稳定性和经济合理性，污染物稳定达标的可靠性。

（5）其他要求。

①积极推行危险废物的无害化、减量化、资源化，提出合理、可行的措施，避免产生二次污染。

②改扩建及异地搬迁项目需说明现有工程危险废物的产生、收集、贮存、运输、利用和处置情况及处置能力，存在的环境问题及拟采取的"以新带老"措施等内容，改扩建项目产生的危险废物与现有贮存或处置的危险废物的相容性等。涉及原有设施拆除及造成环境影响的分析，明确应采取的措施。

4. 环境风险评价

按照《建设项目环境风险评价技术导则》（HJ/T 169—2004）和地方环保部门有关规定，针对危险废物产生、收集、贮存、运输、利用、处置等不同阶段的特点，进行风险识别和源项分析并进行后果计算，提出危险废物的环境风险防范措施和应急预案编制意见，并纳入建设项目环境影响报告书（表）的突发环境事件应急预案专题。

5. 环境管理要求

按照危险废物相关导则、标准、技术规范等要求，严格落实危险废物环境管理与监测制度，对项目危险废物收集、贮存、运输、利用、处置各环节提出全过程环境监管要求。

列入《国家危险废物名录》附录《危险废物豁免管理清单》中的危险废物，在所列的豁免环节，且满足相应的豁免条件时，可以按照豁免内容的规定实行豁免管理。

对冶金、石化和化工行业中有重大环境风险、建设地点敏感且持续排放重金属或者持久性有机污染物的建设项目，提出开展环境影响后评价要求，并将后评价作为其改扩建、技改环评管理的依据。

6. 危险废物环境影响评价结论与建议

归纳建设项目产生危险废物的名称、类别、数量和危险特性，分析预测危险废物产生、收集、贮存、运输、利用、处置等环节可能造成的环境影响，提出预防和减缓环境影响的污染防治、环境风险防范措施以及环境管理等方面的改进建议。

7. 附件

危险废物环境影响评价相关附件可包括以下两方面。

（1）开展危险废物属性实测的，提供危险废物特性鉴别检测报告。

（2）改扩建项目附已建危险废物贮存、处理及处置设施照片等。

第四章　环保管家服务

近年来，环保部把环境管理工作的重点转向排污许可证制度。将排污许可证制度与环境影响评价制度有机地结合，环评与排污许可证的衔接，是事前、事中和事后环境管理的有机结合，有利于污染的控制和环境质量的改善。"环保管家"，即"合同环境服务"，是一种新兴的治理环境污染的新商业模式，是指环保服务企业为政府或企业提供合同式综合环保服务，并视最终取得的污染治理成效或收益来收费。环保管家服务为企业提供一站式环保托管服务，统筹解决企业环境问题；提高决策科学性，保证服务效果，有效降低企业环保管理成本；同时，降低环境产业链各个环节脱节产生的高昂交易成本。"环保管家"是传统环保服务的升级衍生业务，全方位帮助企业实施管理服务，减少企业用人成本，提升企业环境面貌，解决企业因环保而带来的烦恼。

第一节　环保管家服务的法律法规依据及简介

一、法律法规依据

1. 国务院文件

国务院办公厅关于推行环境污染第三方治理的意见（国办发〔2014〕69 号）；

中共中央国务院关于加快推进生态文明建设的意见（中发〔2015〕12 号）。

2. 环保部文件

关于印发《环保服务业试点工作方案》的通知（环办〔2012〕141 号）；

关于积极发挥环境保护作用促进供给侧结构性改革的指导意见（环大气〔2016〕45 号）；

环境保护部关于推进环境污染第三方治理的实施意见（环规财函〔2017〕172 号）。

3. 各省市文件

上海市人民政府印发关于加快推进本市环境污染第三方治理工作指导意见的通知（沪府发〔2014〕68 号）；

山西省推行环境污染第三方治理实施方案（2015-5-26）；

河北省人民政府办公厅关于推行环境污染第三方治理的实施意见（2016-04-11）；

关于在燃煤电厂推行环境污染第三方治理的指导意见（发改环资〔2015〕3191 号）；

广东省人民政府办公厅关于加快推进我省环境污染第三方治理工作的实施意见（2016-5-31）；

吉林省人民政府办公厅关于推行环境污染第三方治理的实施意见（2015-05-26）；

黑龙江省人民政府办公厅关于推行环境污染第三方治理的实施意见（2015-11-09）；

甘肃省推行环境污染第三方治理的实施意见（甘政办发〔2015〕147 号）；

海南省人民政府关于印发海南省推行环境污染第三方治理实施方案的通知（琼府〔2016〕10号）；

关于印发河南省推行环境污染第三方治理实施方案（豫政办〔2015〕149号）；

关于加快推行青海省环境污染第三方治理的实施意见（青政办〔2015〕207号）；

江西省人民政府办公厅关于加强工业园区污染防治工作的意见（赣府厅发〔2016〕6号）；

北京市人民政府办公厅关于推行环境污染第三方治理的实施意见（京政办发〔2015〕53号）。

二、环保管家服务简介

2016年4月，环保部出台了《关于积极发挥环境保护作用促进供给侧结构性改革的指导意见》（以下简称《意见》），《意见》引入了"环保管家"概念，即我国将推进环境咨询服务业发展，鼓励有条件的工业园区聘请第三方专业环保服务公司作为环保管家，向园区提供监测、监理、环保设施建设运营、污染治理等一体化环保服务和解决方案。

"环保管家"观念的正式提出，是深化环境保护供给侧结构性改革，积极发挥环境保护作用，着力改善环境质量，补齐生态环境短板，转变管理思路的重要举措之一。环保管家是通过对资源的调配和优化配置，解决环境问题的单一化，向综合化、系统化、科学化发展；既是解决环保问题的技术主体，又是分析和解决环保问题的共享平台；既是环境污染第三方治理机制的创新，又是"谁污染，谁治理"向"谁污染，谁付费"的转变。

开发区通过环保管家服务，可提高治污效率，降低环境风险，降低污染治理及环保监管的成本。同时，可将投资融资、工业节能、循环经济也纳入环保管家的范围，让开发区真正享受"一站式，一条龙"的服务，大力推进开发区绿色发展。

环保管家简言之是第三方环保综合服务商，为企业提供系统化的环境问题综合解决方案。环保管家作为业主聘请的环保顾问，立场更靠近企业客户，能切实从企业客户的利益角度出发，在环保政策可行的前提下，尽量提供技术最经济的方案，让企业能把精力更加专注于企业的规划发展，让企业省钱省心。对于咨询单位则是与企业客户形成了紧密的、长期的服务关系，保证了咨询、环评、设计的业务来源，持续改进的实践基础，形成永续的盈利模式。

环保咨询公司一致认为环保部提出的"环保管家"为环境咨询公司提供了很好的发展思路。相对于一般的一次性环保工程措施和咨询服务，环保管家服务更注重服务的综合性和长期性。通过管家式服务确立信赖度，掌握企业环保上的第一手信息，参与企业大小环保事宜的决策过程，为后续其他方面的可研、环评、设计、施工、运营、验收、监测等收费服务提供市场信息，及时建档更新，实际上是构建企业的环保大数据，培育可持续的商业模式。通过持续关注和解决企业不同发展阶段的环保问题，公司可以实现技术、人才、经验的积累，为企业可持续发展打下基础。

环保管家是在环保技术咨询服务的基础上强力推出的服务项目品牌，结合目前环保产业整体结构及市场需求，为政府及企业提供环保管家式服务。

环保管家服务内容包括：区域环境综合治理及生态修复，环境治理工程设计与施工，废弃物处理、回收利用，环保新技术、新产品开发及示范推广，环境设施专业化运营服务，环境影响评价，环境工程监理，环境保护咨询服务，环保产业融资等。

例1：某公司环保管家服务内容与服务模式（图4-1）。

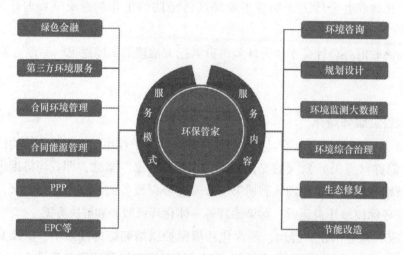

图4-1　某公司环保管家服务内容与服务模式

例2：某公司环保管家服务内容（图4-2）。

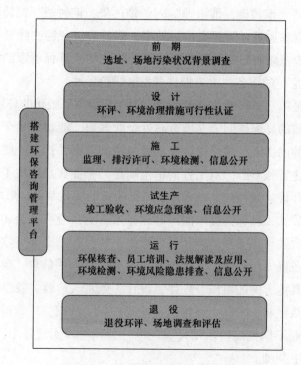

图4-2　某公司环保管家服务内容

三、当前环保管家服务存在的主要问题

从行业态势看，当前环保管家服务热情较高，但由于一些地区政策法规滞后，体制机制不完善，排污企业反应冷热不一，选择环保管家服务还存在一定问题。

1. 责任不明晰

根据新《环保法》，排污单位应对污染环境造成的损害承担责任，环保管家应承担连带责任。但在实践中如何具体界定责任，相关法律法规缺乏进一步的具体规定。排污单位和环保管家责任界定不清，易导致忽视责任义务、出现问题推诿甚至相互勾结的现象。

2. 一些地方政府职能定位不清

一些地方政府部门的观念转变和职能转变较慢，找不准在推进环保管家服务中的职能定位，既当裁判员又当运动员，注重经济利益而不注重环境公共服务，不能充分履行制定规则、监督规则执行、提供服务的职能。

3. 环保管家市场环境存在一定缺失

实现环境第三方治理需要具有契约精神、市场经济的环境以及法治意识。目前实践中，政府和企业在履行合同中不履约、毁约现象屡见不鲜，在项目招标中暗箱操作、低价中标，民资企业参与难度大、服务质量差等问题较为突出。

4. 行业不规范

国家持续推进简政放权，取消了环保管家的准入门槛，而环保管家目前技术服务水平参差不齐，市场契约精神缺乏，易导致恶意竞争、弄虚作假、违约失信和违法牟利等行为，影响到环境治理成效。

5. 行业信息缺失

目前缺乏对第三方治理行业的引导及信息的整合应用和公开，导致排污单位在选择环保管家进行污染治理时，难以获取完整、准确的环保管家信息。

6. 未建立完善合理的价格机制和制度规则

目前没有建立完善的反映成本效益的合理收费机制，而政府购买服务过程中，注重形式，忽视建立盈利机制、价格形成机制、收费保障机制、调价机制、按质论价机制等，依赖财政补贴等传统手段，忽视市场手段。另外，对于环境服务环境的细化、效果评估、责任界定等规则仍较为缺乏，制度和规则的缺失一定程度上制约了环保管家模式的实施。

第二节　环保管家服务对象、服务时段、服务方式和服务内容

一、服务对象

服务对象为县级地方政府、工业园区、大中型企业。

服务类别为园区常年环保管家服务、企业常年环保顾问服务、项目单项顾问服务。

二、服务时段

服装时段以环保管家服务合同为准。

三、服务方式

（一）固定服务

1. 客服热线式的快速响应咨询

每个客户都有专门的专业咨询人员，进行一对一的服务，对于客户提出的环保方面的问题，在第一时间给予专业回答，在出现环保事件时第一时间抵达现场。

2. 初期现场诊断和年度环境报告

对于每一个新客户都将首先开展环保问题筛查，掌握客户存在的环保问题，并有针对地提出一揽子解决方案，提交尽职调查报告。对每个客户每年都提交年度环境报告，指出企业面临的环保风险和环保技术改造规划。

3. 定期专家座谈和培训

公司咨询人员将定期和客户座谈，面对面地交流企业的环保困境，并提出解决方案。公司每年聘请专家为客户开展环保法律法规的培训。

（二）定制服务

1. 专家团队现场服务

针对客户提出的特殊问题，公司将利用本公司的专家团队、环保产业集团的专家团队以及公司战略合作机构等基于本公司环保数据库中各行业的专家团队，分别进行现场咨询、现场解答，提出经济有效的一揽子解决方案。

2. 专业机构筛选和推荐

根据客户的环保工作需求和特殊环保问题，利用公司的数据库，为企业筛选解决问题的专业机构、专项设备，为企业客户推荐专业的服务结构并做好相关的协调工作。

四、服务内容

环保管家服务内容可分为常规服务内容和特色服务内容。常规服务内容见表4-2。

表4-2 常规服务内容

服务等级	项目	服 务 内 容
基础服务	环保培训	1. 环保法规政策与标准培训 2. 公司环保制度培训 3. 员工环保与职业健康知识培训
	环保规划	1. 指导、帮助企业筛选编制环保标准化建设规划单位，协助企业收集完成编制环保标准化建设规划资料和数据采集，审核规划编制合同等前期准备工作 2. 协助完成规划编制工作，组织专家对企业环保标准化建设规划进行评审 3. 指导、帮助、协同企业环保标准化建设规划的实施
	环保法律	1. 指导、帮助企业聘请环保法律政策顾问，或委托本公司法律顾问 2. 指导、帮助企业依法建立环保管理制度，并协同实施 3. 协同企业处理违法事宜，协调解决法律责任问题，承担企业法律文书起草、审核、法律责任辩护工作 4. 协同企业完成法律法规符合性防控（日常巡检、法规符合性对照）工作

服务等级	项目	服 务 内 容
基础服务	环评管理	1. 指导、帮助企业筛选编制环评单位，协助企业收集完成编制环评资料和数据采集，审核环评编制合同等前期准备工作 2. 协助完成环评编制工作；上报企业环评报告审批 3. 指导、帮助、协同并督促企业依据环评批复完成"三同时"业务办理工作
	环境检测	1. 协助企业和监测单位完成环保监测计划编制，负责审核环保检测合同等前期准备工作 2. 指导、帮助、协同企业环保检测的实施，并提取检测报告 3. 协助企业掌握和了解自动在线监控运行情况 4. 为企业提供环境检测服务
	环境管理	1. 指导、帮助、协同企业完成排污总量核算工作，协同环保部门完成对企业排污总量核算工作 2. 指导、帮助、协同企业完成排污申报登记和日常业务报表办理及排污费缴纳工作，协同环保部门完成对企业排污申报登记和日常业务报表及排污费审核工作 3. 指导、帮助、协同企业完成排污许可证申请、审核、发放和年审工作 4. 指导、帮助、协同企业完成环保档案资料收集、整理、归档和管理工作
	环保风控	1. 指导、帮助、协同企业做好环境信息公开工作，帮助企业审核环境信息公开项目、内容及相关数据资料 2. 指导、帮助、协同企业完成环境信用风险防控工作，审核上报环境信用数据资料 3. 指导、帮助、协同企业完成突发环境事件隐患排查工作
运行服务	设施运行	1. 指导、帮助、协同企业筛选环境污染治理设施（设备技术）建设（供货）单位，协助企业收集完成编制环境污染治理设施（设备技术）可行性方案资料和数据采集，协调做好项目建设（改扩建）前期准备工作 2. 协同企业监督建设单位保质、保量、按时完成项目建设（改扩建）任务，并协助完成竣工验收 3. 协同企业建立、完善污染治理设施运行管理制度（结合企业自身管理特点，建立完善企业内部环境管理制度，并根据运行情况持续改进） 4. 指导、帮助、协同企业依据企业污染治理设施运行管理制度（运行维护手册）实施监管和日常巡视检查 5. 指导、帮助、协同企业对环保设施运行规范化监管（侧重于规范运行及记录规范化，不涉及第三方治理或托管运营的业务） 6. 指导、帮助、协同企业应对环保部门督查及整改 7. 及时发现并报告环境污染处理设施运行故障及存在的问题，协助企业做好设施维护保养工作
升级服务	清洁生产顾问	1. 污染物治理，处置优化指导 2. 绿色供应链构建咨询 3. 最新清洁生产工艺方案咨询
	环境风险评估顾问	1. 指导、帮助、协同企业筛选编制环境风险评估报告单位，协助企业收集完成编制环境风险评估报告资料和数据采集，协调做好环境风险评估前期准备工作 2. 配合、协同企业完成环境风险评估工作 3. 协同企业完成突发环境事件隐患排查和控制工作 4. 协同企业组织环保应急演练

服务等级	项目	服务内容
升级服务	ISO 14001环境管理体系认证运行顾问	1. 指导、协同企业建立、完善 ISO 14001 环境管理体系 2. 协同企业组织 ISO 14001 环境管理体系维护运行
	绿色环保产品标志认证顾问	1. 指导、帮助、协同企业筛选绿色环保产品标志认证服务单位，协助企业收集完成绿色环保产品标志认证资料和数据采集，协调做好绿色环保产品标志认证前期准备工作 2. 配合、协同企业完成绿色环保产品标志认证工作 3. 协同企业绿色环保产品标志认证年审核工作
	无公害绿色有机产品认证顾问	1. 指导、帮助、协同企业筛选无公害绿色有机产品认证服务单位，协助企业收集完成无公害绿色有机产品认证资料和数据采集，协调做好无公害绿色有机产品认证前期准备工作 2. 配合、协同企业完成无公害绿色有机产品认证工作 3. 协同企业无公害绿色有机产品认证年审核工作
	环保专项资金申报	1. 指导、协同企业完成环保专项资金申报材料和各项准备工作 2. 协同企业完成环保专项资金申报资格审核和审批工作 3. 协同企业完成环保专项资金项目验收工作
	绿色信贷	1. 指导、协同企业完成绿色信贷申报材料和各项准备工作 2. 协同企业完成绿色信贷申报资格审核和审批工作

特色服务内容如下。

（1）排污许可咨询服务。作为"环保管家"的特色项目，环保管家为环保部门及排污单位提供以下服务。

排污许可相关政策、法规咨询及培训；协助企业申报排污许可证；协助企业完成自行监测及台账记录等相关工作；协助企业编制排污许可执行报告；接受环保部门委托，对排污企业台账记录及执法报告进行审核并提出意见，作为环保部门监督检查的依据。

（2）生态红线咨询服务。生态红线目前进展情况如下。

国务院文件：2017 年 2 月 7 日，中共中央办公厅、国务院办公厅印发了《关于划定并严守生态保护红线的若干意见》。

环保部等部门文件：《落实〈关于划定并严守生态保护红线的若干意见〉工作方案》《生态保护红线划定方案技术审核规程》《划定并严守生态保护红线督导工作方案》。

目前，北京、天津、河北、上海、江苏、浙江、安徽、江西、湖北、湖南、重庆、四川、贵州、云南、宁夏 15 个省市已完成生态保护红线审核。

（3）环境保护税法咨询服务。

第三节　环保管家服务模式

当前，国际流行 EPC、BOT、BT、TOT、TBT、PPP 和 BOO 七种投融资模式。在环保管家领域，国内主要应用的是 EPC、BOO 和 PPP 模式。

一、EPC 模式（Engineering-Procurement-Construction）

EPC 模式即设计—采购—建设模式，就是常说的总承包。EPC 模式是指建设单位作为业主，通过固定总价合同，将建设工程项目发包给总承包单位，由总承包单位承揽整个建设工程的勘查、设计、采购、施工，并对所承包建设工程的质量、安全、工期、造价等全面负责，通过系统优化整合，最终向建设单位提交一个符合合同约定、满足使用功能、具备使用条件并经竣工验收合格的建设工程承包模式，该模式对提高管理水平、缩短建设周期、提高工程质量、降低工程造价具有重要作用。

在 EPC 模式下，业主提出投资的意图和要求后，把项目的可行性研究、勘察、设计、材料、设备采购以及全部工程的施工都交给所选中的总承包单位。EPC 模式之所以在国际上被普遍采用，是因为与其他项目管理模式相比具有明显的优点：能充分发挥设计在建设过程中的主导作用，有利于整体方案的不断优化；能有效地克服设计、采购、施工相互制约和脱节的矛盾，有利于设计、采购、施工各阶段工作的合理深度交叉；总承包单位以项目管理为核心，能有效地对质量、费用和工程进度进行综合控制；总承包单位长期从事项目总承包，拥有一大批在这方面具有丰富经验的优秀人才，拥有世界上先进的项目管理集成信息技术，可以对整个建设项目实行全面的、科学的、动态的计算机管理，这是临时性的领导小组、指挥部、筹建处以及生产厂直接进行项目管理所无法实现的。

二、BOT 模式（Bulid-Operate-Transfer）

BOT 模式（图 4-3）即建设—运营—移交模式。

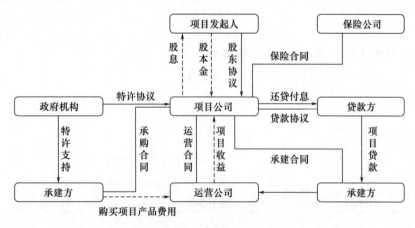

图 4-3　BOT 模式

这种模式最大的特点就是将基础设施的经营权有期限地抵押以获得项目融资，或者说是基础设施国有项目民营化。

在这种模式下，首先由项目发起人通过投标从委托人手中获取对某个项目的特许权，随后组成项目公司并负责进行项目的融资，组织项目的建设、管理项目的运营，在特许期内通过对项目的开发运营以及当地政府给予的其他优惠来回收资金以还贷，并取得合理的利润。

特许期结束后，应将项目无偿移交给政府。在 BOT 模式下，投资者一般要求政府保证其最低收益率，一旦在特许期内无法达到该标准，政府应给予特别补偿。

三、BT 模式（Build-Transfer）

BT 模式（图 4-4）即建设—移交模式。BT 模式是基础设施项目建设领域中采用的一种投资建设模式，指根据项目发起人通过与投资者签订合同，由投资者负责项目的融资、建设，并在规定时限内将竣工后的项目移交项目发起人，项目发起人根据事先签订的回购协议分期向投资者支付项目总投资及确定的回报。

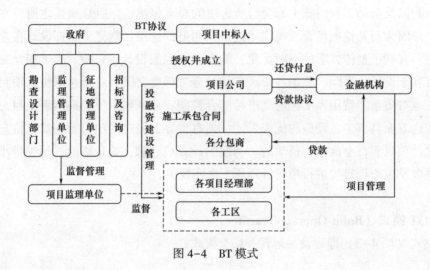

图 4-4　BT 模式

四、TOT 模式（Transfer-Operate-Transfer）

TOT 模式（图 4-5）即移交—经营—移交模式。

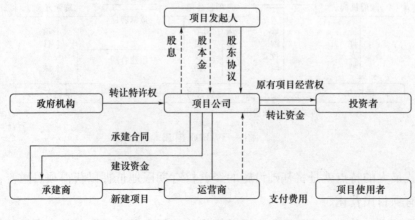

图 4-5　TOT 模式

TOT 模式是一种通过出售现有资产以获得增量资金进行新建项目融资的新型融资模式。在这种模式下，首先私营企业用私人资本或资金购买某项资产的全部或部分产权或经营权，然后购买者对项目进行开发和建设，在约定的时间内通过对项目经营收回全部投资并取得合理的回报，特许期结束后，将所得到的产权或经营权无偿移交给原所有人。

五、TBT 模式（Transfer-Build-Transfer）

TBT 模式就是将 TOT 与 BOT 模式组合起来、以 BOT 为主的一种融资模式。在 TBT 模式中，TOT 的实施是辅助性的，采用它主要是为了促成 BOT。TBT 的实施过程如下：政府通过招标将已经运营一段时间的项目和未来若干年的经营权无偿转让给投资人；投资人负责组建项目公司去建设和经营待建项目；项目建成开始经营后，政府从 BOT 项目公司获得与项目经营权等值的收益；按照 TOT 和 BOT 协议，投资人相继将项目经营权归还给政府。

实质上，TBT 模式是政府将一个已建项目和一个待建项目打包处理，获得一个逐年增加的协议收入（来自待建项目），最终收回待建项目的所有权益。

六、PPP 模式（Public-Private-Partnerships）

一般而言，PPP 模式（表 4-3）主要应用于基础设施等公共项目。首先，政府针对具体项目特许新建一家项目公司，并对其提供扶持措施；然后项目公司负责进行项目的融资和建设，融资来源包括项目资本金和贷款；项目建成后，由政府特许企业进行项目的开发和运营，而贷款人除了可以获得项目经营的直接收益外，还可获得通过政府扶持所转化的效益。

表 4-3　PPP 模式（政府市政建设中引进社会资本的模式比较）

项目	新建	在建	已建
轨道交通	公共私营合作制	股权融资或股权融资+委托运营	融资租赁、资产证券化、股权转让
城市道路	建设—移交（BT）		
综合交通枢纽	交通枢纽和经营性开发项目一体化捆绑建设		
污水处理	建设—经营—移交（BOT）	委托运营或移交—经营—移交（TOT）	委托运营或移交—经营—移交（TOT）
固废处置	公共私营合作制（PPP）、股权合作等	移交—经营—移交（TOT）	移交—经营—移交（TOT）
镇域供热	建设—经营—移交（BOT）		

七、BOO 模式（Building-Owning-Operation）

BOO 模式即建设—拥有—经营模式。承包商根据政府赋予的特许权，建设并经营某项产业项目，但是并不将此项基础产业项目移交给公共部门。其优势是节省了大量财力、物力和人力。方法是私人投资承担公共基础设施项目。

1. BOO 模式的优势

政府部门既可节省大量财力、物力和人力，又可在瞬息万变的信息技术发展中始终处于领先地位，而企业也可以从项目承建和维护中得到相应的回报。

2. BOO 模式与 BOT 模式的比较

（1）相同点。它们都是利用私人投资承担公共基础设施项目。在这两种融资模式中，私人投资者根据东道国政府或政府机构授予的特许协议或许可证，以自己的名义从事授权项目的设计、融资、建设及经营。在特许期，项目公司拥有项目的占有权、收益权以及为特许项目进行投融资、工程设计、施工建设、设备采购、运营管理和合理收费等权利，并承担对项目设施进行维修、保养的义务。在我国，为保证特许权项目的顺利实施，在特许期内，如因我国政府政策调整因素影响，使项目公司受到重大损失的，允许项目公司合理提高经营收费或延长项目公司特许期；对于项目公司偿还贷款本金、利息或红利所需要的外汇，国家保证兑换和外汇出境。但是，项目公司也要承担投融资以及建设、采购设备、维护等方面的风险，政府不提供固定投资回报率的保证，国内金融机构和非金融机构也不为其融资提供担保。

（2）不同点。在 BOT 项目中，项目公司在特许期结束后必须将项目设施交还给政府，而在 BOO 项目中，项目公司有权不受任何时间限制地拥有并经营项目设施。从 BOT 模式的字面含义，也可以推断出基础设施国家独有的含义。

第五章　排污许可证制度

第一节　排污许可证制度简介及法律法规依据

一、排污许可证制度简介

排污许可证制度是指环境保护主管部门依排污单位的申请和承诺，通过发放排污许可证法律文书形式，依法依规规范和限制排污单位排污行为并明确环境管理要求，依据排污许可证对排污单位实施监管执法的环境管理制度。

排污单位特指纳入排污许可分类管理名录的企业、事业单位和其他生产经营者。

排污许可证主要内容包括基本信息、许可事项和管理要求三方面。

1. 基本信息

主要包括排污单位名称、地址、法定代表人或主要负责人、社会统一信用代码、排污许可证有效期限、发证机关、证书编号、二维码以及排污单位的主要生产装置、产品产能、污染防治设施和措施、与确定许可事项有关的其他信息等。

2. 许可事项

主要包括排污口位置和数量、排放方式、排放去向；排放污染物种类、许可排放浓度、许可排放量；重污染天气或枯水期等特殊时期许可排放浓度和许可排放量。

3. 管理要求

主要包括自行监测方案、台账记录、执行报告等要求；排污许可证执行情况报告等的信息公开要求；企业应承担的其他法律责任。

上述事项中，许可事项和管理要求是企业持证排污必须严格遵守的。确有必要改变的，应办理排污许可证变更手续。基本信息中有关规模、地点及采用的生产工艺或者防治污染措施，如果发生重大变动，应当按照环境影响评价制度的相关规定履行法律义务。

排污许可证样本如图 5-1 和图 5-2 所示。

二、法律法规依据

1. 法律依据

（1）《环境保护法》。《环境保护法》第四十五条规定：国家依照法律规定实行排污许可管理制度。实行排污许可管理的企业、事业单位和其他生产经营者应当按照排污许可证的要求排放污染物；未取得排污许可证的，不得排放污染物。

（2）《水污染防治法》。《水污染防治法》第二十条规定：国家实行排污许可制度。直接或者间接向水体排放工业废水、医疗污水以及其他按照规定应当取得排污许可证方可排放的

排 污 许 可 证

（样 本）

正 本

证书编号：

单位名称：

注册地址：

法定代表人（实际负责人）：

生产经营场所地址：

行业类别：

组织机构代码：

统一社会信用代码：

有效期限：自 年 月 日起 至 年 月 日止 发证机关（公章）：

发证日期： 年 月 日

图5-1 排污许可证样本正本

证书编号：

排 污 许 可 证

（样 本）

副 本

单位名称：

注册地址：

行业类别：

生产经营场所地址：

组织机构代码：

统一社会信用代码：

法定代表人（实际负责人）：

技术负责人：

固定电话：

移动电话：

有效期限：自 年 月 日起 至 年 月 日止

发证机关（公章）：

发证日期： 年 月 日

持 证 须 知

一、本证根据《排污许可证管理暂行规定》制定和发放。

二、持证者应严格按照本证规定的许可事项的规定排放污染物，严格遵守本证中的各管理要求。

三、持证者应配合县级以上环境保护主管部门的工作人员进行监督检查，如实反映情况并提供有关资料。

四、持证者应按照《排污许可证管理暂行规定》申请变更、延续或者补发排污许可证。

五、禁止涂改、伪造本排污许可证。禁止以出租、出借、买卖或其他方式转让本排污许可证。

图5-2 排污许可证样本副本

废水、污水的企业事业单位,应当取得排污许可证;城镇污水集中处理设施的运营单位,也应当取得排污许可证。禁止企业事业单位无排污许可证或者违反排污许可证的规定向水体排放前款规定的废水、污水。

(3)《大气污染防治法》。《大气污染防治法》第十九条规定:排放工业废气或者本法第七十八条规定名录中所列有毒有害大气污染物的企业事业单位、集中供热设施的燃煤热源生产运营单位以及其他依法实行排污许可管理的单位,应当取得排污许可证。

2. 部门规章

(1)国务院文件。控制污染物排放许可制实施方案(国办发〔2016〕81号)。

(2)环保部文件。排污许可证管理暂行规定(环水体〔2016〕186号),排污许可管理办法(试行)(环境保护部令第48号),固定污染源排污许可分类管理名录(2017年)。

(3)各地排污许可实施管理文件。

北京市环境保护局办公室关于开展火电、造纸行业和高架源排污许可管理工作的通知(2017-02-06);

上海市环境保护局关于印发《上海市主要污染物排放许可证管理办法》的通知(沪环保总〔2014〕413号);

河北省达标排污许可管理办法实施细则(2015-10-01起实施);

(河北省)关于进一步规范火力发电企业排污许可管理工作的通知;

陕西省排污许可证管理暂行办法(2015-03-31);

山西省环境保护厅关于推进落实全省排污许可证核发工作的公告;

辽宁省环境保护厅关于印发辽宁省排污许可证管理暂行办法的通知;

吉林省固定污染源排污许可管理办法(试行);

(新疆)关于开展火电造纸行业排污许可证管理工作的通知(新环发〔2017〕44号);

关于印发《江苏省排污许可证发放管理办法(试行)》的通知(苏环规〔2015〕2号);

浙江省排污许可证管理暂行办法(省政府令272号)。

第二节 排污许可技术规范性文件与标准

一、排污单位自行监测技术指南

排污单位自行监测技术指南 总则(HJ 819—2017);

排污单位自行监测技术指南 火力发电及锅炉(HJ 820—2017);

排污单位自行监测技术指南 造纸工业(HJ 821—2017);

排污单位自行监测技术指南 水泥工业(HJ 848—2017);

排污单位自行监测技术指南 钢铁工业及炼焦化学工业(HJ 878—2017);

排污单位自行监测技术指南 纺织印染工业(HJ 879—2017);

排污单位自行监测技术指南 石油炼制工业(HJ 880—2017);

排污单位自行监测技术指南 提取类制药工业(HJ 881—2017);

排污单位自行监测技术指南　发酵类制药工业（HJ 882—2017）；

排污单位自行监测技术指南　化学合成类制药工业（HJ 883—2017）。

二、排污许可证申请与核发技术规范

截至 2018 年初，共公布了下列排污许可证申请与核发技术规范。

火电行业排污许可证申请与核发技术规范（2016-12-27）；

造纸行业排污许可证申请与核发技术规范（2016-12-27）；

排污许可证申请与核发技术规范　钢铁行业（HJ 846—2017）；

排污许可证申请与核发技术规范　水泥工业（HJ 847—2017）；

排污许可证申请与核发技术规范　石化行业（HJ 853—2017）；

排污许可证申请与核发技术规范　炼焦化学工业（HJ 854—2017）；

排污许可证申请与核发技术规范　电镀工业（HJ 855—2017）；

排污许可证申请与核发技术规范　玻璃工业——平板玻璃（HJ 856—2017）；

排污许可证申请与核发技术规范　纺织印染工业（HJ 861—2017）；

排污许可证申请与核发技术规范　农副食品加工工业——制糖工业（HJ 860.1—2017）；

排污许可证申请与核发技术规范　制革及毛皮加工工业——制革工业（HJ 859.1—2017）；

排污许可证申请与核发技术规范　农药制造工业（HJ 862—2017）；

排污许可证申请与核发技术规范　化肥工业——氮肥（HJ 864.1—2017）；

排污许可证申请与核发技术规范　制药工业——原料药制造（HJ 858.1—2017）；

排污许可证申请与核发技术规范　有色金属工业——铅锌冶炼（HJ 863.1—2017）；

排污许可证申请与核发技术规范　有色金属工业——铝冶炼（HJ 863.2—2017）；

排污许可证申请与核发技术规范　有色金属工业——铜冶炼（HJ 863.3—2017）；

排污许可证申请与核发技术规范　总则（HJ 942—2018）；

排污许可证申请与核发技术规范　农副食品加工工业——淀粉工业；

排污许可证申请与核发技术规范　农副食品加工工业——屠宰及肉类加工工业；

排污许可证申请与核发技术规范　有色金属工业——汞冶炼（HJ 931—2017）；

排污许可证申请与核发技术规范　有色金属工业——镁冶炼（HJ 933—2017）；

排污许可证申请与核发技术规范　有色金属工业——镍冶炼（HJ 934—2017）；

排污许可证申请与核发技术规范　有色金属工业——钛冶炼（HJ 935—2017）；

排污许可证申请与核发技术规范　有色金属工业——锡冶炼（HJ 936—2017）；

排污许可证申请与核发技术规范　有色金属工业——钴冶炼（HJ 937—2017）；

排污许可证申请与核发技术规范　有色金属工业——锑冶炼（HJ 938—2017）。

三、排污许可证核发审核要点

截至 2017 年 12 月 11 日，环保部发布了 13 个行业许可证核发审核要点。

电镀行业排污许可证核发审核要点；

平板玻璃行业排污许可证核发审核要点；

制药工业——原料药制造排污许可证核发审核要点；

农药制造工业排污许可证核发审核要点；

焦化行业排污许可证核发审核要点；

纺织印染工业排污许可证核发审核要点；

制糖工业排污许可证核发审核要点；

氮肥行业排污许可证核发审核要点；

钢铁行业排污许可证核发审核要点；

石化行业排污许可证核发审核要点；

水泥行业排污许可证核发审核要点；

制革行业排污许可证核发审核要点；

有色金属工业——铝冶炼排污许可证核发审核要点。

第三节 《控制污染物排放许可制实施方案》解读

1. 为什么我国排污许可要实施综合许可、一证式管理？

实施综合许可，是指将一个企业或者排污单位的污染物排放许可在一个排污许可证集中规定，现阶段主要包括大气和水污染物。这一方面是为了更好地减轻企业负担，减少行政审批数量；另一方面是避免为了单纯降低某一类污染物排放而导致污染转移。环保部门应当加大综合协调，充分运用信息化手段，做好不同环境要素的综合许可。

一证式管理既指大气和水等要素的环境管理在一个许可证中综合体现，也指大气和水等污染物的达标排放、总量控制等各项环境管理要求；新增污染源环境影响评价各项要求以及其他企事业单位应当承担的污染物排放的责任和义务均应当在许可证中规定，企业守法、部门执法和社会公众监督也都应当以此为主要或者基本依据。

2. 通过实施排污许可制如何改善环境质量？

当前我国环境管理的核心是改善环境质量。减少污染物排放是实现环境质量改善的根本手段。固定污染源是我国污染物排放主要来源，且达标排放情况不容乐观。排污许可证抓住了固定污染源实质就是抓住了工业污染防治的重点和关键。对于现有企业，减排的方式主要是生产工艺革新、技术改造或增加污染治理设施、强化环境管理，排污许可证重点对污染治理设施、污染物排放浓度、排放量以及管理要求进行许可，通过排污许可证强化环境保护精细化管理，促进企业达标排放，并有效控制区域流域污染物排放量。

《方案》提出了多项以排污许可证为载体，不断降低污染物排放，从而促进改善环境质量的制度安排。一是对于环境质量不达标或有改善任务的地区，省级人民政府可以通过提高排放标准，加严排污单位的许可排放浓度和排放量，从而达到改善环境质量目的；二是环境质量不达标地区，对环境质量负责的县级以上地方人民政府可通过依法制定环境质量限期达标规划，对排污单位提出更加严格的要求；三是各地方人民政府依法制定的重污染天气应对措施，以及地方限期达标规划或有关水污染防治应急预案中枯水期环境管理要求等，针对特殊时段排污行为提出更加严格的要求，在许可证中载明，使得企业对污染物排放精细化管理的预期明确，有效支撑环境质量改善。

3. 排污许可制度如何实现污染物总量控制相关要求？

排污许可制度是落实企事业单位总量控制要求的重要手段，通过排污许可制改革，改变从上往下分解总量指标的行政区域总量控制制度，建立由下向上的企事业单位总量控制制度，将总量控制的责任回归到企事业单位，从而落实企业对其排放行为负责、政府对其辖区环境质量负责的法律责任。

排污许可证载明的许可排放量即为企业污染物排放的天花板，是企业污染物排放的总量指标，通过在许可证中载明，使企业知晓自身责任，政府明确核查重点，公众掌握监督依据。一个区域内所有排污单位许可排放量之和就是该区域固定源总量控制指标，总量削减计划即是对许可排放量的削减；排污单位年实际排放量与上一年度的差值，即为年度实际排放变化量。

改革现有的总量核算与考核办法，总量考核服从质量考核。把总量控制污染物逐步扩大到影响环境质量的重点污染物，总量控制的范围逐步统一到固定污染源，对环境质量不达标地区，通过提高排放标准等，依法确定企业更加严格的许可排放量，从而服务改善环境质量的目标。

4. 排污许可制如何与环评制度衔接？

环境影响评价制度与排污许可制度都是我国污染源管理的重要制度。如何实现环评制度和排污许可制度的有效衔接是排污许可制改革的重点。《实施方案》中提出，通过改革实现对固定污染源从污染预防到污染管控的全过程监管，环评管准入，许可管运营。

环评制度重点关注新建项目选址布局、项目可能产生的环境影响和拟采取的污染防治措施。排污许可与环评在污染物排放上进行衔接。在时间节点上，新建污染源必须在产生实际排污行为之前申领排污许可证；在内容要求上，环境影响评价审批文件中与污染物排放相关内容要纳入排污许可证；在环境监管上，对需要开展环境影响后评价的，排污单位排污许可证执行情况应作为环境影响后评价的主要依据。

5. 哪些企业将纳入排污许可管理？

在《水污染防治法》《大气污染防治法》的法律框架下，实施方案要求环保部制定固定污染源排污许可分类管理名录（以下简称名录），在名录范围内的企业将纳入排污许可管理。名录主要包括实施许可证的行业、实施时间。排污许可分类管理名录是一个动态更新名录，它将根据法律法规的最新要求和环境管理的需要进行动态更新。

名录是以《国民经济行业分类》为基础，按照污染物产生量、排放量以及环境危害程度的大小，明确哪些行业实施排污许可，以及这些行业中的哪些类型企业可实施简化管理。名录还将规定国家按行业推动排污许可证核发的时间安排；对于国家暂不统一推动的行业，地方可依据改善环境质量的要求，优先纳入排污许可管理的行业。名录的制定将向社会公开征求意见。

对于移动污染源、农业面源，不按固定污染源排污许可制进行管理。

6. 排污许可证的核发权限是如何规定的？

排污许可证核发权限确定的基本原则是"属地监管"以及"谁核发、谁监管"。根据《方案》，核发权限在县级以上地方环保部门。具体来看，随着省以下环保机构监测监察执法垂直管理制度改革试点工作的开展，地市级环保部门将承担更多的核发工作。对于地方性法规有具体要求的，按其规定执行。如宁夏回族自治区已通过《宁夏回族自治区污染物排放管理条例》，该条例明确"对于总装机容量超过30万千瓦以上的燃煤电厂及石油化工"等重点排污单位，其排污许可证的核发权限为自治区环境保护主管部门。环保部将尽快制定相关文件，进一步明确排污许可证的核发权限。

此外，《方案》中还明确上级环保部门可依法撤销下级环保部门核发的排污许可证。《行政许可法》中可以撤销不当行政许可的各种情形，也同样适用于排污许可证的核发。

7. 企业申请排污许可证应提交什么材料？

企业提交的排污许可申请材料和守法承诺书是环保部门核发排污许可证的主要依据。企业应对申请材料的真实性、合法性、完整性负法律责任。《方案》提出，申报材料要明确申请的污染物排放种类、浓度和排放量。环保部正在制定排污许可管理的相关配套文件，以及申请时需要提交的守法承诺书和排污许可证申请表样本，并依据《方案》的规定，进一步细化排污许可证申请表中企业需要填报和申请的各项内容。

8. 环保部门核发许可证需要审核什么内容？

环保部门在核发许可证之前应结合管理要求和政府部门掌握的情况，对申请材料进行认真审核。审核主要包括以下几个方面：一是申请排污许可证的企事业单位的生产工艺和产品不属于国家或地方政府明确规定予以淘汰或取缔的；二是申请的企业不应位于饮用水水源保护区等法律法规明确规定禁止建设区域内；三是有符合国家或地方要求的污染防治设施或污染物处理能力；四是申请的排放浓度符合国家或地方规定的相关标准和要求，排放量符合相关要求，对新、改扩建项目的排污单位，还应满足环境影响评价文件及其批复的相关要求；五是排污口设置符合国家或地方的要求等。

企业提交的排污许可申请材料和守法承诺书是环保部门核发排污许可证的主要依据。环保部门对于申请材料完整、符合要求的企业，直接依法核发许可证。此外，核发的排污许可证是企业排放污染物的"天花板"，是企业守法的最基本要求，满足这些要求是企业基本的法定义务，这也是排污许可证作为企业守法、政府执法、公众监督依据的由来。换言之，对于应当承担的环保责任完全相同的两个企业，不论实际排放情况如何，排污许可证核定的排放量和管理要求将会是一致的。《方案》同时还规定了，对于申请材料存在疑问、企业环境信用不好、有环境举报投诉等情况的，环保部门可开展现场核查。

9. 污染防治措施发生变化是否需要重新申请排污许可证？

污染防治措施是确保企业按证排污的前提和保障，但许可证制度设计中并未将其纳入许可事项，主要从鼓励企业不断提高污染治理水平的角度考虑。在不属于环境影响评价制度有关规范性文件确定的重大变更的情形下，企业污染治理措施发生变化时，如果有利于减少污染物的排放或者不增加污染物排放，这是允许的，不需要向环保部门申请变更排污许可证，但需在按规定上报的执行报告中予以详细说明；如果污染治理措施发生的变化导致污染物排放量增加，企业则需要申请变更排污许可证。

为较好地判断污染治理措施发生变化后环境影响变化情况，环保部门将依据排污许可证推进时间进度安排，按行业逐步出台各行业污染治理最佳可行技术指南，如果企业治理措施的变化均在可行技术范围内，且不新增污染物种类，则认为其污染物排放量在允许范围内，无需申请变更排污许可证；如不在此范围内，企业需要提供证明材料和监测数据，并向环保部门申请变更排污许可证。

10.《实施方案》发布后，地方现有已经核发的排污许可证如何管理？

由于我国现有各地方排污许可证存在许可内容不统一、许可要求不统一、许可规范不统一等问题，而本次改革的目标之一就是要统一规范管理全国排污许可证，实现企业和地区之间的公平。因此，依据地方性法规核发的排污许可证仍然有效；但对于依据地方政府规章等核发的排污许可证，持证企业、事业单位和其他生产经营者应按照排污许可分类管理名录的时间要求，向具有核发权限的机关申请核发排污许可证。核发机关应当在国家排污许可证管理信息平台填报数据，获取排污许可证编码，换发新的全国统一的排污许可证，从而纳入新系统进行管理。如果不能满足最新的许可要求，则应当要求企业在规定时间内向核发机关申请变更排污许可证。

11.为什么排污许可证要把生产工艺和设备等内容也载明？

首先排污许可证副本载明主要生产工艺和设备是在许可证中记录，而非进行许可。记录这些信息是出于以下四个方面的考虑。

第一，贯彻全过程控制的环境管理基本理念，将产污、治污、排污全过程纳入排污许可证的管理，载明与产污直接相关的工艺和设备信息，有利于分析污染物不能稳定达标排放的原因并及时采取有效可行的改进措施。

第二，生产工艺和装备与固定污染源污染物的产生量密切相关，同一产品采用不同工艺，其产生的污染物可能会产生数量级的差别，载明生产工艺和设备是测算污染物排放量的基础。

第三，排污许可证将许可排放量的核算细化至每一个主要污染源和排污口，而这些排污口往往与生产工艺设备具有一一对应关系。

第四，对于新增污染源，生产工艺和设备源自企业的环评文件或相关申请资料，在排污许可证中载明并延续，是判断企业整个生产过程是否发生重大变更的依据之一。

12.为什么现有企业的许可限值原则上按排放标准和总量指标来确定？

企业达标排放和满足总量指标控制要求是现有企业污染治理的最基本要求，超标和超总量排放污染物将依法实施处罚，国家层面对于现有企业其许可限值按达标排放和总量控制指标来核定，即不因为实施排污许可制改革而增加对企业的额外负担，这有利于排污许可证制度顺利与现有环境管理要求相衔接，从而保障排污许可制度的有效推行，以最小的制度改革成本推进制度的快速落地，实现管理效能的提高。同时也有利于实现企业间的公平。

此外，《方案》同时也指出对于环境质量不达标或有改善需求的地区，环保部门可以通过提高排放标准、制定环境质量限期达标规划等手段对排污单位提出更加严格的要求。

13. 地方重污染天气应急预案、环境质量限期达标规划的内容如何纳入企事业单位的排污许可证？

《中华人民共和国大气污染防治法》明确提出国家要建立重污染天气监测预警体系。地方人民政府应当依据重污染天气的预警等级，根据应急需要可以采取包括责令有关企业停产或者限产的应急措施。因此，在排污许可的制度设计中，要求将地方依法依规制定的重污染天气应急预案、环境质量限期达标规划等文件中对辖区内企业污染物排放的具体要求纳入企业的排污许可证中，以法律文书的形式，明确特殊时期和环境质量不达标地区的企业应当承担的减排义务。

上述所指的特殊时期主要由下列文件规定：如设区的市级以上人民政府和可能发生重污染天气的县级人民政府，依法制定的重污染天气应急预案；国家或所在地区人民政府依规制定的冬防措施、重大活动保障措施等文件；地方限期达标规划或有关水污染防治应急预案对枯水期等特殊时期污染物排放控制要求等。

在许可证有效期内，国家或企业所在地区人民政府发布新的特殊时段要求的，企业应当申请许可证变更，按照新的要求进行排放。排污许可证也应当依法遵守并明确要求。

14. 排污许可证的有效期为什么首次核发为 3 年，延续核发是 5 年？

为结合我国国民经济和社会发展 5 年计划的制度安排，兼顾排污许可相对稳定的需要，排污许可证的有效期原则上为 5 年。但考虑到改革从易到难，逐步完善的需要，对于此次改革开始后首次核发的排污许可证有效期确定为 3 年。这主要考虑以下两个方面的因素。

第一，有利于推动改革。目前各地对现有企业核发的排污许可证有效期限为 1 年至 5 年不等，且管理要求和许可内容存在较大差异，短时间内要实现全国统一难度大，需要有一个逐步完善的过程，因此，设定一个折中的有效期限有利于确保改革的正确方向。

第二，有利于对新建项目及时完善环境管理。对于新建项目，由于企业刚刚从建设期转入生产运行期，各项污染治理设施、环境管理制度、管理水平均需要不断调试与完善，对执行排污许可事项和管理要求存在较大不确定性，缩短有效期有利于企业减少办理许可证变更手续。

15. 环保部对于排污许可证核发工作的具体时间安排是什么？

根据《方案》，环保部将在现有环保法律的框架体系下，以排污许可管理名录为基础，按行业分步推动排污许可证的核发。2016 年率先开展火电、造纸行业企业许可证核发工作；2017 年完成水十条、大气十条重点行业及产能过剩行业企业许可证核发，重点包括石化、化工、钢铁、有色、水泥、印染、制革、焦化、农副食品加工、农药、电镀等；2020 年全国基本完成名录规定行业企业的许可证核发。

16. 为什么选择火电和造纸两个行业先行核发排污许可证？

为使排污许可制度实施之初在全国易于推行，通过行业试点工作，形成可推广、可复制的行业排污许可管理经验，为在全国分批实施排污许可制度奠定基础。环保部在选取优先试点行业时主要考虑以下几个因素。

第一，污染物排放量大，具备试点意义。火电、造纸行业分别是我国大气和水污染重点控制行业。据统计，2014 年纳入环境统计的火电企业 3288 家，其二氧化硫、氮氧化物和烟粉尘排放量分别占全国工业排放量的 40%、55.7%、16.2%；纳入环境统计的造纸企业 4664家，其化学需氧量、氨氮排放量分别占全国工业排放量的 18.7%、7.9%。

第二，环境管理基础相对好。目前火电、造纸行业在自行监测开展、台账记录等方面有较好的基础；火电企业和造纸企业在原料、生产工艺等方面差异不大，便于开展排污许可证管理实践。

第三，污染物排放特征具有代表性。火电、造纸行业污染物排放种类包括废水、废气等，排污方式包含直接排放、间接排放等，通过制定排污许可技术规范，明确许可证中不同污染物排放种类和排污方式等，为其他行业实施排污许可提供经验借鉴。

17. 企业依证排污的主体责任和应尽的义务包括哪些？

排污许可证制度改革的目的之一就是要进一步厘清政府、企业之间的责任，政府对企业不再进行"家长式"和"保姆式"监督把关。企业作为排污者要承诺：依法承担防止、减少环境污染的责任；持证排污、按证排污，不得无证排污；落实污染物排放控制措施和其他环境管理要求；说明污染物排放情况并接受社会监督；明确单位责任人和相关人员的环境保护责任。

《方案》结合环境治理体系和监管执法改革理念，提出排污许可制实施后，企业环境保护的主体责任应包括以下几个方面：企业自行申领排污许可证并对申请材料的真实性、准确性和完整性承担法律责任；依证自主管理排污行为的责任；通过自行或委托开展监测、建立排污台账、按期报告持证排污情况等自证守法的责任；依法依证进行信息公开的责任；当产排污情况等发生变更时或许可证到期应自行申请变更或延期的责任。

本着诚信原则，通过承诺守法的方式，强化企业环境保护主体责任。逐步营造排污者如实申报、监管者阳光执法、社会共同监督的环境治理氛围，形成系统完整、权责清晰、监管有效的污染管理新格局。

18. 企业如何通过自行监测说明自身污染物的排放情况？

企业开展自行监测，向社会公开污染物排放状况是其应尽的法律责任。我国的《环境保护法》第四十二条、第五十五条，《水污染防治法》的第二十三条和《大气污染防治法》的第二十四条均有明确规定。

自行监测结果是评价排污单位治污效果、排污状况、对环境质量影响状况的重要依据，是支撑排污单位精细化、规范化管理的重要基础。《方案》明确了企事业单位符合法定要求的在线监测数据可以作为环境保护部门监管执法的依据。当环保部门检查发现实际情况与企业的环境管理台账、排污许可执行报告等不一致或抽查发现有超标现象时，可以责令给出说明，排污单位可以通过提供自行监测原始记录来进行说明。

19. 排污许可制实施后，环保部门如何实施环境监管？

排污许可制是固定污染源环境管理的基础制度，待制度完善后，对企业环境管理的基本要求均将在排污许可证中载明，因此，今后对固定污染源的环境监管执法将以排污许可证为主要依据。对固定污染源的监管就是对企业排污许可证执行情况的监管，具体包括对是否持证排污的检查、对台账记录的核查、对自行监测结果的核实、对信息公开情况的检查以及必要的执法监测等，通过对企业自身提供的监测数据和台账记录的核对来判定企业是否依证排污；同时也可采取随机抽查的方式对企业进行实测，不符合排污许可证要求，企业应给出说明，未能说明并无法提供自行监测原始记录的，政府部门依法予以处罚。并将抽查结果在排污许可管理平台中进行记录，对有违规记录的，将提高检查频次。环保部将研究制定排污许可证监督管理的相关文件，进一步规范依证执法。

20. 企业实际排放量如何确定？

实际排放量是判断企业是否按照许可证排污的重要内容，也是排污收费（环境保护税）、环境统计、污染源清单等工作的数据基础，确定实际排放量的基本原则是以"企业自行核算为主、环保部门监管执法为准、公众社会监督为补充"，具体如下。

企业自行核算为主：环保部门制定发布实际排放量核算技术规范，既指导企业自主核算实际排放量，又规范环保部门校核实际排放量，同时也可为社会公众监督提供参考。实际排放量核定方法采用的优先顺序依次包括在线监测法、手工监测法、物料衡算及排放因子法。对于应当安装而未安装在线监测设备的污染源及污染因子，以及数据缺失的情形，在实际排放量核算技术规范中，制定惩罚性的核算方法，鼓励企业按规定安装和维护在线监测设备。企业在线监测数据可以作为环保部门监管执法的依据。环境保护部正在按行业制定排污单位自行监测指南，规范排污单位自行监测点位、频次、因子、方法、信息记录等要求。企业根据许可证要求，按期核算实际排放量，并定期申报、公开。

环保部门监管执法为准：采用同一计算方法，当监督性监测核算的实际排放量与符合要求的企业在线监测、手工监测等核算的实际排放量不一致时，相应时段实际排放量以监督性监测为准。

公众社会监督为补充：环境保护部制定的实际排放量核算技术规范以及企业实际排放量信息向社会公开（涉密的除外），公众可以根据掌握的信息，对认为存在问题的进行核算、举报或提供线索。

21. 无证排污或不按证排污将会受到哪些处罚？

我国的大气污染防治法明确规定无证排污的处罚包括责令改正或者限制生产、停产整治，并处十万元以上一百万元以下的罚款；情节严重的，报经有批准权的人民政府批准，责令停业、关闭。

对不按证排污的，如超标排放或者超总量排放的，将责令改正或者限制生产、停产整治，并处十万元以上一百万元以下的罚款；情节严重的，报经有批准权的人民政府批准，责令停业、关闭；侵占、损毁或者擅自移动、改变大气环境质量监测设施或者大气污染物排放自动监测设备的，未按照规定对所排放的工业废气和有毒有害大气污染物进行监测并保存原始监测记录的，未按照规定安装、使用大气污染物排放自动监测设备或者未按照规定与环境保护主管部门的监控设备联网，并保证监测设备正常运行的，未按照规定设置大气污染物排放口的，将责令改正，处二万元以上二十万元以下的罚款；拒不改正的，责令停产整治。

该法同时还规定，对无证排污、不按证排污中的超标或超总量排放以及通过逃避监管的方式排放大气污染物的，可依法实施按日连续处罚。

22. 电厂超低排放应当怎么申领许可证？

国家鼓励企业自愿实施严于许可排放浓度和排放量的行为，以电厂超低排放为例，如果按照当地环境管理要求，企业依据《火电厂大气污染物排放标准》核定许可排放浓度和排放量，企业如自行承诺实行超低排放，许可证当中除了核定许可排放量和排放浓度外，还要载明超低排放的浓度限值要求，以及具备达到超低排放标准限值相应的污染治理设施或管理要求等，排污许可证监管执法时，除了对照许可排放量和排放浓度落实情况外，还要对超低排放情况进行检查。确能达到超低排放的，可按照规定享受国家和地方环保电价、减征排污费和税收等激励政策。超过许可排放要求的，将予以处罚。

23. 排污许可证与排污权交易是什么关系？

排污许可证是排污权的确认凭证，但不能简单以许可排放量和实际排放量的差值作为可交易的量，企业通过技术进步、深度治理，实际减少的单位产品排放量，方可按规定在市场交易出售；此外，实施排污权交易还应充分考虑环境质量改善的需求，要确保排污权交易不会导致环境质量恶化。排污许可证是排污交易的管理载体，企业进行排污权交易的量、来源和去向均应在许可证中载明，环保部门将按排污权交易后的排放量进行监管执法。国家对排污权交易将另行出台规定。

24. 为什么要建设全国统一的许可证管理信息平台？

建设全国统一的许可证管理信息平台是本次排污许可制改革的又一项重点工作，该平台既是审批系统又是数据管理和信息公开系统，排污单位在申领许可证前和在许可证执行过程中均应按要求公开排污信息，核发机关核发许可证后应进行公告，并及时公开排污许可监督检查信息。同时鼓励社会公众、新闻媒体等对排污单位的排污行为进行监督。通过建立统一平台，至少有以下三个方面的作用。

第一，规范排污许可证的核发。全国排污单位向同一个平台提交排污许可申请和执行材料，并全过程留下记录和数据，可有效规范排污许可的实施。

第二，统一的许可证信息平台建设可实现固定污染源污染物排放数据的统一管理。一是为每个企业的排污许可证实现唯一编码；二是将每个企业内部的各主要污染物排放设施和排放口进行唯一编码；三是为实现排污收费、环境统计、排污权交易等工作污染物排放数据统一创造条件。

第三，统一平台可及时掌握全国污染物排放的时间和空间分布情况，有利于区域流域调控，为改善环境质量打好基础。

同时，为了减少投资和重复建设，允许地方现有的排污许可管理信息平台接入国家平台。

25. 为什么要统一排污许可证编码？排污许可证编码是什么样子的？

建立全国统一的排污许可证编码是推动固定污染源精细化管理的重要手段，是实现固定污染源信息化管理的基础，是建立全国污染源清单的重要技术支撑。因此，在排污许可制顶层设计方案中很早就提出要实现排污许可证编码的统一。

目前，环保部已经基本完成排污许可证编码规则的制定，按此规则排污许可证的编码体系由固定污染源编码、生产设施编码、污染物处理设施编码、排污口编码四大部分共同组成。

固定污染源编码与企业实现一一对应，主要用于标识环境责任主体，它由主码和副码组成，其中主码包括18位统一社会信用代码、3位顺序码和1位校验码；副码为4位数的行业类别代码标识，主要用于区分同一个排污许可证代码下污染源所属行业，当一个固定污染源包含两个及以上行业类别时，将对应多个副码。

生产设施编码是指在固定污染源编码基础上，增加生产设施标识码和流水顺序码，实现企业内部设施编码的唯一性。生产设施标识码用MF表示，流水顺序码由4位阿拉伯数字构成。

治理设施编码和排污口编码由标识码、环境要素标识符（排污口类别代码）和流水顺序码三个部分共5位字母和数字混合组成，并与固定污染源代码一起赋予该治理设施或排污口全国唯一的编码。

26. 在排污许可证的管理过程中，如何发挥公众的作用？

排污许可制强调信息公开，一是排污许可证申领、核发全过程在公众的监督之下开展，因此，要求企业在申请前自行信息公开、政府在核发后发布公告，目的是让公众知晓哪些企业持证排污、知晓企业排污应当履行什么环保义务；二是企业在排污许可证执行过程中，应定期公布企业自行监测报告、污染物排放情况和执行报告等，目的是让公众及时了解企业污染物的实际排放情况；三是政府在监管执法过程中应及时公布监管执法信息，目的是让公众及时掌握企业守法情形。

通过多阶段、多层次、多主体的信息公开，让公众和社会知晓企业执行排污许可的情况，更有利于公众对无证排污、超证排污企业的监督，方便公众举报投诉。

27. 环保部需要出台的规范主要有哪些？

为保障排污许可制度顺利实施，规范和指导企业、地方环保部门排污许可证的申请、受理、审核、执行和监管，环境保护部正在制定排污许可相关技术规范，主要包括管理规范性文件和技术规范性文件。管理规范性文件明确排污许可制配套技术体系构成、实施范围、实施计划等，解决许可证核发与监管过程中的程序性、内容性要求等，包括排污许可证管理暂行规定、排污许可管理名录等；技术规范性文件主要是统一并规范排污许可证申报、核发、执行、监管过程中的技术方法，包括排污许可证申请与核发技术规范、各行业污染源源强核算技术指南、污染防治最佳可行技术指南、自行监测技术指南、环境管理台账及排污许可证执行报告技术规范、固定污染源编码和许可证编码标准、信息大数据管理平台建设数据标准等。

28. 企业如何自行填报许可证申请表?

排污许可制度设计,始终把减轻企业负担放在首位,尽量细化排污许可申请表的内容,增加其可操作性,为此重点进行以下三个方面的安排。

第一,企业填写排污许可证申请表是在排污许可管理信息平台中进行,在平台申请程序的设计中,我们将不断积累和完善各行业排污许可数据库,包括主要生产设备、产污环节、治理措施等,并逐步建立下拉式选择菜单,供企业填写申请表时进行选择,既方便企业填写,又有利于全国统一。环保部门还将制定发布系列技术规范,供企业、环保部门、社会公众共同遵守,最大限度减少企业填报的随意性和执法部门的自由裁量权。

第二,对于石化化工、钢铁等大型复杂的企业,可以委托第三方咨询机构协助填报,但企业仍应当对申请材料的真实性、准确性和完整性承担法律责任。

第三,通过排污许可制度实施,企业应当根据规定明确单位负责人和相关人员的责任,落实企业排污许可的专业人员,逐步提高企业申领、执行排污许可证的技术水平。

29. 环境影响评价制度与排污许可制度对比(表5-1)

表5-1　环境影响评价制度与排污许可制度对比

制度	作用	时间	执法部门
环评	管环境准入	开工建设前完成	环评司,环保厅,区(县)审批科
许可	管排污,管运营	实际排污前完成	县级环境保护主管部门负责实施简化管理的排污许可证核发工作 其余的排污许可证原则上由地(市)级环境保护主管部门负责核发

第四节　首次申请排污许可证办理指南

本节以浙江省××县为例,说明首次申请排污许可证办理指南。

一、适用范围

涉及的内容:排污许可证(首次申请)的申请和办理,含核定重点大气污染物排放总量控制指标;大气污染物、水污染物均应实施排污许可管理。

适用对象:法人。

二、审查类型

前审后批。

三、审批依据

(1)《环境保护法》第四十五条规定:国家依照法律规定实行排污许可管理制度。实行排污许可管理的企业事业单位和其他生产经营者应当按照排污许可证的要求排放污染物；未取得排污许可证的，不得排放污染物。

（2）《水污染防治法》第二十条规定：国家实行排污许可制度。直接或者间接向水体排放工业废水和医疗污水以及其他按照规定应当取得排污许可证方可排放的废水、污水的企业事业单位，应当取得排污许可证。禁止企业事业单位无排污许可证或者违反排污许可证的规定向水体排放前款规定的废水、污水。

（3）《大气污染防治法》第十九条规定：排放工业废气或者本法第七十八条规定名录中所列有毒有害大气污染物的企业事业单位、集中供热设施的燃煤热源生产运营单位以及其他依法实行排污许可管理的单位，应当取得排污许可证。

（4）《浙江省大气污染防治条例》第十三条规定：排放工业废气或者有毒有害大气污染物的企业事业单位、集中供热设施的燃煤热源生产运营单位以及其他依法实行排污许可管理的单位，应当向环境保护主管部门申请核发排污许可证。第十四条规定，环境保护主管部门应当根据排污单位现有排放量、产业发展规划和清洁生产要求及本行政区域重点大气污染物排放总量控制指标，核定其重点大气污染物排放总量控制指标。

（5）《浙江省排污许可证管理暂行办法》（省政府令 272 号）第五条规定：总装机容量 30 万千瓦以上燃煤发电企业的排污许可证，由省环境保护行政主管部门核发。

（6）《排污许可证管理暂行规定》（环水体［2016］186 号）作出的具体事项规定。

四、受理机构
县级以上地方人民政府环境保护行政主管部门。

五、决定机构
县级以上地方人民政府环境保护行政主管部门。

六、数量限制
排污单位申请并领取一个排污许可证。同一法人单位或其他组织所有、位于不同地点的排污单位，应当分别申请和领取排污许可证；不同法人单位或其他组织所有的排污单位，应当分别申请和领取排污许可证。

七、申请条件
通过建设项目环境影响评价审批或备案的，可申领排污许可证。

八、禁止性要求
无。

九、申请材料目录（表5-2）

表5-2　申请材料目录

材料名称	要求	原件（份/套）	复印件（份/套）	纸质/电子版	是否必要，何种情况需提供
污染物排放许可证申请表	A4纸，加盖单位公章	1	0	纸质	必要
企业法人营业执照或事业单位法人证正本及法定代表人身份证	A4纸	0	1	纸质	必要
建设项目环境影响评价批复文件	A4纸	0	1	纸质	必要
有相应资质的环境监测机构出具的近一年环境监测报告	A4纸	0	1	纸质	必要
污染防治设施运行操作规程和运行维护方案	A4纸	0	1	纸质	必要
污染事故应急预案和应急处理所需的设施、物资清单	A4纸	0	1	纸质	必要
企业环保管理制度、排污费缴纳情况	A4纸	0	1	纸质	必要
排污权有偿使用或交易凭证	A4纸	0	1	纸质	必要

十、申请接收

申请方式：现场申请、网上申请。

联系电话：＿＿＿＿＿＿＿＿＿＿＿＿

办公地址：＿＿＿＿＿＿＿＿＿＿＿＿

网址：＿＿＿＿＿＿＿＿＿＿＿＿＿＿

十一、办理基本流程

申请→受理→审查→决定

十二、办理方式

现场办理。

十三、办结时限

自受理申请之日起20日内作出是否准予许可的决定。20日内不能作出决定的，经本行政机关负责人批准，可以延长10日，并将延长期限理由告知排污单位。

十四、收费依据及标准

不收费。

十五、审批结果

企业排污许可证或不予许可书面决定书。

十六、结果送达

自作出决定之日起 1 日内送达。

送达方式：应注明当场送达或快递送达。

十七、行政相对人权利和义务

（1）符合法定条件、标准的，申请人有依法取得行政许可的平等权利，行政机关不得歧视。

（2）行政机关依法作出不予行政许可的书面决定的，应当说明理由，并告知申请人享有依法申请行政复议或者提起行政诉讼的权利。

（3）行政许可直接涉及申请人与他人之间重大利益关系的，行政机关在作出行政许可决定前，应当告知申请人、利害关系人享有要求听证的权利；申请人、利害关系人在被告知听证权利之日起 5 日内提出听证申请的，行政机关应当在 20 日内组织听证。

（4）申请人申请行政许可，应当如实向行政机关提交有关材料和反映真实情况，并对其申请材料实质内容的真实性负责。

十八、咨询途径

申请人可通过电话、网上、窗口等方式进行咨询和审批进程查询。

电话查询：＿＿＿＿＿＿＿＿＿＿＿

网上查询：＿＿＿＿＿＿＿＿＿＿＿

十九、监督投诉渠道

二十、办公地址和时间

二十一、附件

附件 1　首次申请排污许可证办理流程图（图5-4）。

附件 2　相关申请材料示范文本。

附件 3　承诺书。

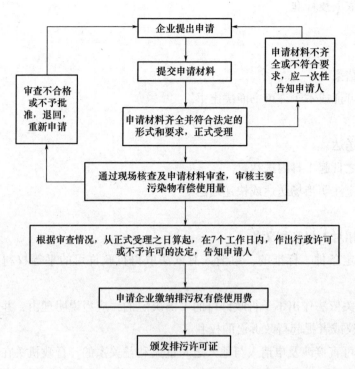

图 5-4 排污许可证办理（首次申请）流程图

第六章　环境保护税法常识

第一节　环境保护税法基本知识及实施条例解读

一、环境保护税法

1. 环境保护税开始征收时间

根据《中华人民共和国环境保护税法》第二十八条的规定，环境保护税将于 2018 年 1 月 1 日开征。

2. 环境保护税的立法目的

环境保护税的立法目的是为了保护和改善环境，减少污染物排放，推进生态文明建设。

3. 环境保护税的纳税义务人

在中华人民共和国领域和中华人民共和国管辖的其他海域，直接向环境排放应税污染物的企业事业单位和其他生产经营者为环境保护税的纳税人，应当依照《中华人民共和国环境保护税法》规定缴纳环境保护税。

4. 不属于直接向环境排放污染物、不缴纳相应污染物的环境保护税的两种形式

（1）企业事业单位和其他生产经营者向依法设立的污水集中处理、生活垃圾集中处理场所排放应税污染物的。

（2）企业事业单位和其他生产经营者在符合国家和地方环境保护标准的设施、场所贮存或者处置固体废物的。

5. 环境保护税纳税义务发生时间的确定

环境保护税纳税义务发生时间为纳税人排放应税污染物的当日。

6. 环境保护税的征税对象

环境保护税征税对象确定为大气污染物、水污染物、固体污染物、噪声，具体应税污染物依据税法所附《环境保护税税目税额表》《应税污染物和当量值表》的规定执行。

7. 环境保护税应税污染物的计税依据

根据《中华人民共和国环境保护税法》第十一条的规定，环境保护税应纳税额按照下列方法计算。

（1）应税大气污染物的应纳税额为污染当量数乘以具体适用税额。

（2）应税水污染物的应纳税额为污染当量数乘以具体适用税额。

（3）应税固体废物的应纳税额为固体废物排放量乘以具体适用税额。

（4）应税噪声的应纳税额为超过国家规定标准的分贝数对应的具体适用税额。

8. 应税大气污染物、水污染物、固体废物排放量和噪声分贝数的计算方法和顺序

（1）纳税人安装使用符合国家规定和监测规范的污染物自动监测设备的，按照污染物自动监测数据计算。

（2）纳税人未安装使用污染物自动监测设备的，按照监测机构出具的符合国家有关规定和监测规范的监测数据计算。

（3）因排放污染物种类多等原因不具备监测条件的，按照国务院环境保护主管部门规定的排污系数、物料衡算方法计算。

（4）不能按照上述规定的方法计算的，按照省、自治区、直辖市人民政府环境保护主管部门规定的抽样测算的方法核定计算。

9. 环境保护税的纳税地点

纳税人应当向应税污染物排放地的地方主管税务机关申报缴纳环境保护税。

10. 环境保护税的纳税期限

环境保护税按月计算，按季申报缴纳，纳税人应当自季度终了之日起 15 日内，向税务机关办理纳税申报并缴纳税款。不能按固定期限计算缴纳的，可以按次申报缴纳，纳税人应当自纳税义务发生之日起 15 日内，向税务机关办理纳税申报并缴纳税款。

纳税人申报缴纳时，应当向税务机关报送所排放应税污染物的种类、数量，大气污染物、水污染物的浓度值，以及税务机关根据实际需要要求纳税人报送的其他纳税资料。纳税人应当依法如实办理纳税申报，对申报的真实性和完整性承担责任。

11. 环境保护税的优惠政策

对下列情形，暂免征收环境保护税。

（1）农业生产（不包括规模化养殖）排放应税污染物的。

（2）机动车、铁路机车、非道路移动机械、船舶和航空器等流动污染源排放应税污染物的。

（3）依法设立的城乡污水集中处理、生活垃圾集中处理场所排放相应应税污染物，不超过国家和地方规定的排放标准的。

（4）纳税人综合利用的固体废物，符合国家和地方环境保护标准的。

（5）国务院批准免税的其他情形。

纳税人排放应税大气污染物或者水污染物的浓度值低于国家和地方规定的污染物排放标准百分之三十的，减按百分之七十五征收环境保护税。纳税人排放应税大气污染物或者水污染物的浓度值低于国家和地方规定的污染物排放标准百分之五十的，减按百分之五十征收环境保护税。

12. 环境保护税的征收管理规定

环境保护税由税务机关依照《中华人民共和国税收征收管理法》和《环境保护税法》的有关规定征收管理。环境保护主管部门依照《环境保护税法》和有关环境保护法律法规的规定负责对污染物的监测管理。县级以上地方人民政府应当建立税务机关、环境保护主管部门和其他相关单位分工协作工作机制，加强环境保护税征收管理，保障税款及时足额入库。

13. 环境保护税中污染当量、排污系数、物料衡算等用语的含义

（1）污染当量，是指根据污染物或者污染排放活动对环境的有害程度以及处理的技术经济性，衡量不同污染物对环境污染的综合性指标或者计量单位。同一介质相同污染当量的不同污染物，其污染程度基本相当。

（2）排污系数，是指在正常技术经济和管理条件下，生产单位产品所应排放的污染物量的统计平均值。

（3）物料衡算，是指根据物质质量守恒原理对生产过程中使用的原料、生产的产品和产生的废物等进行测算的一种方法。

14. 环境保护税中大气污染物和水污染物适用的税额标准

大气污染物和水污染物的税额下限沿用排污费最低标准，即每污染物当量 1.2 元和 1.4 元，税额上限则设定为下限的 10 倍，即 12 元和 14 元。具体适用税额的确定和调整，由省、自治区、直辖市人民政府统筹考虑本地区环境承载能力、污染物排放现状和经济社会生态发展目标要求确定。

15. 环境保护税中固体废物的种类及适用税额标准

固体废物包括煤矸石、尾矿、危险废弃物和冶炼渣、煤粉灰、炉渣以及其他固体废物（含半固态、液态废物）等。固体废物的税额具体为煤矸石 5 元/t、尾矿 15 元/t、危险废弃物 1000 元/t 和冶炼渣、煤粉灰、炉渣等 25 元/t。

16. 环境保护税中工业噪声的适用税额标准

工业噪声税额根据超标分贝数按每月 350~11200 元征收。

17. 环境保护税中应税水污染物的种类

应税水污染物分为第一类水污染物、第二类水污染物、pH、色度、大肠菌群数、余氯量水污染物。

18. 不将排放生活污水和垃圾的居民个人作为纳税人的原因

居民个人排放生活污水和垃圾对环境影响很大，但考虑目前我国大部分市、县的生活污水和垃圾已进行集中处理，不直接向环境排放，对环境的影响得到了有效控制。同时，为平稳实施费改税，避免增加纳税人负担，所以在立法安排上，将排放生活污水和垃圾的居民个人未列入征税范围，不用缴纳环境保护税。

19. 大气污染物的种类

大气污染物包括二氧化硫、氮氧化物、一氧化碳、氯气等 44 种污染物。

20. 实行环境保护费改税的原因

党中央、国务院高度重视生态环境保护工作，大力推进大气、水、土壤污染防治，持续加大生态环境保护力度，近年来我国生态环境质量有所改善。但总体上看，部分地区环境污染问题仍然比较严重，影响了人民群众对美好幸福生活的向往，加强环境保护已刻不容缓。我国"十三五"规划明确提出：大力推进生态文明建设，实行最严格环境保护制度，加大环境治理力度。实行环境保护费改税，是落实党中央、国务院决策部署的重要举措。

21. 环境保护税收入归属问题

根据国务院文件：国务院关于环境保护税收入归属问题的通知（国发［2017］56 号），环境保护税全部作为地方收入。

二、环境保护税法实施条例解读

2017 年 12 月 25 日，公布《中华人民共和国环境保护税法实施条例》（以下简称实施条例），自 2018 年 1 月 1 日起施行。国务院法制办、财政部、国家税务总局、环境保护部负责人就实施条例有关问题回答了记者的提问。

1. 制定实施条例的背景

2016 年 12 月 25 日第十二届全国人民代表大会常务委员会第二十五次会议通过了《中华人民共和国环境保护税法》（以下简称环境保护税法），自 2018 年 1 月 1 日起施行。

制定环境保护税法，是落实党的十八届三中全会、四中全会提出的"推动环境保护费改税""用严格的法律制度保护生态环境"要求的重大举措，对于保护和改善环境、减少污染物排放、推进生态文明建设具有重要的意义。为保障环境保护税法顺利实施，有必要制定实施条例，细化法律的有关规定，进一步明确界限、增强可操作性。

2. 实施条例对环境保护税法的细化

实施条例在环境保护税法的框架内，重点对征税对象、计税依据、税收减免以及税收征管的有关规定作了细化，以更好地适应环境保护税征收工作的实际需要。

3. 对于征税对象，实施条例的细化规定

一是明确《环境保护税税目税额表》所称其他固体废物的具体范围依照环境保护税法第六条第二款规定的程序确定，即由省、自治区、直辖市人民政府提出，报同级人大常委会决定，并报全国人大常委会和国务院备案。

二是明确"依法设立的城乡污水集中处理场所"的范围。实施条例规定依法设立的城乡污水集中处理场所是指为社会公众提供生活污水处理服务的场所，不包括为工业园区、开发区等工业聚集区域内的企业事业单位和其他生产经营者提供污水处理服务的场所，以及企业事业单位和其他生产经营者自建自用的污水处理场所。

三是明确规模化养殖缴纳环境保护税的相关问题，规定达到省级人民政府确定的规模标准并且有污染物排放口的畜禽养殖场应当依法缴纳环境保护税；依法对畜禽养殖废弃物进行综合利用和无害化处理的，不属于直接向环境排放污染物，不缴纳环境保护税。

4. 环境保护税的计税依据及实施条例在这方面的明确规定

按照环境保护税法的规定，应税大气污染物、水污染物按照污染物排放量折合的污染当量数确定计税依据，应税固体废物按照固体废物的排放量确定计税依据，应税噪声按照超过国家规定标准的分贝数确定计税依据。

根据实际情况和需要，实施条例进一步明确了有关计税依据的两个问题：一是考虑到在符合国家和地方环境保护标准的设施、场所贮存或者处置固体废物不属于直接向环境排放污染物，不缴纳环境保护税，对依法综合利用固体废物暂予免征环境保护税，为体现对纳税人治污减排的激励，实施条例规定固体废物的排放量为当期应税固体废物的产生量减去当期应税固体废物的贮存量、处置量、综合利用量的余额；二是为体现对纳税人相关违法行为的惩处，实施条例规定，纳税人有非法倾倒应税固体废物，未依法安装使用污染物自动监测设备或者未将污染物自动监测设备与环境保护主管部门的监控设备联网，损毁或者擅自移动、改变污染物自动监测设备，篡改、伪造污染物监测数据以及进行虚假纳税申报等情形的，以其当期应税污染物的产生量作为污染物的排放量。

5. 对环境保护税法第十三条关于减征环境保护税的规定，实践中对相关界限的把握

环境保护税法第十三条规定，纳税人排放应税大气污染物或者水污染物的浓度值低于排放标准30%的，减按75%征收环境保护税；低于排放标准50%的，减按50%征收环境保护税。

为便于实际操作，实施条例首先明确了上述规定中应税大气污染物、水污染物浓度值的计算方法。同时，实施条例按照从严掌握的原则，进一步明确限定了适用减税的条件，即应税大气污染物浓度值的小时平均值或者应税水污染物浓度值的日平均值，以及监测机构当月每次监测的应税大气污染物、水污染物的浓度值，均不得超过国家和地方规定的污染物排放标准。

6. 为保障环境保护税征收管理顺利开展，实施条例所作的规定

从实际情况看，环境保护税征收管理相对更为复杂。为保障环境保护税征收管理顺利开展，实施条例在明确县级以上地方人民政府应当加强对环境保护税征收管理工作的领导，及时协调、解决环境保护税征收管理工作中重大问题的同时，进一步明确税务机关和环境保护主管部门在税收征管中的职责以及互相交送信息的范围，并对纳税申报地点的确定、税收征收管辖争议的解决途径、纳税人识别、纳税申报数据资料异常包括的具体情形、纳税人申报的污染物排放数据与环境保护主管部门交送的相关数据不一致时的处理原则，以及税务机关、环境保护主管部门无偿为纳税人提供有关辅导、培训和咨询服务等作了明确规定。

7. 实施条例自2018年1月1日起与环境保护税法同步施行，届时是否还征收排污费？

根据环境保护税法第二十七条规定，自该法2018年1月1日施行之日起，不再征收排污费。实施条例与环境保护税法同步施行，作为征收排污费依据的《排污费征收使用管理条例》同时废止。

第二节　环境保护税

一、环境保护税税目税额表

2016年12月25日，第十二届全国人民代表大会常务委员会第二十五次会议通过的《中华人民共和国环境保护税法》中的"环境保护税税目税额表"见表6-1和表6-2。

表 6-1　环境保护税税目税额表

税　目		计税单位	税额	备注
大气污染物		污染当量	1.2~12 元	
水污染物		污染当量	1.4~14 元	
固体废物	煤矸石	t	5 元	
	尾矿	t	15 元	
	危险废物	t	1000 元	
	冶炼渣、粉煤灰、炉渣、其他固体废物（含半固态、液态废物）	t	25 元	
噪声	工业噪声	超标 1~3 分贝	每月 350 元	1. 一个单位边界上有多处噪声超标，根据最高一处超标声级计算应纳税额；当沿边界长度超过 100m 有两处以上噪声超标，按照两个单位计算应纳税额 2. 一个单位有不同地点作业场所的，应当分别计算应纳税额，合并计征 3. 昼、夜均超标的环境噪声，昼、夜分别计算应纳税额，累计计征 4. 声源一个月内超标不足 15 天的，减半计算应纳税额 5. 夜间频繁突发和夜间偶然突发厂界超标噪声，按等效声级和峰值噪声两种指标中超标分贝值高的一项计算应纳税额
		超标 4~6 分贝	每月 700 元	
		超标 7~9 分贝	每月 1400 元	
		超标 10~12 分贝	每月 2800 元	
		超标 13~15 分贝	每月 5600 元	
		超标 16 分贝以上	每月 11200 元	

表 6-2　纳税污染物和当量值表

一、第一类水污染物污染当量值

污染物	污染当量值（kg）
1. 总汞	0.0005
2. 总镉	0.005
3. 总铬	0.04
4. 六价铬	0.02
5. 总砷	0.02
6. 总铅	0.025
7. 总镍	0.025
8. 苯并（a）芘	0.0000003
9. 总铍	0.01
10. 总银	0.02

二、第二类水污染物污染当量值

污染物	污染当量值（kg）	备注
11. 悬浮物（SS）	4	
12. 生化需氧量（BOD$_S$）	0.5	同一排放口中的化学需氧量、生化需氧量和总有机碳，只征收一项
13. 化学需氧量（COD）	1	
14. 总有机碳（TOC）	0.49	
15. 石油类	0.1	
16. 动植物油	0.16	
17. 挥发酚	0.08	
18. 总氰化物	0.05	
19. 硫化物	0.125	
20. 氨氮	0.8	
21. 氟化物	0.5	
22. 甲醛	0.125	
23. 苯胺类	0.2	
24. 硝基苯类	0.2	
25. 阴离子表面活性剂（LAS）	0.2	
26. 总铜	0.1	
27. 总锌	0.2	
28. 总锰	0.2	
29. 彩色显影剂（CD-2）	0.2	
30. 总磷	0.25	
31. 单质磷（以 P 计）	0.05	
32. 有机磷农药（以 P 计）	0.05	
33. 乐果	0.05	
34. 甲基对硫磷	0.05	
35. 马拉硫磷	0.05	
36. 对硫磷	0.05	
37. 五氯酚及五氯酚钠（以五氯酚计）	0.25	
38. 三氯甲烷	0.04	
39. 可吸附有机卤化物（AOX）（以 Cl 计）	0.25	
40. 四氯化碳	0.04	
41. 三氯乙烯	0.04	
42. 四氯乙烯	0.04	
43. 苯	0.02	
44. 甲苯	0.02	

污染物	污染当量值 （kg）	备注
45. 乙苯	0.02	
46. 邻二甲苯	0.02	
47. 对二甲苯	0.02	
48. 间二甲苯	0.02	
49. 氯苯	0.02	
50. 邻二氯苯	0.02	
51. 对二氯苯	0.02	
52. 对硝基氯苯	0.02	
53. 2，4-二硝基氯苯	0.02	
54. 苯酚	0.02	
55. 间甲酚	0.02	
56. 2，4-二氯酚	0.02	
57. 2，4，6-三氯酚	0.02	
58. 邻苯二甲酸二丁酯	0.02	
59. 邻苯二甲酸二辛酯	0.02	
60. 丙烯腈	0.125	
61. 总硒	0.02	

三、pH、色度、大肠菌群数、余氯量水污染物污染当量值

污染物		污染当量值	备注
1. pH	1. 0~1，13~14	0.06 吨污水	pH5~6 指大于等于 5，小于 6；pH9~10 指大于 9，小于等于 10，其余类推
	2. 1~2，12~13	0.125 吨污水	
	3. 2~3，11~12	0.25 吨污水	
	4. 3~4，10~11	0.5 吨污水	
	5. 4~5，9~10	1 吨污水	
	6. 5~6	5 吨污水	
2. 色度		5 吨水·倍	
3. 大肠菌群数（超标）		3.3 吨污水	大肠菌群数和余氯量只征收一项
4. 余氯量（用氯消毒的医院废水）		3.3 吨污水	

四、禽畜养殖业、小型企业和第三产业水污染物污染当量值

本表仅适用于计算无法进行实际监测或者物料衡算的禽畜养殖业、小型企业和第三产业等小型排污者的水污染物污染当量数

类型		污染当量值	备注
禽畜养殖场	1. 牛	0.1 头	仅对存栏规模大于 50 头牛、500 头猪、5000 羽鸡鸭等的禽畜养殖场征收
	2. 猪	1 头	
	3. 鸡、鸭等家禽	33 羽	
4. 小型企业		1.8 吨污水	

续表

类型		污染当量值	备注
5. 饮食娱乐服务业		0.5 吨污水	
6. 医院	消毒	0.14 床	医院病床数大于 20 张的按照本表计算污染当量数
		2.8 吨污水	
	不消毒	0.07 床	
		1.4 吨污水	

五、大气污染物污染当量值

污染物	污染当量值（kg）
1. 二氧化硫	0.95
2. 氮氧化物	0.95
3. 一氧化碳	16.7
4. 氯气	0.34
5. 氯化氢	10.75
6. 氟化物	0.87
7. 氰化氢	0.005
8. 硫酸雾	0.6
9. 铬酸雾	0.0007
10. 汞及其化合物	0.0001
11. 一般性粉尘	4
12. 石棉尘	0.53
13. 玻璃棉尘	2.13
14. 碳黑尘	0.59
15. 铅及其化合物	0.02
16. 镉及其化合物	0.03
17. 铍及其化合物	0.0004
18. 镍及其化合物	0.13
19. 锡及其化合物	0.27
20. 烟尘	2.18
21. 苯	0.05
22. 甲苯	0.18
23. 二甲苯	0.27
24. 苯并（a）芘	0.000002
25. 甲醛	0.09
26. 乙醛	0.45
27. 丙烯醛	0.06
28. 甲醇	0.67
29. 酚类	0.35
30. 沥青烟	0.19
31. 苯胺类	0.21
32. 氯苯类	0.72
33. 硝基苯	0.17
34. 丙烯腈	0.22

污染物	污染当量值（kg）
35. 氯乙烯	0.55
36. 光气	0.04
37. 硫化氢	0.29
38. 氨	9.09
39. 三甲胺	0.32
40. 甲硫醇	0.04
41. 甲硫醚	0.28
42. 二甲二硫	0.28
43. 苯乙烯	25
44. 二硫化碳	20

备注：环境保护税法下列用语的含义。

（1）污染当量是指根据污染物或者污染排放活动对环境的有害程度以及处理的技术经济性，衡量不同污染物对环境污染的综合性指标或者计量单位。同一介质相同污染当量的不同污染物，其污染程度基本相当。

（2）排污系数是指在正常技术经济和管理条件下，生产单位产品所应排放的污染物量的统计平均值。

（3）物料衡算是指根据物质质量守恒原理对生产过程中使用的原料、生产的产品和产生的废物等进行测算的一种方法。

二、全国各省环境保护税标准

截至 2017 年底，各省（市）公布的环境保护税标准如下。

1. 北京市

按照中央环境保护税改革部署和《环境保护税法》授权，统筹考虑北京市环境承载能力、污染物排放现状和经济社会生态发展目标要求，北京市十四届人大常委会第四十二次会议决定：本市应税大气污染物适用税额标准为 12 元/污染当量；应税水污染物适用税额标准，为 14 元/污染当量，统一按法定幅度的上限执行。

北京市的法定上限全国最高。

2. 河北省

河北省的环境保护税分三档，是与北京相邻区县税额最高的。

（1）执行一档税额标准的区域。

与北京相邻的 13 个县（市、区），分别是涞水县、涿鹿县、怀来县、赤城县、丰宁满族自治县、滦平县、三河市、涿州市、大厂回族自治县、香河县、廊坊市广阳区和安次区、固安县；雄安新区及相邻的 12 个县（市、区），分别是雄县、安新县、容城县以及永清县、霸州市、文安县、任丘市、高阳县、保定市竞秀区、莲池区、满城区、清苑区、徐水区、定兴县、高碑店市。

税额标准为：大气中的主要污染物执行每污染当量9.6元，水中的主要污染物执行每污染当量11.2元；大气和水中的其他污染物分别执行每污染当量4.8元和每污染当量5.6元。

（2）执行二档税额标准的区域。石家庄、保定、廊坊、定州、辛集市（不含执行一档税额的区域）。

税额标准为：大气中的主要污染物执行每污染当量6元，水中的主要污染物执行每污染当量7元；大气和水中的其他污染物分别执行每污染当量4.8元和每污染当量5.6元。

（3）执行三档税额标准的区域。唐山、秦皇岛、沧州、张家口、承德、衡水、邢台、邯郸市（不含执行一档、二档税额的区域）。

税额标准为：大气中的主要污染物和其他污染物均执行每污染当量4.8元；水中的主要污染物和其他污染物均执行每污染当量5.6元。

3. 其他省市

（1）上海。应税大气污染物适用税额标准：2018年1月1日起，二氧化硫、氮氧化物的税额标准分别为每污染当量6.65元、7.6元；其他大气污染物的税额标准为每污染当量1.2元；2019年1月1日起，二氧化硫、氮氧化物的税额标准分别调整为每污染当量7.6元、8.55元。

应税水污染物适用税额标准：2018年1月1日起，化学需氧量税额标准为每污染当量5元；氨氮税额标准为每污染当量4.8元；第一类水污染物税额标准为每污染当量1.4元；其他类水污染物税额标准为每污染当量1.4元（已通过市人大表决）。

（2）福建。大气污染物每污染当量1.2元；水污染物中，五项重金属、化学需氧量和氨氮每污染当量1.5元；其他水污染物每污染当量1.4元。基本遵循"税费平移"（已通过省人大表决）。

（3）贵州。大气污染物每污染当量2.4元；水污染物每污染当量2.8元。为贵州现行排污费征收标准的两倍（已通过省人大表决）。

（4）浙江。大气污染物每污染当量1.4元，四类重金属污染物为每污染当量18元；水污染物每污染当量1.4元，五类重金属污染物为每污染当量1.8元。基本遵循"税费平移"。

（5）江苏。大气和水中的主要污染物征收标准分别是每污染当量4.8元和5.6元。基本遵循"税费平移"。

（6）江西。大气污染物每污染当量1.2元；水污染物每污染当量1.4元。基本遵循"税费平移"，且为最低税收标准。

（7）广东。大气污染物每污染当量1.8元；水污染物每污染当量2.8元。相比现行排污费征收标准有所上浮。

（8）云南。2018年按照现行排污费的标准作为环境保护税额标准，大气污染物适用税额每污染当量1.2元；水污染物适用税额每污染当量1.4元。2019年1月起，适当提高环境保护税税额标准，大气污染每污染当量2.8元；水污染每污染当量3.5元（已通过省人大表决）。

（9）湖南。应税大气污染物适用税额拟为每污染当量2.4元，应税水污染物适用税额拟为每污染当量3元。

（10）山东。二氧化硫、氮氧化物每污染当量6元，其他大气污染物每污染当量1.2元。常规排放源排放的化学需氧量、氨氮和五项主要重金属由1.4元提高到3元，其他水污染物由0.9元提高到1.4元（已通过省人大表决）。

（11）海南。应税大气污染物税额标准为每污染当量2.4元，水污染物税额标准为每污染当量2.8元（已通过省人大表决）。

（12）辽宁。大气污染物拟定税额标准为1.2元/污染当量，水污染物拟定税额标准为每污染当量1.4元（已通过省人大表决）。

三、环境保护税计算方法

1. 计税方法

（1）应税噪声按照超过国家规定标准的分贝数确定（图6-1）。

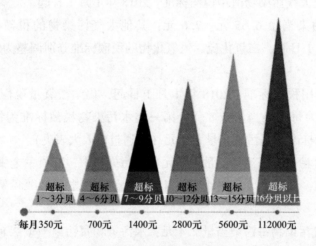

超标	超标	超标	超标	超标	超标
1~3分贝	4~6分贝	7~9分贝	10~12分贝	13~15分贝	16分贝以上
每月350元	700元	1400元	2800元	5600元	112000元

图6-1　工业噪声计税方法

①一个单位边界上有多处噪声超标，根据最高一处超标声级计算应纳税额；当沿边界长度超过100m有两处以上噪声超标，按照两个单位计算应纳税额。

②一个单位有不同地点作业场所的，应当分别计算应纳税额，合并计征。

③昼、夜均超标的环境噪声，昼、夜分别计算应纳税额，累计计征。

④声源一个月内超标不足15天的，减半计算应纳税额。

⑤夜间频繁突发和夜间偶然突发厂界超标噪声，按等效声级和峰值噪声两种指标中超标分贝值高的一项计算应纳税额。

（2）大气污染物、水污染物、固体废物应纳税额。

大气污染物、水污染物、固体废物应纳税额=污染当量数×适用税额

应税大气污染物、水污染物的污染当量数=该污染物的排放量/该污染物的污染当量值

应税固体废物的污染当量数=产生量-综合利用量（免征）-储存量和处置量(不属于直接向环境排放污染物)

（3）应税大气污染物、水污染物、固体废物的排放量和噪声的分贝数，按照下列方法和顺序计算。

①纳税人安装使用符合国家规定和监测规范的污染物自动监测设备的，按照污染物自动监测数据计算。

②纳税人未安装使用污染物自动监测设备的，按照监测机构出具的符合国家有关规定和监测规范的监测数据计算。

③因排放污染物种类多等原因不具备监测条件的，按照国务院环境保护主管部门规定的排污系数、物料衡算方法计算。

④不能按照上述方法计算的，按照省、自治区、直辖市人民政府环境保护主管部门规定的抽样测算的方法核定计算。

（4）每一排放口或者没有排放口的应税大气污染物，对前三项污染物征收环境保护税，按照污染当量数从大到小排序。

每一排放口的应税水污染物，按照本法所附《应税污染物和当量值表》，区分第一类水污染物和其他类水污染物，按照污染当量数从大到小排序，对第一类水污染物按照前五项征收环境保护税，对其他类水污染物按照前三项征收环境保护税。省、自治区、直辖市人民政府根据本地区污染物减排的特殊需要，可以增加同一排放口征收环境保护税的应税污染物项目数，报同级人民代表大会常务委员会决定，并报全国人民代表大会常务委员会和国务院备案。

四、环保税计算举例

1. 大气污染物

某企业 8 月向大气直接排放二氧化硫、氟化物各 10kg，一氧化碳、氯化氢各 100kg，假设大气污染物每污染当量税额按《环境保护税税目税额表》最低标准 1.2 元计算，该企业只有一个排放口。请计算企业 8 月大气污染物应缴纳的环境保护税（结果保留两位小数）。应税污染物和当量值如图 6-2 所示。

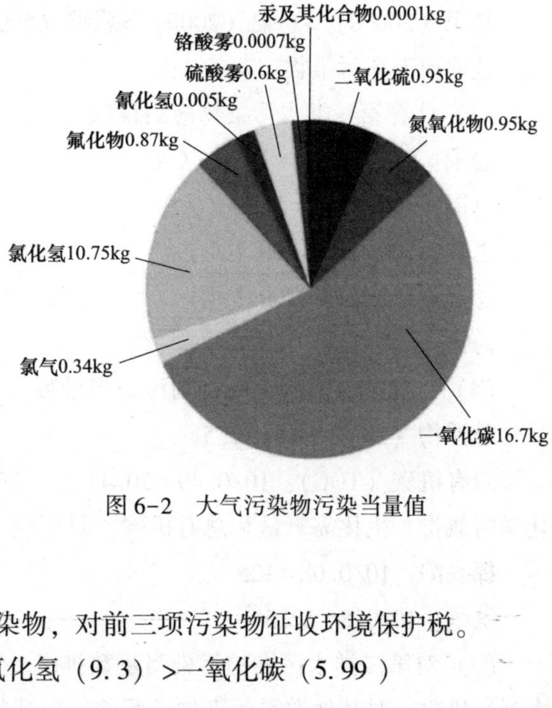

（1）计算各污染物的污染当量数。

二氧化硫：$10/0.95 = 10.53$

氟化物：$10/0.87 = 11.49$

一氧化碳：$100/16.7 = 5.99$

氯化氢：$100/10.75 = 9.3$

图 6-2 大气污染物污染当量值

（2）按污染物的污染当量数排序。

每一排放口或者没有排放口的应税大气污染物，对前三项污染物征收环境保护税。

氟化物（11.49）>二氧化硫（10.53）>氯化氢（9.3）>一氧化碳（5.99）

选取前三项污染物。

（3）计算应纳税额。

氟化物：11.49×1.2＝13.79（元）

二氧化硫：10.53×1.2＝12.63（元）

氯化氢：9.3×1.2＝11.16（元）

2. 水污染物

某企业 8 月向水体直接排放第一类水污染物总汞、总镉、总铬、总砷、总铅、总银各 10kg。排放第二类水污染物悬浮物（SS）、总有机碳（TOC）、挥发酚、氨氮各 10kg。假设水污染物每污染当量税额按《环境保护税税目税额表》最低标准 1.4 元计算，请计算企业 8 月水污染物应缴纳的环境保护税（结果保留两位小数）。

应税污染物和当量值表如图 6-3 所示。同一排放口的化学需氧量、生化需氧量和总有机碳，只征收一项。

（1）计算第一类水污染物的污染当量数。

总汞：10/0.0005＝20000

总镉：10/0.005＝2000

总铬：10/0.04＝250

总砷：10/0.02＝500

总铅：10/0.025＝400

总银：10/0.02＝500

（2）对第一类水污染物污染当量数排序。每一排放口的应税水污染物按照污染当量数从大到小排序，对第一类水污染物按照前五项征收环境保护税。

总汞（20000）＞总镉（2000）＞总砷（500）＝总银（500）＞总铅（400）＞总铬（250）选取前五项污染物。

（3）计算第一类水污染物应纳税额。

总汞：20000×1.4＝28000（元）

总镉：2000×1.4＝2800（元）

总砷：500×1.4＝700（元）

总银：500×1.4＝700（元）

总铅：400×1.4＝560（元）

（4）计算第二类水污染物的污染当量数。

悬浮物（SS）：10/4＝2.5

总有机碳（TOC）：10/0.49＝20.41（《应税污染物和当量值表》中，对同一排放口中的化学需氧量、生化需氧量和总有机碳，只征收一项。按三者中污染当量数最高的一项收取。）

挥发酚：10/0.08＝125

氨氮：10/0.8＝12.5

（5）对第二类水污染物污染当量数排序。每一排放口的应税水污染物按照污染当量数从大到小排序，对其他类水污染物按照前三项征收环境保护税。

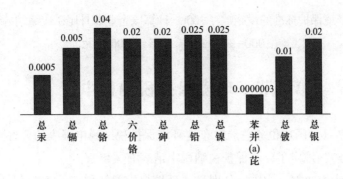

(a) 第一类水污染物当量值(kg)

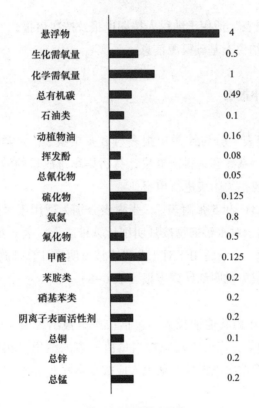

(b) 第二类水污染物当量值(kg)

图6-3 应税污染物和当量值表

挥发酚（125）＞总有机碳（20.41）＞氨氮（12.5）＞悬浮物（2.5）

（6）计算第二类水污染物应纳税额。

挥发酚：125×1.4＝175（元）

总有机碳：20.41×1.4＝28.57（元）

氨氮：12.5×1.4＝17.5（元）

3. 固体废物

假设某企业8月产生尾矿1000t，其中综合利用的尾矿300t（符合国家和地方环境保护标准），在符合国家和地方环境保护标准的设施贮存200t。计算该企业8月尾矿应缴纳的环境保护税为：

$$(1000-300-200)\times15=7500\ (元)$$

第三节　环境保护税纳税申请表

2018年1月27日，国家税务总局发布《环境保护税纳税申报表的公告》（国家税务总局公告2018年第7号），规定了环境保护税纳税申请表有关事宜。

环境保护税报表由两部分构成，分别是"环境保护税纳税申报表"和"环境保护税基础信息采集表"。

"环境保护税纳税申报表"适用于纳税人按期申报及按次申报，"环境保护税基础信息采集表"适用于一次性采集纳税人基础税源信息。

一、环境保护税纳税申报表

1. A类申请表

"环境保护税纳税申报表"分为A类申报表与B类申报表。A类申报表适用于通过自动监测、监测机构监测、排污系数和物料衡算法计算污染物排放量的纳税人，享受减免税优惠的纳税人还需要填报减免税相关附表进行申报。

包括1张主表（表6-3）和5张附表。5张附表分别为适用于对大气污染物按月明细计算排放量（表6-4）、适用于对水污染物按月明细计算排放量（表6-5）、适用于对固体废物按月明细计算排放量（表6-6）、适用于对工业噪声按月明细计算排放量（表6-7）和适用于享受减免税优惠纳税人的减免税明细计算申报（表6-8）。

2. B类申报表

适用于除A类申报之外的其他纳税人，包括按次申报纳税人、适用环境保护税法所附《禽畜养殖业、小型企业和第三产业水污染物当量值》表的纳税人和采用抽样测算方法计算污染物排放量的纳税人。除按次申报外，纳税人应按月填写B类表（表6-9），按季申报。

二、环境保护税基础信息采集表

首次申报环境保护税的纳税人应同时填报"环境保护税基础信息采集表"，纳税人与环境保护税相关的基础信息发生变化的，应及时向主管税务机关办理变更手续。"环境保护税基础信息采集表"适用于一次性采集纳税人环境保护税基础信息，包括1张主表（表6-10）和4张附表。

主表用于采集纳税人基本信息、主要污染物类别以及应税污染物排放口等相关信息项。

附表用于采集纳税人各类应税污染物的相关信息以及污染物排放量计算方法。4张附表为：用于采集应税大气、水污染物相关基础信息（表6-11）、用于采集应税固体废物相关基础信息（表6-12）、用于采集应税噪声相关基础信息（表6-13）和用于采集纳税人产排污系数等相关基础信息（表6-14）。

表6-3　环境保护纳税申报表（A类）

税款所属期：自　年　月　日至　年　月　日　　　　填表日期：　年　月　日　　　　金额单位：元至角分

*纳税人名称：　　　　　　　　　　　　　　　　　*统一社会信用代码（纳税人识别号）：

税源编号(1)	*排放口名称或噪声源名称(2)	*税目(3)	*污染物名称(4)	*计税依据或超标噪声综合系数(5)	*单位税额(6)	*本期应纳税额(7)=(5)×(6)	本期减免税额(8)	*本期已缴税额(9)	*本期应补(退)税额(10)=(7)-(8)-(9)
合计	—	—	—	—	—				

（公章）

授权声明

如果你已委托代理人申报，请填写下列资料：
本纳税人　　　　　　　　　　　　　　　　　　（地址）
（统一社会信用代码）　　　　　　　　　　　　为
代理一切税务事宜，现授权　　　　　　　（地址）
为代理人，任何与本申报表有关的往来文件，都可寄
于此人。

授权人签字：

*申报人声明

本纳税申报表是根据国家税收法律法规及相关规定填写的，是真实的、可靠的、完整的。

声明人签字：

办税人：　　　　　　　　　　　　主管税务机关：　　　　　　　　　　受理人：　　　　　　　　　　受理日期：　年　月　日

经办人：

本表一式两份，一份纳税人留存，一份税务机关留存。

表 6-3 填表说明：

1. 本表适用于按照《中华人民共和国环境保护税法》第十条前三项方法计算应税污染物排放量的纳税人填报。表内带 * 的为必填项。

2. 本表包含 5 张附表，分别见表 6-4《环境保护税按月计算报表（大气污染物适用）》、表 6-5《环境保护税按月计算报表（水污染物适用）》、表 6-6《环境保护税按月计算报表（固体废物适用）》、表 6-7《环境保护税按月计算报表（噪声适用）》、表 6-8《环境保护税减免税明细计算报表》）。

3. 第 1 栏 "税源编号"：由税务机关通过征管系统根据纳税人的排放口信息赋予编号。

4. 第 2 栏 "排放口名称或噪声源名称"：纳税人可自行命名每一个排放口名称或噪声源的具体名称。该项应与《环境保护税基础信息采集表》中填写的名称一致。

5. 第 3 栏 "税目"：按照《中华人民共和国环境保护税法》附表一的税目填写，分别为 "大气污染物" "水污染物" "固体废物（煤矸石）" "固体废物（尾矿）" "固体废物（危险废物）" "固体废物（冶炼渣）" "固体废物（粉煤灰）" "固体废物（炉渣）" "固体废物（其他固体废物）" "噪声（工业噪声）"。

6. 第 4 栏 "污染物名称"：大气污染物和水污染物根据《中华人民共和国环境保护税法》附表二的污染物名称填写。固体废物根据《中华人民共和国环境保护税法》附表一填写，其中：税目为 "固体废物（危险废物）" 的，按照国务院环境保护主管部门发布的国家危险废物名录中的相应代码填写；税目为 "固体废物（其他固体废物）" 的，按照其他应税固体废物具体名称填写。噪声填写 "工业噪声超标 1~3 分贝" "工业噪声超标 4~6 分贝" "工业噪声超标 7~9 分贝" "工业噪声超标 10~12 分贝" "工业噪声超标 13~15 分贝" "工业噪声超标 16 分贝以上"。从事海洋工程的纳税人排放应税大气污染物的，填写大气污染物具体名称，如 "二氧化硫—海洋工程（气）" "氮氧化物—海洋工程（气）" "一氧化碳—海洋工程（气）" 等；从事海洋工程的纳税人排放应税水污染物的，填写海洋工程相应水污染物名称："石油类—海洋工程（生产污水和机舱污水）" "石油类—海洋工程（钻井泥浆和钻屑）" "总汞—海洋工程（钻井泥浆和钻屑）" "总镉—海洋工程（钻井泥浆和钻屑）" "化学需氧量（CODcr）—海洋工程（生活污水）"；从事海洋工程的纳税人排放生活垃圾的，填写 "生活垃圾—海洋工程"。

7. 第 5 栏 "计税依据或超标噪声综合系数"：根据附表计算出的应税大气污染物和水污染物的污染当量数、应税固体废物的排放量，分污染物名称合计填写。噪声按照附表 1.4《环境保护税按月计算报表（噪声适用）》中的第 13 栏 "超标噪声综合系数" 填写。

8. 第 6 栏 "单位税额"：按照《中华人民共和国环境保护税法》附表一和各省、自治区、直辖市公布的应税大气污染物、水污染物具体适用税额填写。

9. 第 8 栏 "本期减免税额"：按照表 6-8《环境保护税减免税明细计算报表》第 15 栏 "本期减免税额" 分污染物名称的合计数填写。

表6-4 环境保护税按月计算报表

（大气污染物适用）

税款所属期：自 年 月 日至 年 月 日
纳税人名称： 统一社会信用代码（纳税人识别号）：

*月份	*税源编号	*排放口名称	*污染物名称	*污染物排放量计算方法	监测计算		排污系数计算				*污染物排放量（千克）	*污染当量值（千克）	*污染当量数
					废气排放量（万标立方米）	实测浓度值（毫克/标立方米）	计算基数	产污系数	排污系数	污染物单位			
(1)	(2)	(3)	(4)	(5)	(6)	(7)	(8)	(9)	(10)	(11)	(12) = (6) × (7) ÷100 (12) = (8) × (9) ×N (12) = (8) × (10) ×N	(13)	(14) = (12) ÷ (13)

表6-4填表说明：

1.本表用于大气污染物环境保护税的计算申报。表内带 * 的为必填项。

2.第1栏"月份"：按税款所属期分月填写，如"1月""2月""3月"。

3.第5栏"污染物排放量计算方法"：填写"自动监测""监测机构监测""排污系数"或"物料衡算"。

4.第6栏"废气排放量"：污染物排放量计算方法为"自动监测"或"监测机构监测"的填写该项。

5.第7栏"实测浓度值"：采用自动监测的，按自动监测仪器当月读数填写；采用监测机构监测（含符合规定的自行监测）的，按监测机构出具的报告填写。

6.第8栏"计算基数"：填写产品产量值或原材料耗用值。

7.第9栏"产污系数"：使用产污系数法计算污染物排放量的，填写国务院环境保护主管部门发布的纳税人适用的产污系数，无需填写第10栏"排污系数"。

8.第10栏"排污系数"：使用排污系数法计算污染物排放量的，填写国务院环境保护主管部门发布的纳税人适用的排污系数，无需填写第9栏"产污系数"。

9.第11栏"污染物单位"：按照国务院环境保护主管部门发布的纳税人适用的产排污系数表中"单位"栏的分子项填写，包括"吨""千克""克""毫克"。

10.第12栏"污染物排放量"：采用自动监测方法计算污染物排放量的，按照自动监测仪器当月读数填写，此时，该栏可不等于第6栏×第7栏。采用监测机构监测方法计算污染物排放量的，污染物排放量=废气排放量×实测浓度值÷100（注：将污染物排放量换算成千克）。采用排污系数方法计算污染物排放量的，污染物排放量=计算基数×排污系数（或产污系数）×换算值 N（注：将污染物排放量换算成千克）。"污染物单位"为吨时，N 为1000；"污染物单位"为千克时，N 为1；"污染物单位"为克时，N 为0.001；"污染物单位"为毫克时，N 为0.000001。采用物料衡算方法计算污染物排放量的，按纳税人适用的物料衡算方法计算填写污染物排放量（注：将污染物排放量换算成千克）。

11.第13栏"污染当量值"：根据《中华人民共和国环境保护税法》附表二填写。

表 6-5　环境保护税按月计算报表

（水污染物适用）

税款所属期：自　年　月　日至　年　月　日
纳税人名称：
统一社会信用代码（纳税人识别号）：

*月份	*税源编号	*排放口名称	*种类	*污染物名称	*污染物排放量计算方法	监测计算		排污系数计算				*污染物排放量（千克或吨）	*污染当量值（千克或吨）	*污染当量数
						污水排放量（吨）	实测浓度值（毫克/升）	计算基数	产污系数	排污系数	污染物单位			
(1)	(2)	(3)	(4)	(5)	(6)	(7)	(8)	(9)	(10)	(11)	(12)	(13) = (7) × (8) ÷1000 (13) = (9) × (10) ×N (13) = (9) × (11) ×N (13) = (7)	(14)	(15) = (13) ÷ (14)

表 6-5 填表说明：

1. 本表用于水污染物环境保护税的计算申报。表内带 * 的为必填项。

2. 第 1 栏 "月份"：按税款所属期分月填写，如 "1 月" "2 月" "3 月"。

3. 第 4 栏 "种类"：填写 "第一类水污染物" 或 "其他类水污染物"；"其他类水污染物" 包括第二类水污染物、pH、色度、大肠菌群数、余氯量。

4. 第 5 栏 "污染物名称"：当污染物是 "pH" 时，根据实测 pH 对应填写 "pH（0~1，13~14）" "pH（1~2，12~13）" "pH（2~3，11~12）" "pH（3~4，10~11）" "pH（4~5，9~10）" "pH（5~6）"。

5. 第 6 栏 "污染物排放量计算方法"：填写 "自动监测" "监测机构监测" "排污系数" 或 "物料衡算"。

6. 第 7 栏 "污水排放量"：污染物排放量计算方法为 "自动监测" 或 "监测机构监测" 的填写该项。

7. 第 8 栏 "实测浓度值"：采用自动监测的，按自动监测仪器当月读数填写；采用监测机构监测（含符合规定的自行监测）的，按监测机构出具的报告填写。

8. 第 9 栏 "计算基数"：填写产品产量值或原材料耗用值。

9. 第 10 栏 "产污系数"：使用产污系数法计算污染物排放量的，填写国务院环境保护主管部门发布的纳税人适用的产污系数，无需填写第 10 栏 "排污系数"。

10. 第 11 栏 "排污系数"：使用排污系数法计算污染物排放量的，填写国务院环境保护主管部门发布的纳税人适用的排污系数，无需填写第 9 栏 "产污系数"。

11. 第 12 栏 "污染物单位"：按照国务院环境保护主管部门发布的纳税人适用的产排污系数表中 "单位" 栏的分子项填写，包括 "吨" "千克" "克" "毫克"。

12. 第 13 栏 "污染物排放量"：采用自动监测方法计算污染物排放量的，按照自动监测仪器当月读数填写，此时，该栏可不等于第 7 栏×第 8 栏。采用监测机构监测方法计算污染物排放量的，污染物排放量＝污水排放量×实测浓度值÷1000（注：将污染物排放量换算成千克）。采用排污系数方法计算污染物排放量的，污染物排放量＝计算基数×排污系数（或产污系数）×换算值 N（注：将污染物排放量换算成千克）。"污染物单位" 为吨时，N 为 1000；"污染物单位" 为千克时，N 为 1；"污染物单位" 为克时，N 为 0.001；"污染物单位" 为毫克时，N 为 0.000001。采用物料衡算方法计算污染物排放量的，按纳税人适用的物料衡算方法计算填写污染物排放量（注：将污染物排放量换算成千克）。当污染物是 "pH" "大肠菌群数（超标）" "余氯量（用氯消毒的医院废水）" 时，污染物排放量＝污水排放量（污染物排放量换算成吨）。当污染物是 "色度" 时，污染物排放量＝污水排放量（污染物排放量换算成吨）×色度超标倍数。

13. 第 14 栏 "污染当量值"：根据《中华人民共和国环境保护税法》附表二填写。

表6-6　环境保护税按月计算报表

（固体废物适用）

税款所属期：自　年　月　日至　年　月　日

纳税人名称：

统一社会信用代码（纳税人识别号）：

月份	污染物名称		本月固体废物的产生量（吨）	本月固体废物的贮存量（吨）	本月固体废物的处置量（吨）	本月应税固体废物的排放量（含综合利用量）（吨）
	固体废物类别	固体废物名称或危险废物代码				
(1)	(2)	(3)	(4)	(5)	(6)	(7) = (4) − (5) − (6)

表6-6填表说明：

1. 本表用于固体废物环境保护税的计算申报。表内带＊的为必填项。

2. 第1栏"月份"：按税款所属期分月填写，如"1月""2月""3月"。

3. 第2栏"固体废物类别"：按行单项填写"煤矸石""尾矿""危险废物""冶炼渣""粉煤灰""炉渣""其他固体废物（含半固态、液态废物）"；海洋工程纳税人排放生活垃圾的，填写"生活垃圾—海洋工程"。

4. 第3栏"固体废物名称或危险废物代码"：固体废物类别为"其他固体废物（含半固态、液态废物）"的，填写其他固体废物的具体名称；固体废物类别为"危险废物"的，按照国务院环境保护主管部门发布的国家危险废物名录中的相应代码填写。

5. 第4栏"本月固体废物的产生量"：填写当月产生的应税固体废物数量。

6. 第5栏"本月固体废物的贮存量"：填写当月在符合国家和地方环境保护标准的设施、场所贮存的固体废物数量。

7. 第6栏"本月固体废物的处置量"：填写当月在符合国家和地方环境保护标准的设施、场所处置的固体废物数量。

8. 第7栏"本月应税固体废物的排放量"：本月应税固体废物的排放量（含综合利用量）＝本月固体废物的产生量－本月固体废物的贮存量－本月固体废物的处置量。综合利用量（含综合利用的减免的，填报《环境保护税减免税明细计算表》。

表 6-7　环境保护税按月计算报表

（噪声适用）

税款所属期：自　　年　　月　　日至　　年　　月　　日
纳税人名称：
统一社会信用代码（纳税人识别号）：

*月份	*税源编号	*噪声源名称	噪声时段	*监测分贝数	*标准限值	*超标分贝数	*污染物名称	*超标不足15天	*超标天数系数	两处以上噪声超标	*边界超标系数	*超标噪声综合系数
(1)	(2)	(3)	(4)	(5)	(6)	(7) = (5) − (6)	(8)	(9)	(10)	(11)	(12)	(13) = (10) × (12)

表 6-7 填表说明：

1. 本表用于噪声环境保护税的计算申报。表内带 ＊ 的为必填项。

2. 第 1 栏"月份"：按税款所属期分月填写，如"1 月""2 月""3 月"。

3. 第 4 栏"噪声时段"：填写"昼间"或"夜间"，同一噪声源昼、夜均超标的，应分行填写。

4. 第 5 栏"监测分贝数"：填写实际监测的最高分贝数，不足一分贝的按"四舍五入"原则填写。

5. 第 6 栏"标准限值"：按照所属声功能区的执行标准中对应的"标准限值"填写。

6. 第 8 栏"污染物名称"：噪声超标 1~3 分贝，填写"工业噪声超标 1~3 分贝""工业噪声超标 4~6 分贝""工业噪声超标 7~9 分贝""工业噪声超标 10~12 分贝"或"工业噪声超标 13~15 分贝""工业噪声超标 16 分贝以上"。

7. 第 9 栏"超标不足 15 天"：超标天数分昼、夜，分别计算。噪声源超标不足 15 昼（夜）的，填写"是"；达到或超过 15 昼（夜）的，填写"否"。

8. 第 10 栏"超标天数系数"：第 9 栏为"是"的，本栏填写"0.5"；第 9 栏为"否"的，本栏填写"1"。

9. 第 11 栏"两处以上噪声超标"：沿边界长度超过 100 米有两处以上噪声超标的填写"是"，其他情况填写"否"。

10. 第 12 栏"边界超标系数"：第 11 栏为"是"的，本栏填写"2"；第 11 栏为"否"的，本栏填写"1"。

表 6-8 环境保护税减免税明细计算报表

税款所属期: 自 年 月 日至 年 月 日

金额单位: 元至角分

纳税人名称:

统一社会信用代码 (纳税人识别号):

*月份	税源编号	*排放口名称	*税目	*污染物名称	*污染物排放量计算方法	监测数据		执行标准	标准浓度值(毫克/升,毫克/标立方米)	污染物排放量(千克)	*减免性质代码(减免项目名称)	*污染当量数或综合利用量	*单位税额	*本期减免税额
						月均浓度(毫克/升,毫克/标立方米)	最高浓度(毫克/升,毫克/标立方米)							
(1)	(2)	(3)	(4)	(5)	(6)	(7)	(8)	(9)	(10)	(11)	(12)	(13)	(14)	(15) = (13) × (14) × (15) = (13) × (14) ×N

表 6-8 填表说明：

1. 本表用于环境保护税减免税的计算申报。表内带 * 的为必填项；享受大气污染物、水污染物减免税优惠的，须填写第 7、8、9、10、11 栏；享受固体废物减免税优惠的，无需填写第 2、3、6、7、8、9、10、11 栏。

2. 第 7 栏 "月均浓度"：按照《中华人民共和国环境保护税法实施条例》第十条规定填写。

3. 第 8 栏 "最高浓度"：采用自动监测的，按照应税大气污染物浓度值的最高小时平均值，或者应税水污染物浓度值的最高日平均值填写；采用监测机构监测（含符合规定的自行监测）的，按照当月监测的应税大气污染物、水污染物的最高浓度值填写。

4. 第 9 栏 "执行标准"：按照执严原则选择填写国家或地方污染物排放标准名称及编号。

5. 第 10 栏 "标准浓度值"：填写执行标准对应的浓度值。

6. 第 11 栏 "污染物排放量"：根据自动监测、监测机构监测的数据得出的污染物排放量填写。

7. 第 12 栏 "减免性质代码（减免项目名称）"：按照减免税政策代码目录中相应的减免性质代码或名称填写。

8. 第 13 栏 "污染当量数或综合利用量"：应税大气污染物、水污染物填写实际排放应税污染物的污染当量数；享受固体废物综合利用税收优惠的，填写固体废物综合利用量。

9. 第 14 栏 "单位税额"：按照《中华人民共和国环境保护税法》附表一和各省、自治区、直辖市公布的应税大气污染物、水污染物具体适用税额填写。

10. 第 15 栏 "本期减免税额"：享受大气污染物、水污染物减免税优惠的，本期减免税额 = 污染当量数或综合利用量 × 单位税额 × N（N 为减免幅度，包括 25%、50%、100%）；享受固体废物综合利用税收优惠的，本期减免税额 = 污染当量数或综合利用量 × 单位税额。

表 6-9 环境保护税纳税申报表（B 类）

税款所属期：自　年　月　日至　年　月　日　　　　填表日期：　年　月　日　　　　金额单位：元至角分

纳税人名称：　　　　　　　　　　统一社会信用代码（纳税人识别号）：

*月份	*税目	污染物名称	特征指标	单位	特征指标数量	特征系数	污染当量值（特征值）	计税依据	*单位税额	*本期应纳税额	减免性质代码（减免项目名称）	本期减免税额	本期已缴税额	*本期应补（退）税额
(1)	(2)	(3)	(4)	(5)	(6)	(7)	(8)	(9)	(10)	(11) = (9) × (10)	(12)	(13)	(14)	(15) = (11) − (13) − (14)
合计														

授权声明

如果你已委托代理人申报，请填写下列资料：

为代理一切税务事宜，现授权　　　　　（地址）　　　　　（统一社会信用代码）　　　　　为本纳税人的代理申报人，任何与本申报表有关的往来文件，都可寄予此人。

授权人签字：

*申报人声明

本纳税申报表是根据国家税收法律法规及相关规定填写的，是真实的、可靠的、完整的。

声明人签字：

经办人：　　　　　　　　主管税务机关：　　　　　　　　受理人：　　　　　　　　受理日期：　年　月　日

本表一式两份，一份纳税人留存，一份税务机关留存。

表6-9填表说明：

1. 按照《中华人民共和国环境保护税法》第十条第四项方法计算应税污染物排放量或适用税法所附《禽畜养殖业、小型企业和第三产业水污染物当量值》表的纳税人，以及按次申报的纳税人填报本表。表内带 * 的为必填项；按次申报的纳税人，无需填写第1、5、6、7、8栏。

2. 第1栏"月份"：按税款所属期分月填写，如"1月""2月""3月"。

3. 第2栏"税目"：按照《中华人民共和国环境保护税法》附表一的税目填写，分别为"大气污染物""水污染物""固体废物（煤矸石）""固体废物（尾矿）""固体废物（危险废物）""固体废物（冶炼渣）""固体废物（粉煤灰）""固体废物（炉渣）""固体废物（其他固体废物）""噪声（工业噪声）"。

4. 第3栏"污染物名称"：大气污染物和水污染物根据《中华人民共和国环境保护税法》附表二的污染物名称填写。水污染物是"pH"时，根据实测pH对应填写"pH（0~1，13~14）""pH（1~2，12~13）""pH（2~3，11~12）""pH（3~4，10~11）""pH（4~5，9~10）""pH（5~6）"；适用《中华人民共和国环境保护税法》所附《禽畜养殖业、小型企业和第三产业水污染物当量值》表的，按照表中"类型"填写，如"禽畜养殖场（牛）""禽畜养殖场（猪）""小型企业"等。固体废物根据《中华人民共和国环境保护税法》附表一填写，其中：税目为"固体废物（危险废物）"的，按照国务院环境保护主管部门发布的国家危险废物名录中的相应代码填写；税目为"固体废物（其他固体废物）"的，按照其他固体废物的具体名称填写。噪声填写"工业噪声超标1~3分贝""工业噪声超标4~6分贝""工业噪声超标7~9分贝""工业噪声超标10~12分贝""工业噪声超标13~15分贝""工业噪声超标16分贝以上"。采用《中华人民共和国环境保护税法》第十条第四项方法计算应税污染物排放量的，按照省、自治区、直辖市人民政府环境保护主管部门规定的抽样测算污染物名称填写。

5. 第4栏"特征指标"：按照《中华人民共和国环境保护税法》所附《禽畜养殖业、小型企业和第三产业水污染物当量值》表和省、自治区、直辖市人民政府环境保护主管部门公布的抽样测算方法填写，如"牛""猪""鸡""床"等。

6. 第5栏"单位"：填写"特征指标"的具体单位，如"头""羽""张""吨"等。

7. 第6栏"特征指标数量"：填写"特征指标"的数量，若"特征指标"是"牛"的，填写具体头数，如"500"。

8. 第7栏"特征系数"：填写参与污染当量数计算的系数项。

9. 第8栏"污染当量值（特征值）"：按照《中华人民共和国环境保护税法》所附《禽畜养殖业、小型企业和第三产业水污染物当量值》表中污染当量值和省、自治区、直辖市人民政府环境保护主管部门公布的特征值填写。

10. 第9栏"计税依据"：按照《中华人民共和国环境保护税法》所附《禽畜养殖业、小型企业和第三产业水污染物当量值》表计算的，计税依据=特征指标数量÷污染当量值。采用特征系数计算的，计税依据=特征指标数量×特征系数÷污染当量值。采用特征值计算的，计税依据＝特征指标数量×特征值。

11. 第 10 栏"单位税额"：按照《中华人民共和国环境保护税法》附表一和各省、自治区、直辖市公布的应税大气污染物、水污染物具体适用税额填写。

12. 填表举例 1：某存栏量 500 头牛的禽畜养殖业纳税人，采用本表申报时，"税目"栏应填写"水污染物"，"污染物名称"栏应填写"禽畜养殖场（牛）"，"特征指标"栏应填写"牛"，"单位"栏应填写"头"，"特征指标数量"栏应填写"500"，"特征系数"栏不填写，"污染当量值（特征值）"栏应填写牛的污染当量值"0.1"，"计税依据"栏＝特征指标数量÷污染当量值＝500÷0.1＝5000。

13. 填表举例 2：某省环境保护厅公布的抽样测算方法中规定住宿业纳税人按照 3 特征值/每床位·每月核定计算"污水"的环境保护税，若某住宿业纳税人有 100 张床位，采用本表申报时，"税目"栏应填写"水污染物"，"污染物名称"应填写"污水"，"特征指标"栏应填写"床位"，"单位"栏应填写"床"，"特征指标数量"栏应填写"100"，"特征系数"栏不填写，"污染当量值（特征值）"栏应填写特征值"3"，"计税依据"栏＝特征指标数量×特征值＝100×3＝300。

14. 填表举例 3：某省环境保护厅公布的抽样测算方法中规定建筑扬尘（按一般性粉尘计）的特征系数为"1.2 千克/（平方米·月）"，若某建筑施工单位某月施工面积为 10000 平方米，采用本表申报时，"税目"栏应填写"大气污染物"，"污染物名称"应填写"一般性粉尘"，"特征指标"栏应填写"月施工面积"，"单位"栏应填写"平方米"，"特征指标数量"栏应填写"10000"，"特征系数"栏应填写"1.2"，"污染当量值（特征值）"栏应填写一般性粉尘的污染当量值"4"，"计税依据"栏＝特征指标数量×特征系数÷污染当量值＝10000×1.2÷4＝3000。

表 6-10　环境保护税基础信息采集表

新增 □　　变更 □

*纳税人名称（公章）	*统一社会信用代码（纳税人识别号）
*是否采用抽样监测算法计算	是□　否□
城乡污水集中处理场所	是□　否□
生活垃圾集中处理场所	是□　否□
*是否从事海洋工程	
联系电话	
纳税人环保联系人	
*是否取得排污许可证	是□　否□
*生产经营场所地址	

排放口或噪声源编号	*排放口大类	*有效期起止	*排放口名称或噪声源名称	*所在区划	*所在街乡	*排放口位置或噪声源位置	排放口地理坐标		*污染物类别	排放方式	排放去向	许可证管控要求	大气污染物排放口类别	*环境保护主管部门
							经度	纬度						

排污许可证编号　　*税源编号

*污染物类别：大气污染物□　水污染物□　固体废物□　噪声□

授权声明

如果你已委托代理人申报，请填写下列资料：
为代理一切税务事宜，现授权　　　　　　（地址）
　　　　　　（统一社会信用代码）为本纳税人
的代理申报人，任何与本采集表有关的往来文件，都可寄予此人。
授权人签字：

申报人声明

本表是是根据国家税收法律法规及相关规定填写的，是
真实的、可靠的、完整的。

*申报人　　　　　　为本纳税人。
声明人签字：

经办人：
填报日期：　　年　　月　　日　　主管税务机关：

受理人：　　　　　　受理日期：　　年　　月　　日

本表一式两份，一份纳税人留存，一份税务机关留存。

表 6-10 填表说明：

1. 本表为环境保护税基础信息采集表主表。表内带 * 的为必填项。本表包括 4 张附表，分别为表 6-11《大气、水污染物基础信息采集表》、表 6-12《固体废物基础信息采集表》、表 6-13《噪声基础信息采集表》、表 6-14《产排污系数基础信息采集表》。纳税人根据污染物类别分别填写表 6-11~表 6-13，采用排污系数方法计算污染物排放量的，须填报表 6-14。

2. "新增"：首次填报本表或新增排放口（噪声源）的纳税人，须勾选"新增"。新增排放口（噪声源）的，应填写新增排放口（噪声源）及其对应的全部应税污染物主表和附表信息。新增固体废物税源数据项的，须勾选"新增"，并在表 6-12《固体废物基础信息采集表》中同步填写相关新增数据项。

3. "变更"：变更已填报排放口（噪声源）信息的纳税人，须勾选"变更"。变更排放口（噪声源）的，应填写变更排放口（噪声源）及其对应的全部应税污染物主表和附表信息；因排放口拆除或噪声源灭失等情形，导致排放口或噪声源不复存在的，应填写变更排放口（噪声源）相关信息并在"有效期起止"栏填写污染物排放口或噪声源的终止日期并注明"灭失"。变更固体废物税源数据项的，须勾选"变更"，并在表 6-12《固体废物基础信息采集表》中同步变更相关数据项。

4. "是否采用抽样测算法计算"：按照《中华人民共和国环境保护税法》第十条第四项方法或适用税法所附《禽畜养殖业、小型企业和第三产业水污染物当量值》表计算应税污染物排放量的纳税人，勾选"是"，其他勾选"否"。

5. "是否取得排污许可证"：已纳入国务院环境保护主管部门发布的《固定污染源排污许可分类管理名录》且取得排污许可证的，勾选"是"；否则勾选"否"。

6. "污染物类别"：包括大气污染物、水污染物、固体废物、噪声，可多选。

7. "排污许可证编号"："是否取得排污许可证"栏勾选"是"的纳税人必填。

8. "生产经营场所地址"：指纳税人实际生产经营所在地址，应具体到县（旗、区）、乡（镇）、街（村）和门牌号码。

9. "有效期起止"：取得排污许可证的纳税人，填写排污许可证载明的有效期起止日期；未取得排污许可证的纳税人，填写污染物排放口启用时间或噪声源所在厂区的投入生产日期。

10. "排放口大类"：填写"大气污染物排放口""水污染物排放口"或"噪声源"三类。

11. "税源编号"：该项由税务机关通过征管系统根据纳税人的排放口信息赋予编号。纳税人首次申报或新增排放口（噪声源）的无须填写。当纳税人发生税源变更情形时须填写该项。

12. "排放口或噪声源编号"：取得排污许可证的须按排污许可证载明的大气、水污染物排放口编号填写。

13. "排放口名称或噪声源名称"：纳税人可自行命名每一个排放口名称或噪声源的名称。

14. "所在区划"：填写"排放口或噪声源"所在行政区，应具体到县（旗、区）。

15. "所在街乡"：填写"排放口或噪声源"所在街道乡镇。

16. "排放口位置或噪声源位置"：填写"排放口或噪声源"的具体位置。

17. "经度""纬度"：取得排污许可证的纳税人，须按照排污许可证载明的经度、纬度填写。例如：120 度 34 分 28 秒。

18."排放方式"：取得排污许可证的纳税人，须按照排污许可证载明的排放方式填写。排放口大类为"大气污染物排放口"时，填写"有组织排放"或"无组织排放"；排放口大类为"水污染物排放口"时，填写"不外排""直接排放"或"间接排放"。

19."排放去向"：排放口大类为"水污染物排放口"时必填，填写："不外排""排至厂内综合污水处理站""直接进入海域""直接进入江河、湖、库等水环境""进入城市下水道（再入江河、湖、库）""进入城市下水道（再入沿海海域）""进入城乡污水处理厂""进入其他单位""工业废水集中处理厂""其他（包括回喷、回填、回灌、回用、回注等）"。

20."许可证管控要求"：取得排污许可证的纳税人，须按照排污许可证载明的管控要求填写"主要排放口""一般排放口"或"设施和车间排放口"。

21."大气污染物排放口类别"："排放方式"为"有组织排放"的，须填写"燃烧废气排放口"或"工艺废气排放口"。

表 6-11　大气、水污染物基础信息采集表

纳税人名称：　　　　　　　　　　　　统一社会信用代码（纳税人识别号）：

序号	*排放口大类	*税源编号	排放口编号	*排放口名称	*污染物名称	标准排放限值		*污染物排放量计算方法
						执行标准	标准浓度值（毫克/升或毫克/标立方米）	
1								
2								
3								
4								
5								
6								
7								
8								

表 6-11 填表说明：

1. 本表用于大气、水污染物的基础信息采集。表内带 * 的为必填项。

2."污染物名称"：按照《中华人民共和国环境保护税法》附表二中的污染物名称填写。从事海洋工程的纳税人排放应税大气污染物的，填写大气污染物具体名称，如"二氧化硫—海洋工程（气）""氮氧化物—海洋工程（气）""一氧化碳—海洋工程（气）"等；从事海洋工程的纳税人排放应税水污染物的，填写水污染物具体名称："石油类—海洋工程（生产污水和机舱污水）""石油类—海洋工程（钻井泥浆和钻屑）""总汞—海洋工程（钻井泥浆和钻屑）""总镉—海洋工程（钻井泥浆和钻屑）""化学需氧量（CODcr）—海洋工程（生活污水）"。

3."执行标准"：按照孰严原则选择填写国家或地方污染物排放标准名称及编号。海洋工程纳税人排放应税大气或水污染物，无对应国家和地方标准的，本栏可不填写。

4.“标准浓度值”：填写执行标准对应的浓度值。海洋工程纳税人排放应税大气或水污染物，无对应国家和地方标准的，本栏可不填写。

5.“污染物排放量计算方法”：填写“自动监测”“监测机构监测”“排污系数”或“物料衡算”。

表6-12　固体废物基础信息采集表

纳税人名称：　　　　　　　　　　　　统一社会信用代码（纳税人识别号）：

一、基本情况						
*所在行政区划		*所在街道乡镇		*环境保护主管部门		主管税务所（科、分局）

二、固体废物产生情况			
序号	*固体废物类别	固体废物名称或危险废物代码	固体废物描述
1			
2			

三、固体废物污染防治设施

1.合规综合利用设施

设施编码	设施名称	综合利用固体废物名称或综合利用危险废物代码	综合利用固体废物来源	综合利用产物	综合利用方式	综合利用能力（吨/年）

2.合规处置设施

设施编码	设施名称	处置固体废物名称或处置危险废物代码	处置固体废物来源	处置方式	处置能力（吨/年）

3.合规贮存场所（设施）

设施编码	场所（设施）名称	场所（设施）基本情况	贮存固体废物名称或贮存危险废物代码	贮存容量（吨）

四、接受或转出外单位处理情况							
序号	类型	接受或转出单位名称	统一社会信用代码	接受或转出固体废物名称（危险废物代码）	处理方式	资质合法性说明	联系人及联系电话	合同期止
1							
2							

表 6-12 填表说明：

1. 本表用于固体废物的基础信息采集。表内带 * 的为必填项。

2. "所在行政区划"：填写固体废物产生地所在行政区，应具体到县（旗、区）。

3. "所在街道乡镇"：填写固体废物产生地所在街道乡镇。

4. "主管税务所（科、分局）"：该项由税务机关填写。

5. "固体废物类别"：按行单项填写"煤矸石""尾矿""危险废物""冶炼渣""粉煤灰""炉渣""其他固体废物（含半固态、液态废物）"。海洋工程纳税人排放生活垃圾的，填写"生活垃圾—海洋工程"。

6. "固体废物名称或危险废物代码"：固体废物类别为"其他固体废物（含半固态、液态废物）"的，填写其他固体废物的具体名称；固体废物类别为"危险废物"的，按照国务院环境保护主管部门发布的国家危险废物名录中的相应代码填写。

7. "固体废物描述"：描述固体废物的类型、来源、危害特性等。

8. "设施编码"：按照环境保护主管部门确定的设施编码区别不同固体废物分行填写。

9. "设施名称"：分别填写综合利用、处置或者贮存设施的具体名称。

10. "综合利用固体废物名称或综合利用危险废物代码"：按行单项填写"煤矸石""尾矿""冶炼渣""粉煤灰""炉渣"；属于"其他固体废物（含半固态、液态废物）"的，应填写具体名称；属于"危险废物"的，按照国务院环境保护主管部门发布的国家危险废物名录中的相应代码填写；海洋工程纳税人综合利用生活垃圾的，填写"生活垃圾—海洋工程"。

11. "综合利用固体废物来源"：填写"内部产生"或"外部转入"。

12. "综合利用方式"：填写"金属材料回收""非金属材料回收""能量回收"或"其他方式"。

13. "综合利用能力（吨/年）"：填写该设施的设计利用能力。

14. "处置方式"：填写"焚烧""填埋"或"其他方式"。

15. "处置能力（吨/年）"：填写该设施的设计处置能力。

16. "场所（设施）基本情况"：简述场所（设施）的具体位置、类型和贮存方式等。

17. "贮存容量（吨）"：填写贮存场所（设施）的设计贮存容量。

18. "类型"：填写"接受"或"转出"。

19. "接受或转出单位名称"：填写接受或转出处置、综合利用固体废物的单位名称。"类型"栏填写"接受"的，应填写转出单位名称；"类型"栏填写"转出"的，应填写接受单位名称。

20. "处理方式"：填写"焚烧""填埋""综合利用"或"其他方式"。

21. "资质合法性说明"：可填写环评批复、三同时验收、排污许可、危险废物经营许可证等证书编号或文件编号。

22. "合同期止"：填写接受或转出外单位处置、综合利用固体废物合同的终止时间。

表6-13　噪声基础信息采集表

纳税人名称：　　　　　　　　　　　　统一社会信用代码（纳税人识别号）：

编号	*税源编号	*噪声源名称	*噪声源位置	功能区类型	*是否昼夜产生	执行标准	*标准限值（分贝）	
							昼间	夜间
1								
2								
3								
4								
5								
6								
7								
8								

表6-13填表说明：

1. 本表用于噪声的基础信息采集。表内带 * 的为必填项。

2. "功能区类型"：填写"0类""1类""2类""3类""4a类"或"4b类"。0类声环境功能区指康复疗养区等特别需要安静的区域；1类声环境功能区指以居民住宅、医疗卫生、文化教育、科研设计、行政办公为主要功能，需要保持安静的区域；2类声环境功能区指以商业金融、集市贸易为主要功能，或者居住、商业、工业混杂，需要维护住宅安静的区域；3类声环境功能区指以工业生产、仓储物流为主要功能，需要防止工业噪声对周围环境产生严重影响的区域；4类声环境功能区指交通干线两侧一定距离之内，需要防止交通噪声对周围环境产生严重影响的区域，包括4a类和4b类，4a类为高速公路、一级公路、二级公路、城市快速路、城市主干路、城市次干路、城市轨道交通（地面段）、内河航道两侧区域，4b类为铁路干线两侧区域。

3. "是否昼夜产生"：填写"是"或"否"。

4. "执行标准"：按照孰严原则选择填写国家或地方噪声排放标准名称及编号。

5. "标准限值（分贝）"：按照所属声功能区的执行标准中对应的"标准限值"填写。

表 6-14　产排污系数基础信息采集表

纳税人名称：　　　　　　　　　　　　　统一社会信用代码（纳税人识别号）：

产品生产信息				污染物信息						
产品 名称	原料 名称	工艺 名称	规模 等级	应税污 染物类别	*应税污染物 名称	*计税基数 （产品产量或原 料耗用量）单位	*污染物 单位	*产污 系数	末端治理 技术名称	*排污 系数

表 6-14 填表说明：

1. 本表用于采用排污系数法计算污染物排放量的基础信息采集。表内带 * 的为必填项。

2. "产品名称""原料名称""工艺名称""规模等级"：按照国务院环境保护主管部门发布的纳税人适用的产排污系数表中对应的项目填写。

3. "应税污染物类别"：填写"大气污染物""水污染物"或"固体废物"。

4. "应税污染物名称"：按照国务院环境保护主管部门发布的纳税人适用的产排污系数表中对应的"污染物指标"填写。

5. "计税基数（产品产量或原料耗用量）单位"：按照国务院环境保护主管部门发布的纳税人适用的产排污系数表中"单位"栏的分母项填写。

6. "污染物单位"：按照国务院环境保护主管部门发布的纳税人适用的产排污系数表中"单位"栏的分子项填写，包括"吨""千克""克""毫克"。

7. "产污系数"：使用产污系数法计算污染物排放量的，填写国务院环境保护主管部门发布的纳税人适用的产污系数。

8. "末端治理技术名称"：按照国务院环境保护主管部门发布的纳税人适用的产排污系数表中对应的"末端治理技术名称"填写。

9. "排污系数"：使用排污系数法计算污染物排放量的，填写国务院环境保护主管部门发布的纳税人适用的排污系数。

附　　录

附录 1　建设项目环境影响评价分类管理名录（附表 1-1）

（2017 年 6 月 29 日环境保护部令第 44 号公布　根据 2018 年 4 月 28 日公布的《关于修改〈建设项目环境影响评价分类管理名录〉部分内容的决定》修正）

附表 1-1　建设项目环境影响评价分类管理名录

项目类别 ＼ 环评类别	报告书	报告表	登记表	本栏目环境敏感区含义
一、畜牧业				
1　畜禽养殖场、养殖小区	年出栏生猪 5000 头（其他畜禽种类折合猪的养殖规模）及以上；涉及环境敏感区的	/	其他	第三条（一）中的全部区域；第三条（三）中的全部区域
二、农副食品加工业				
2　粮食及饲料加工	含发酵工艺的	年加工 1 万吨及以上的	其他	
3　植物油加工	/	除单纯分装和调和外的	单纯分装或调和的	
4　制糖、糖制品加工	原糖生产	其他（单纯分装的除外）	单纯分装的	
5　屠宰	年屠宰生猪 10 万头、肉牛 1 万头、肉羊 15 万只、禽类 1000 万只及以上	其他	/	
6　肉禽类加工	/	年加工 2 万吨及以上	其他	
7　水产品加工	/	鱼油提取及制品制造；年加工 10 万吨及以上的；涉及环境敏感区的	其他	第三条（一）中的全部区域；第三条（二）中的全部区域
8　淀粉、淀粉糖	含发酵工艺的	其他（单纯分装除外）	单纯分装的	

续表

项目类别	环评类别	报告书	报告表	登记表	本栏目环境敏感区含义
9	豆制品制造	/	除手工制作和单纯分装外的	手工制作或单纯分装的	
10	蛋品加工	/	/	全部	
三、食品制造业					
11	方便食品制造	/	除手工制作和单纯分装外的	手工制作或单纯分装的	
12	乳制品制造	/	除单纯分装外的	单纯分装的	
13	调味品、发酵制品制造	含发酵工艺的味精、柠檬酸、赖氨酸等制造	其他（单纯分装除外）	单纯分装的	
14	盐加工		全部	/	
15	饲料添加剂、食品添加剂制造	/	除单纯混合和分装外的	单纯混合或分装的	
16	营养食品、保健食品、冷冻饮品、食用冰制造及其他食品制造	/	除手工制作和单纯分装外的	手工制作或单纯分装的	
四、酒、饮料制造业					
17	酒精饮料及酒类制造	有发酵工艺的（以水果或水果汁为原料年生产能力 1000 千升以下的除外）	其他（单纯勾兑的除外）	单纯勾兑的	
18	果菜汁类及其他软饮料制造	/	除单纯调制外的	单纯调制的	
五、烟草制品业					
19	卷烟	/	全部	/	
六、纺织业					
20	纺织品制造	有洗毛、染整、脱胶工段的；产生缫丝废水、精炼废水的	其他（编织物及其制品制造除外）	编织物及其制品制造	
七、纺织服装、服饰业					
21	服装制造	有湿法印花、染色、水洗工艺的	新建年加工 100 万件及以上	其他	
八、皮革、毛皮、羽毛及其制品和制鞋业					
22	皮革、毛皮、羽毛（绒）制品	制革、毛皮鞣制	其他	/	

项目类别	环评类别	报告书	报告表	登记表	本栏目环境敏感区含义
23	制鞋业	/	使用有机溶剂的	其他	
九、木材加工和木、竹、藤、棕、草制品业					
24	锯材、木片加工、木制品制造	有电镀或喷漆工艺且年用油性漆量（含稀释剂）10吨及以上的	其他	/	
25	人造板制造	年产20万立方米及以上	其他	/	
26	竹、藤、棕、草制品制造	有喷漆工艺且年用油性漆量（含稀释剂）10吨及以上的	有化学处理工艺的；有喷漆工艺且年用油性漆量（含稀释剂）10吨以下的，或使用水性漆的	其他	
十、家具制造业					
27	家具制造	有电镀或喷漆工艺且年用油性漆量（含稀释剂）10吨及以上的	其他	/	
十一、造纸和纸制品业					
28	纸浆、溶解浆、纤维浆等制造；造纸（含废纸造纸）	全部	/	/	
29	纸制品制造	/	有化学处理工艺的	其他	
十二、印刷和记录媒介复制业					
30	印刷厂；磁材料制品	/	全部	/	
十三、文教、工美、体育和娱乐用品制造业					
31	文教、体育、娱乐用品制造	/	全部	/	
32	工艺品制造	有电镀或喷漆工艺且年用油性漆量（含稀释剂）10吨及以上的	有喷漆工艺且年用油性漆量（含稀释剂）10吨以下的，或使用水性漆的；有机加工的	其他	
十四、石油加工、炼焦业					
33	原油加工、天然气加工、油母页岩等提炼原油、煤制油、生物制油及其他石油制品	全部	/	/	

项目类别 \ 环评类别		报告书	报告表	登记表	本栏目环境敏感区含义
34	煤化工（含煤炭液化、气化）	全部	/	/	
35	炼焦、煤炭热解、电石	全部	/	/	
十五、化学原料和化学制品制造业					
36	基本化学原料制造；农药制造；涂料、染料、颜料、油墨及其类似产品制造；合成材料制造；专用化学品制造；炸药、火工及焰火产品制造；水处理剂等制造	除单纯混合和分装外的	单纯混合或分装的	/	
37	肥料制造	化学肥料（单纯混合和分装的除外）	其他	/	
38	半导体材料	全部	/	/	
39	日用化学品制造	除单纯混合和分装外的	单纯混合或分装的	/	
十六、医药制造业					
40	化学药品制造；生物、生化制品制造	全部	/	/	
41	单纯药品分装、复配	/	全部	/	
42	中成药制造、中药饮片加工	有提炼工艺的	其他	/	
43	卫生材料及医药用品制造	/	全部	/	
十七、化学纤维制造业					
44	化学纤维制造	除单纯纺丝外的	单纯纺丝	/	
45	生物质纤维素乙醇生产	全部	/	/	
十八、橡胶和塑料制品业					
46	轮胎制造、再生橡胶制造、橡胶加工、橡胶制品制造及翻新	轮胎制造；有炼化及硫化工艺的	其他	/	

续表

项目类别＼环评类别		报告书	报告表	登记表	本栏目环境敏感区含义
47	塑料制品制造	人造革、发泡胶等涉及有毒原材料的；以再生塑料为原料的；有电镀或喷漆工艺且年用油性漆量（含稀释剂）10 吨及以上的	其他	/	
十九、非金属矿物制品业					
48	水泥制造	全部	/	/	
49	水泥粉磨站	/	全部	/	
50	砼结构构件制造、商品混凝土加工	/	全部	/	
51	石灰和石膏制造、石材加工、人造石制造、砖瓦制造	/	全部	/	
52	玻璃及玻璃制品	平板玻璃制造	其他玻璃制造；以煤、油、天然气为燃料加热的玻璃制品制造	/	
53	玻璃纤维及玻璃纤维增强塑料制品	/	全部	/	
54	陶瓷制品	年产建筑陶瓷 100 万平方米及以上；年产卫生陶瓷 150 万件及以上；年产日用陶瓷 250 万件及以上	其他	/	
55	耐火材料及其制品	石棉制品	其他	/	
56	石墨及其他非金属矿物制品	含焙烧的石墨、碳素制品	其他	/	
57	防水建筑材料制造、沥青搅拌站、干粉砂浆搅拌站	/	全部	/	
二十、黑色金属冶炼和压延加工业					
58	炼铁、球团、烧结	全部	/	/	
59	炼钢	全部	/	/	
60	黑色金属铸造	年产 10 万吨及以上	其他	/	

项目类别 \ 环评类别		报告书	报告表	登记表	本栏目环境敏感区含义
61	压延加工	黑色金属年产 50 万吨及以上的冷轧	其他	/	
62	铁合金制造；锰、铬冶炼	全部	/	/	
二十一、有色金属冶炼和压延加工业					
63	有色金属冶炼（含再生有色金属冶炼）	全部	/	/	
64	有色金属合金制造	全部	/	/	
65	有色金属铸造	年产 10 万吨及以上	其他	/	
66	压延加工	/	全部	/	
二十二、金属制品业					
67	金属制品加工制造	有电镀或喷漆工艺且年用油性漆量（含稀释剂）10 吨及以上的	其他（仅切割组装除外）	仅切割组装的	
68	金属制品表面处理及热处理加工	有电镀工艺的；使用有机涂层的（喷粉、喷塑和电泳除外）；有钝化工艺的热镀锌	其他	/	
二十三、通用设备制造业					
69	通用设备制造及维修	有电镀或喷漆工艺且年用油性漆量（含稀释剂）10 吨及以上的	其他（仅组装的除外）	仅组装的	
二十四、专用设备制造业					
70	专用设备制造及维修	有电镀或喷漆工艺且年用油性漆量（含稀释剂）10 吨及以上的	其他（仅组装的除外）	仅组装的	
二十五、汽车制造业					
71	汽车制造	整车制造（仅组装的除外）；发动机生产；有电镀或喷漆工艺且年用油性漆量（含稀释剂）10 吨及以上的零部件生产	其他	/	
二十六、铁路、船舶、航空航天和其他运输设备制造业					

续表

项目类别		环评类别 报告书	报告表	登记表	本栏目环境敏感区含义
72	铁路运输设备制造及修理	机车、车辆、动车组制造；发动机生产；有电镀或喷漆工艺且年用油性漆量（含稀释剂）10 吨及以上的零部件生产	其他	/	
73	船舶和相关装置制造及维修	有电镀或喷漆工艺且年用油性漆量（含稀释剂）10 吨及以上的；拆船、修船厂	其他	/	
74	航空航天器制造	有电镀或喷漆工艺且年用油性漆量（含稀释剂）10 吨及以上的	其他	/	
75	摩托车制造	整车制造（仅组装的除外）；发动机生产；有电镀或喷漆工艺且年用油性漆量（含稀释剂）10 吨及以上的零部件生产	其他	/	
76	自行车制造	有电镀或喷漆工艺且年用油性漆量（含稀释剂）10 吨及以上的	其他	/	
77	交通器材及其他交通运输设备制造	有电镀或喷漆工艺且年用油性漆量（含稀释剂）10 吨及以上的	其他（仅组装的除外）	仅组装的	
二十七、电气机械和器材制造业					
78	电气机械及器材制造	有电镀或喷漆工艺且年用油性漆量（含稀释剂）10 吨及以上的；铅蓄电池制造	其他（仅组装的除外）	仅组装的	
79	太阳能电池片	太阳能电池片生产	其他	/	
二十八、计算机、通信和其他电子设备制造业					
80	计算机制造	/	显示器件；集成电路；有分割、焊接、酸洗或有机溶剂清洗工艺的	其他	
81	智能消费设备制造	/	全部	/	
82	电子器件制造	/	显示器件；集成电路；有分割、焊接、酸洗或有机溶剂清洗工艺的	其他	

续表

项目类别 \ 环评类别	报告书	报告表	登记表	本栏目环境敏感区含义
83 电子元件及电子专用材料制造	/	印刷电路板；电子专用材料；有分割、焊接、酸洗或有机溶剂清洗工艺的	/	
84 通信设备制造、广播电视设备制造、雷达及配套设备制造、非专业视听设备制造及其他电子设备制造	/	全部	/	
二十九、仪器仪表制造业				
85 仪器仪表制造	有电镀或喷漆工艺且年用油性漆量（含稀释剂）10 吨及以上的	其他（仅组装的除外）	仅组装的	
三十、废弃资源综合利用业				
86 废旧资源（含生物质）加工、再生利用	废电子电器产品、废电池、废汽车、废电机、废五金、废塑料（除分拣清洗工艺的）、废油、废船、废轮胎等加工、再生利用	其他	/	
三十一、电力、热力生产和供应业				
87 火力发电（含热电）	除燃气发电工程外的	燃气发电	/	
88 综合利用发电	利用矸石、油页岩、石油焦等发电	单纯利用余热、余压、余气（含煤层气）发电	/	
89 水力发电	总装机 1000 千瓦及以上；抽水蓄能电站；涉及环境敏感区的	其他	/	第三条（一）中的全部区域；第三条（二）中的重要水生生物的自然产卵场、索饵场、越冬场和洄游通道
90 生物质发电	生活垃圾、污泥发电	利用农林生物质、沼气发电、垃圾填埋气发电	/	

续表

项目类别 / 环评类别		报告书	报告表	登记表	本栏目环境敏感区含义
91	其他能源发电	海上潮汐电站、波浪电站、温差电站等；涉及环境敏感区的总装机容量 5 万千瓦及以上的风力发电	利用地热、太阳能热等发电；地面集中光伏电站（总容量大于 6000 千瓦，且接入电压等级不小于 10 千伏）；其他风力发电	其他光伏发电	第三条（一）中的全部区域；第三条（二）中的重要水生生物的自然产卵场、索饵场、天然渔场；第三条（三）中的全部区域
92	热力生产和供应工程	燃煤、燃油锅炉总容量 65 吨/小时（不含）以上	其他（电热锅炉除外）	/	
三十二、燃气生产和供应业					
93	煤气生产和供应工程	煤气生产	煤气供应	/	
94	城市天然气供应工程	/	全部	/	
三十三、水的生产和供应业					
95	自来水生产和供应工程	/	全部	/	
96	生活污水集中处理	新建、扩建日处理 10 万吨及以上	其他	/	
97	工业废水处理	新建、扩建集中处理的	其他	/	
98	海水淡化、其他水处理和利用	/	全部	/	
三十四、环境治理业					
99	脱硫、脱硝、除尘、VOCs 治理等工程	/	新建脱硫、脱硝、除尘	其他	
100	危险废物（含医疗废物）利用及处置	利用及处置的［单独收集、病死动物化尸窖（井）除外］	其他	/	
101	一般工业固体废物（含污泥）处置及综合利用	采取填埋和焚烧方式的	其他	/	
102	污染场地治理修复	/	全部	/	
三十五、公共设施管理业					

续表

项目类别 \ 环评类别		报告书	报告表	登记表	本栏目环境敏感区含义
103	城镇生活垃圾转运站	/	全部	/	
104	城镇生活垃圾（含餐厨废弃物）集中处置	全部	/	/	
105	城镇粪便处置工程	/	日处理 50 吨及以上	其他	
三十六、房地产					
106	房地产开发、宾馆、酒店、办公用房、标准厂房等	/	涉及环境敏感区的；需自建配套污水处理设施的	其他	第三条（一）中的全部区域；第三条（二）中的基本农田保护区、基本草原、森林公园、地质公园、重要湿地、天然林、野生动物重要栖息地、重点保护野生植物生长繁殖地；第三条（三）中的文物保护单位，针对标准厂房增加第三条（三）中的以居住、医疗卫生、文化教育、科研、行政办公等为主要功能的区域
三十七、研究和试验发展					
107	专业实验室	P3、P4 生物安全实验室；转基因实验室	其他	/	
108	研发基地	含医药、化工类等专业中试内容的	其他	/	
三十八、专业技术服务业					
109	矿产资源地质勘查（含勘探活动和油气资源勘探）	/	除海洋油气勘探工程外的	海洋油气勘探工程	
110	动物医院	/	全部	/	
三十九、卫生					
111	医院、专科防治院（所、站）、社区医疗、卫生院（所、站）、血站、急救中心、疗养院等其他卫生机构	新建、扩建床位 500 张及以上的	其他（20 张床位以下的除外）	20 张床位以下的	

项目类别 \ 环评类别		报告书	报告表	登记表	本栏目环境敏感区含义
112	疾病预防控制中心	新建	其他	/	
四十、社会事业与服务业					
113	学校、幼儿园、托儿所、福利院、养老院	/	涉及环境敏感区的；有化学、生物等实验室的学校	其他（建筑面积5000平方米以下的除外）	第三条（一）中的全部区域；第三条（二）中的基本农田保护区、基本草原、森林公园、地质公园、重要湿地、天然林、野生动物重要栖息地、重点保护野生植物生长繁殖地
114	批发、零售市场	/	涉及环境敏感区的	其他	第三条（一）中的全部区域；第三条（二）中的基本农田保护区、基本草原、森林公园、地质公园、重要湿地、天然林、野生动物重要栖息地、重点保护野生植物生长繁殖地；第三条（三）中的文物保护单位
115	餐饮、娱乐、洗浴场所	/	/	全部	
116	宾馆饭店及医疗机构衣物集中洗涤、餐具集中清洗消毒	/	需自建配套污水处理设施的	其他	
117	高尔夫球场、滑雪场、狩猎场、赛车场、跑马场、射击场、水上运动中心	高尔夫球场	其他	/	
118	展览馆、博物馆、美术馆、影剧院、音乐厅、文化馆、图书馆、档案馆、纪念馆、体育场、体育馆等	/	涉及环境敏感区的	其他	第三条（一）中的全部区域；第三条（二）中的基本农田保护区、基本草原、森林公园、地质公园、重要湿地、天然林、野生动物重要栖息地、重点保护野生植物生长繁殖地；第三条（三）中的文物保护单位

续表

项目类别	环评类别	报告书	报告表	登记表	本栏目环境敏感区含义
119	公园（含动物园、植物园、主题公园）	特大型、大型主题公园	其他（城市公园和植物园除外）	城市公园、植物园	
120	旅游开发	涉及环境敏感区的缆车、索道建设；海上娱乐及运动、海上景观开发	其他	/	第三条（一）中的全部区域；第三条（二）中的森林公园、地质公园、重要湿地、天然林、野生动物重要栖息地、重点保护野生植物生长繁殖地、重要水生生物的自然产卵场、索饵场、越冬场和洄游通道、封闭及半封闭海域；第三条（三）中的文物保护单位
121	影视基地建设	涉及环境敏感区的	其他	/	第三条（一）中的全部区域；第三条（二）中的基本草原、森林公园、地质公园、重要湿地、天然林、野生动物重要栖息地、重点保护野生植物生长繁殖地；第三条（三）中的全部区域
122	胶片洗印厂	/	全部	/	
123	驾驶员训练基地、公交枢纽、大型停车场、机动车检测场	/	涉及环境敏感区的	其他	第三条（一）中的全部区域；第三条（二）中的基本农田保护区、基本草原、森林公园、地质公园、重要湿地、天然林、野生动物重要栖息地、重点保护野生植物生长繁殖地；第三条（三）中的文物保护单位
124	加油、加气站	/	新建、扩建	其他	
125	洗车场	/	涉及环境敏感区的；危险化学品运输车辆清洗场	其他	第三条（一）中的全部区域；第三条（二）中的基本农田保护区、基本草原、森林公园、地质公园、重要湿地、天然林、野生动物重要栖息地、重点保护野生植物生长繁殖地；第三条（三）中的全部区域

项目类别	环评类别	报告书	报告表	登记表	本栏目环境敏感区含义
126	汽车、摩托车维修场所	/	涉及环境敏感区的；有喷漆工艺的	其他	第三条（一）中的全部区域；第三条（三）中的全部区域
127	殡仪馆、陵园、公墓	/	殡仪馆；涉及环境敏感区的	其他	第三条（一）中的全部区域；第三条（二）中的基本农田保护区；第三条（三）中的全部区域
四十一、煤炭开采和洗选业					
128	煤炭开采	全部	/	/	
129	洗选、配煤	/	全部	/	
130	煤炭储存、集运	/	全部	/	
131	型煤、水煤浆生产	/	全部	/	
四十二、石油和天然气开采业					
132	石油、页岩油开采	石油开采新区块开发；页岩油开采	其他	/	
133	天然气、页岩气、砂岩气开采（含净化、液化）	新区块开发	其他	/	
134	煤层气开采（含净化、液化）	年生产能力 1 亿立方米及以上；涉及环境敏感区的	其他	/	第三条（一）中的全部区域；第三条（二）中的基本草原、水土流失重点防治区、沙化土地封禁保护区；第三条（三）中的全部区域
四十三、黑色金属矿采选业					
135	黑色金属矿采选（含单独尾矿库）	全部	/	/	
四十四、有色金属矿采选业					
136	有色金属矿采选（含单独尾矿库）	全部	/	/	
四十五、非金属矿采选业					
137	土砂石、石材开采加工	涉及环境敏感区的	其他	/	第三条（一）中的全部区域；第三条（二）中的基本草原、重要水生生物的自然产卵场、索饵场、越冬场和洄游通道、沙化土地封禁保护区、水土流失重点防治区

环评类别 项目类别	报告书	报告表	登记表	本栏目环境 敏感区含义
138	化学矿采选	全部	/	/	
139	采盐	井盐	湖盐、海盐	/	
140	石棉及其他非金属矿采选	全部	/	/	
四十六、水利					
141	水库	库容 1000 万立方米及以上；涉及环境敏感区的	其他	/	第三条（一）中的全部区域；第三条（二）中的重要水生生物的自然产卵场、索饵场、越冬场和洄游通道
142	灌区工程	新建 5 万亩及以上；改造 30 万亩及以上	其他	/	
143	引水工程	跨流域调水；大中型河流引水；小型河流年总引水量占天然年径流量 1/4 及以上；涉及环境敏感区的	其他	/	第三条（一）中的全部区域；第三条（二）中的重要水生生物的自然产卵场、索饵场、越冬场和洄游通道
144	防洪治涝工程	新建大中型	其他（小型沟渠的护坡除外）	/	
145	河湖整治	涉及环境敏感区的	其他		第三条（一）中的全部区域；第三条（二）中的重要湿地、野生动物重要栖息地、重点保护野生植物生长繁殖地、重要水生生物的自然产卵场、索饵场、越冬场和洄游通道；第三条（三）中的文物保护单位
146	地下水开采	日取水量 1 万立方米及以上；涉及环境敏感区的	其他	/	第三条（一）中的全部区域；第三条（二）中的重要湿地
四十七、农业、林业、渔业					
147	农业垦殖	/	涉及环境敏感区的	其他	第三条（一）中的全部区域；第三条（二）中的基本草原、重要湿地、水土流失重点防治区
148	农产品基地项目（含药材基地）	/	涉及环境敏感区的	其他	第三条（一）中的全部区域；第三条（二）中的基本草原、重要湿地、水土流失重点防治区

项目类别 \ 环评类别		报告书	报告表	登记表	本栏目环境敏感区含义
149	经济林基地项目	/	原料林基地	其他	
150	淡水养殖	/	网箱、围网等投饵养殖；涉及环境敏感区的	其他	第三条（一）中的全部区域
151	海水养殖	/	用海面积 300 亩及以上；涉及环境敏感区的	其他	第三条（一）中的自然保护区、海洋特别保护区；第三条（二）中的重要湿地、野生动物重要栖息地、重点保护野生植物生长繁殖地、重要水生生物的自然产卵场、索饵场、天然渔场、封闭及半封闭海域
四十八、海洋工程					
152	海洋人工鱼礁工程	/	固体物质投放量 5000 立方米及以上；涉及环境敏感区的	其他	第三条（一）中的自然保护区、海洋特别保护区；第三条（二）中的野生动物重要栖息地、重点保护野生植物生长繁殖地、重要水生生物的自然产卵场、索饵场、天然渔场、封闭及半封闭海域
153	围填海工程及海上堤坝工程	围填海工程；长度 0.5 公里及以上的海上堤坝工程；涉及环境敏感区的	其他	/	第三条（一）中的自然保护区、海洋特别保护区；第三条（二）中的重要湿地、野生动物重要栖息地、重点保护野生植物生长繁殖地、重要水生生物的自然产卵场、索饵场、天然渔场、封闭及半封闭海域
154	海上和海底物资储藏设施工程	全部	/	/	
155	跨海桥梁工程	全部	/	/	
156	海底隧道、管道、电（光）缆工程	长度 1.0 公里及以上的	其他	/	
四十九、交通运输业、管道运输业和仓储业					

项目类别	环评类别	报告书	报告表	登记表	本栏目环境敏感区含义
157	等级公路（不含维护，不含改扩建四级公路）	新建30公里以上的三级及以上等级公路；新建涉及环境敏感区的1公里及以上的隧道；新建涉及环境敏感区的主桥长度1公里及以上的桥梁	其他（配套设施、不涉及环境敏感区的四级公路）	配套设施、不涉及环境敏感区的四级公路	第三条（一）中的全部区域；第三条（二）中的全部区域；第三条（三）中的全部区域
158	新建、增建铁路	新建、增建铁路（30公里及以下铁路联络线和30公里及以下铁路专用线除外）；涉及环境敏感区的	30公里及以下铁路联络线和30公里及以下铁路专用线	/	第三条（一）中的全部区域；第三条（二）中的全部区域；第三条（三）中的全部区域
159	改建铁路	200公里及以上的电气化改造（线路和站场不发生调整的除外）	其他	/	
160	铁路枢纽	大型枢纽	其他	/	
161	机场	新建；迁建；飞行区扩建	其他	/	
162	导航台站、供油工程、维修保障等配套工程	/	供油工程；涉及环境敏感区的	其他	第三条（三）中的以居住、医疗卫生、文化教育、科研、行政办公等为主要功能的区域
163	油气、液体化工码头	新建；扩建	其他	/	
164	干散货（含煤炭、矿石）、件杂、多用途、通用码头	单个泊位1000吨级及以上的内河港口；单个泊位1万吨级及以上的沿海港口；涉及环境敏感区的	其他	/	第三条（一）中的全部区域；第三条（二）中的重要水生生物的自然产卵场、索饵场、越冬场和洄游通道、天然渔场
165	集装箱专用码头	单个泊位3000吨级及以上的内河港口；单个泊位3万吨级及以上的海港；涉及危险品、化学品的；涉及环境敏感区的	其他	/	第三条（一）中的全部区域；第三条（二）中的重要水生生物的自然产卵场、索饵场、越冬场和洄游通道、天然渔场
166	滚装、客运、工作船、游艇码头	涉及环境敏感区的	其他	/	第三条（一）中的全部区域；第三条（二）中的重要水生生物的自然产卵场、索饵场、越冬场和洄游通道、天然渔场

项目类别 \ 环评类别		报告书	报告表	登记表	本栏目环境敏感区含义
167	铁路轮渡码头	涉及环境敏感区的	其他	/	第三条（一）中的全部区域；第三条（二）中的重要水生生物的自然产卵场、索饵场、越冬场和洄游通道、天然渔场
168	航道工程、水运辅助工程	航道工程；涉及环境敏感区的防波堤、船闸、通航建筑物	其他		第三条（一）中的全部区域；第三条（二）中的重要水生生物的自然产卵场、索饵场、越冬场和洄游通道、天然渔场
169	航电枢纽工程	全部	/	/	
170	中心渔港码头	涉及环境敏感区的	其他	/	第三条（一）中的全部区域；第三条（二）中的重要水生生物的自然产卵场、索饵场、越冬场和洄游通道、天然渔场
171	城市轨道交通	全部	/	/	
172	城市道路（不含维护，不含支路）	/	新建快速路、干道	其他	
173	城市桥梁、隧道（不含人行天桥、人行地道）	/	全部	/	
174	长途客运站	/	新建	其他	
175	城镇管网及管廊建设（不含1.6兆帕及以下的天然气管道）	/	新建	其他	
176	石油、天然气、页岩气、成品油管线（不含城市天然气管线）	200公里及以上；涉及环境敏感区的	其他	/	第三条（一）中的全部区域；第三条（二）中的基本农田保护区、地质公园、重要湿地、天然林；第三条（三）中的全部区域
177	化学品输送管线	全部	/	/	
178	油库（不含加油站的油库）	总容量20万立方米及以上；地下洞库	其他	/	

续表

项目类别 \ 环评类别	报告书	报告表	登记表	本栏目环境敏感区含义
179 气库（含 LNG 库，不含加气站的气库）	地下气库	其他	/	
180 仓储（不含油库、气库、煤炭储存）	/	有毒、有害及危险品的仓储、物流配送项目	其他	
五十、核与辐射				
181 输变电工程	500 千伏及以上；涉及环境敏感区的 330 千伏及以上	其他（100 千伏以下除外）	/	第三条（一）中的全部区域；第三条（三）中的以居住、医疗卫生、文化教育、科研、行政办公等为主要功能的区域
182 广播电台、差转台	中波 50 千瓦及以上；短波 100 千瓦及以上；涉及环境敏感区的	其他	/	第三条（三）中的以居住、医疗卫生、文化教育、科研、行政办公等为主要功能的区域
183 电视塔台	涉及环境敏感区的 100 千瓦及以上的	其他	/	第三条（三）中的以居住、医疗卫生、文化教育、科研、行政办公等为主要功能的区域
184 卫星地球上行站	涉及环境敏感区的	其他	/	第三条（三）中的以居住、医疗卫生、文化教育、科研、行政办公等为主要功能的区域
185 雷达	涉及环境敏感区的	其他	/	第三条（三）中的以居住、医疗卫生、文化教育、科研、行政办公等为主要功能的区域
186 无线通讯	/	/	全部	
187 核动力厂（核电厂、核热电厂、核供汽供热厂等）；反应堆（研究堆、实验堆、临界装置等）；核燃料生产、加工、贮存、后处理；放射性废物贮存、处理或处置；上述项目的退役。放射性污染治理项目	新建、扩建（独立的放射性废物贮存设施除外）	主生产工艺或安全重要构筑物的重大变更，但源项不显著增加；次临界装置的新建、扩建；独立的放射性废物贮存设施	核设施控制区范围内新增的不带放射性的实验室、试验装置、维修车间、仓库、办公设施等	

项目类别＼环评类别	报告书	报告表	登记表	本栏目环境敏感区含义
188　铀矿开采、冶炼	新建、扩建及退役	其他	／	
189　铀矿地质勘探、退役治理	／	全部	／	
190　伴生放射性矿产资源的采选、冶炼及废渣再利用	新建、扩建	其他	／	
191　核技术利用建设项目（不含在已许可场所增加不超出已许可活动种类和不高于已许可范围等级的核素或射线装置）	生产放射性同位素的（制备 PET 用放射性药物的除外）；使用 I 类放射源的（医疗使用的除外）；销售（含建造）、使用 I 类射线装置的；甲级非密封放射性物质工作场所	制备 PET 用放射性药物的；医疗使用I类放射源的；使用II类、III类放射源的；生产、使用II类射线装置的；乙、丙级非密封放射性物质工作场所（医疗机构使用植入治疗用放射性粒子源的除外）；在野外进行放射性同位素示踪试验的	销售 I 类、II类、III类、IV类、V 类放射源的；使用 IV 类、V 类放射源的；医疗机构使用植入治疗用放射性粒子源的；销售非密封放射性物质的；销售 II 类射线装置的；生产、销售、使用 III 类射线装置的	
192　核技术利用项目退役	生产放射性同位素的（制备 PET 用放射性药物的除外）；甲级非密封放射性物质工作场所	制备 PET 用放射性药物的；乙级非密封放射性物质工作场所；水井式 γ 辐照装置；除水井式 γ 辐照装置外其他使用 I 类、II类、III类放射源场所存在污染的；使用 I 类、II类射线装置存在污染的	丙级非密封放射性物质工作场所；除水井式 γ 辐照装置外其他使用 I 类、II类、III类放射源场所不存在污染的	

注　1. 名录中涉及规模的，均指新增规模。

　　2. 单纯混合为不发生化学反应的物理混合过程；分装指由大包装变为小包装。

附录 2　环境影响评价软件工具

一、地下水软件

地下水预测软件 Aquaveo GMS v7.1.9 英文版（带 crack）。

二、地面水软件

地面水环评助手 EIAW。

三、大气软件

（1）Screen3Model2. 3 大气估算模式界面程序。

（2）三捷公司 SCREEN3 试用版破解补丁。

（3）大气环境影响评价系统 AERMODsystem 简单案例。

（4）Screen3 简单批量计算软件。

（5）EIAProA2008。

（6）CALPUFFSystem 模拟二次 PM2.5 案例说明。

（7）新版估算模型 AERSCREEN 及其应用手册。

四、噪声软件

（1）噪声预测软件 EIAN20。

（2）Cadna/A 室外环境噪声模拟软件试用版。

（3）EIAN20 教程。

（4）Cadna 噪声预测教程。

五、风险软件

大气和风险环评中用到的模型分析。

六、图形软件

（1）生态类项目制图软件 Arcgis10.1。

（2）Arcgis10.1 汉化包编写完成。

（3）Google 地图绘制地形图。

（4）CAD 转 JPG 图片以及 PDF 的小软件。

（5）利用 Digitalglobe 获取最新高清晰卫星图像的办法。

（6）Google 地球，看现场必备技巧。

（7）高德地图在线获取经纬度。

（8）Googleearth 批量投影程序。

（9）Surfer 绘图。

七、环评工具

（1）环评工具箱。

（2）环评工具箱 2011 版。

（3）化粪池和污泥产生量计算。

（4）环境影响评估常用计算软件。

八、手机 APP

（1）环评工具 APP。
（2）安卓版项目环评咨询费计算。
（3）移动版 SCREEN3。
（4）环评云助手 APP。

九、环评互联网九大环评应用平台

环境影响评价 GIS 服务平台、基于 GIS 平台 AERMOD 在线计算服务、AerSurface 地表参数在线服务、环境质量模型基础气象服务、环评法律法规与标准导则数据、环境影响评价专业术语数据库、环评审批项目进度查询、环境影响评价全文检索系统、环境影响评价公示平台。

十、智能环评管家

清远环评项目管理系统、环评项目管理系统——系统演示。

附录 3　部分行业环境保护设施及投资概算

一、建设项目环境保护设计规定

建设项目环境保护设计规定〔（87）国环字第 002 号〕中，第七章　第六十二条环境保护设施按下列原则划分。

（1）凡属污染治理和保护环境所需的装置、设备、监测手段和工程设施等均属环境保护设施。

（2）生产需要又为环境保护服务的设施。

（3）外排废弃物的运载设施，回收及综合利用设施，堆存场地的建设和征地费用列入生产投资；但为了保护环境所采取的防粉尘飞扬、防渗漏措施以及绿化设施所需的资金属环境保护投资。

（4）凡有环境保护设施的建设项目均应列出环境保护设施的投资概算。

二、环发〔2000〕38 号《建设项目环境保护设施竣工验收监测技术要求（试行）》

此要求中对环境保护设施有以下叙述。

（1）建设项目为自身污染物达标排放或满足污染物总量控制的要求而必须采取的治理措施。主要包括以下方面的设施、装置、设备。

①专用于环境、生态保护和污染防治。

②既是生产工艺中的一个环节，同时又具有环境保护功能。

③用于污染物回收与综合利用。

④为建设项目环境保护监测工作配套。

⑤用于防止潜在突发性污染事故。

（2）建设项目为维护其影响的生态环境而必须采取的环境保护工程措施包括：生态恢复工程、绿化工程、边坡防护工程等。

（3）建设项目为满足环境影响评价中提出对原有污染物一并治理的要求以及为新建项目污染物排放总量控制要求而承担的区域环境污染综合整治和区域污染物排放削减中的污染治理工作而建设的污染治理设施。

三、钢铁行业

参见《钢铁工业环境保护设计规范》（GB 50406—2017）附录 A 钢铁工业各生产工序的环境保护设施内容。

四、火力发电厂

DLGJ 102—1991《火力发电厂环境保护设计规定》中，第六章环境保护设施与投资估算内容如下。

（1）火电厂环境保护设施应包括：除尘器设备；脱硫设备；为减少氮氧化物排放而增加的设施；烟囱；灰场的防干灰飞扬和灰水渗漏设施；废水和污水处理系统；灰水回收系统；消声器；绿化设施；火电厂环境监测系统设施及环境监测站。

（2）火电厂与环境保护有关的设施宜包括：除灰系统（含厂外灰管、支架）；灰场（按本期建设容积计）；灰渣综合利用。

（3）火电厂环境保护投资估算应包括下列费用：环境保护设施费（与环境保护有关的设施费应单独核算）；环境评价测试、试验和监测费；环境保护设施竣工验收测试费。

（4）环境影响评价报告书中的环境保护投资估算数字，应由承担项目可行性研究的单位负责提出。

五、石油化工行业

SH/T 3024—2017《石油化工企业环境保护设计规范》中，对环境保护投资的规定如下。

（1）石油化工项目中为防治污染，保护环境所设的装置、设备和设施，其投资应全部计入环境保护投资。

（2）生产需要又为环境保护服务的设施，其投资应部分计入环境保护投资。某些特殊的环境设施，其投资可按实际投资计入。

（3）项目的环保投资，应列出汇总表，其内容包括环境保护项目名称、规模、投资额，且按废水、废气、固体废物、噪声防治、风险防控、监测等项分别列出，并算出环境保护投资占建设投资的百分数。

六、煤炭行业

《煤炭工业环境保护设计规范及条文说明》中，第10.8条规定环境保护投资按下列原则划分。

（1）凡属于污染治理和保护环境所需的装置、设备、监测手段和工程设施等投资均属于环境保护投资。

（2）凡矿井（厂）移交生产所必须具备的各项环境工程及设施所需投资，应列入基建投资。

第10.9条规定，各种生产工艺中排放烟尘的烟囱建设投资，不论烟囱高度是否由于保护大气环境质量的要求而增高，均不计入环保投资。

随生产设备和装置配套供应，并且未单列价格的除尘、降噪等设施的投资不列入环保投资。

此外，第10.10条规定，绿化投资一般包括以下各项：树苗购置费、施工运杂费、设备购置费、其他及未预计费用。

七、水电水利工程

DL/T 5402—2007《水电水利工程环境保护设计规范》中，第18条、第19条规定如下。

1. 环境保护措施实施

（1）环境保护措施实施应遵循与主体工程同时设计、同时施工、同时运行的原则。

（2）环境保护措施实施项目应按枢纽工程和移民安置进行划分，分项列出环境保护措施工程量。

（3）环境保护措施实施进度应根据工程建设进度和环境保护措施要求制定，提出实施进度计划。

2. 环境保护投资

（1）环境保护投资一般规定。

①为减轻或消除工程对环境的不利影响所采取的各项保护工程和措施，其投资均属工程环境保护投资。

②工程环境保护投资包括枢纽建筑物工程中具有环境保护功能的工程投资、建设征地移民安置补偿费用中具有环境保护功能的工程投资和环境保护专项投资三部分。

③环境保护专项投资划分为枢纽建筑物环境保护专项投资、建设征地移民安置环境保护专项投资、独立费用和基本预备费四部分。

其中，环境保护专项投资项目包括水环境保护工程、大气环境保护工程、声环境保护工程、固体废物处置工程、陆生生态保护工程、水生生态保护工程、水土保持工程、地质环境保护工程、土壤环境保护工程、人群健康保护、景观及文物保护、环境影响补偿措施、环境监测以及其他项目等；独立费用包括项目建设管理费、科研勘察设计费和其他税费等三项；基本预备费指为解决在工程建设过程中经主管部门批准的环境保护设计变更和受国家政策性变动影响增加的投资，以及为解决意外事故而采取的环境保护措施所增加的工程项目和费用。

（2）投资编制原则及方法。

①环境保护投资编制成果的主要内容应包括编制说明、环境保护投资汇总表、各部分投资计算表、分年度投资表等。

②工程环境保护投资，应根据工程环境保护设计确定的工程和措施项目，按照《水电工程设计概算编制办法及计算标准》、相关定额和标准用以下原则进行编制，具体编制细则另行制定。

a. 枢纽建筑物工程和建设征地移民安置补偿费用中具有环境保护功能的工程投资，应根据具有环境保护功能设施的范围界定，经分析后将相应项目投资列入工程环境保护投资。

b. 环境保护专项投资编制所采用的价格水平年应与工程总概算价格水平年一致。

c. 基础价格包括人工预算单价，主要材料预算价格，施工用风、水、电、砂石料、混凝土材料单价和施工机械台时费等，应与枢纽建筑物工程和建设征地移民安置补偿费用编制所采用的基础价格相统一。

d. 环境保护专项投资应按工程量乘工程单价的方式进行编制。工程项目和工程量应根据工程环境保护设计确定；工程单价应根据工程实际情况及有关设计资料，以《水电工程设计概算编制办法及计算标准》及相关定额为主要依据和标准进行编制，相关标准和定额未作规定的，可根据工程所在地区造价指标或有关实际资料，采用单位造价指标编制。

e. 涉及运行费用的项目，其建设期内的运行费用计入工程环境保护投资，运行期内的运行费用不计入工程环境保护投资，应在电站发电成本中列支。

f. 独立费用应按相关规定的项目及标准进行编制。

g. 基本预备费应根据工程环境保护问题的复杂程度确定。

h. 分年度投资应根据环境保护工程和措施实施进度进行编制。凡有工程量和工程单价的项目，应按分年度完成工程量进行计算；没有工程量和工程单价的项目，应根据该项目各年度完成的工作量比例计算。

i. 环境保护投资涉及上、下游梯级项目，应按造成不利影响的程度进行分摊。

附录 4 环境影响技术复核资料清单（2013-3-13）

一、大气环境影响技术复核资料清单（电子文件）

（一）基本图件

提供预测区域背景图（标明关心位置和名称、厂址位置、厂界线、比例尺、指北针等）、厂区平面图（标明大气污染源的位置、大气污染源名称、厂界线、比例尺、指北针等）。

（二）原始气象文件

提供逐日地面观测数据（Txt、Word、Excel 格式），说明气象数据来源、气象站经纬度坐标及气象数据插值方法。

提供探空气象数据，说明探空站经纬度坐标、数据来源。

（三）原始地形文件

选用 AERMOD、ADMS 预测复杂地形项目，需提供预测所用的原始地形高程文件，说明数据来源和数据分辨率。

选用 CALPUFF，需提供原始地形高程文件和土地利用类型文件，说明数据来源和数据分辨率。

（四）污染源数据文件

提供不同预测方案污染源的排放参数表，包括污染源坐标、污染物排放量、烟气排放参数等。污染源数据文件格式应符合《环境影响评价技术导则　大气环境》（HJ 2.2—2008）中附录 C 规范要求。

（五）坐标投影数据

提供关心点名称及预测坐标，选用相对坐标系的需说明原点（0，0）与经纬度或 UTM 坐标系的换算关系。

（六）模型输入及输出文件

提供与模型预测相关的气象输入文件、地形输入文件、程序主控文件、预测浓度输出文件等。

（1）选用 AERMOD 需提供：.inp、.sfc、.pfl 等格式文件。

（2）选用 ADMS 需提供：.upl、.met、.ter 等文件。

（3）选用 CALPUFF 需提供：.inp、.dat 等文件。

（4）选用 AERMOD、ADMS、CALPUFF 商业软件进行预测的项目，除提供上述（1）~（3）对应的文件外，还需提供商业软件的预测相关控制文件，并说明预测模型和商业软件的版本号。

二、机场行业噪声环境影响技术复核资料清单（电子文件）

（一）工程文件

机场可行性研究飞行程序设计报告、可研报告或预可研报告、环境影响报告书。

（二）基本图件

提供工程所在区域带有等高线的行政区图、机场总平面布置图、各跑道飞行程序图、城市规划图、重大敏感项目需提供影像图。

（三）坐标投影数据

提供敏感点名称及预测坐标，选用相对坐标系的需说明原点（0，0）与经纬度或 UTM 坐标系的换算关系。

（四）污染源数据文件

重点应对 INM 软件噪声源强数据库中不包含的机型的噪声源强给予说明。

（五）预测软件

提供环境噪声影响预测计算原始文件。选用 INM 等软件计算时需提供计算输入及输出文件，具体内容如下。

（1）机场坐标原点的经纬度及高度（附表 4-1）。

附表 4-1　机场坐标原点的经纬度及高度

纬度		经度		高度（m）	

（2）机场气象参数（附表 4-2）。

附表 4-2　机场气象参数

温度		压力（mmHg）		风速（km/h）	

（3）各跑道端数据（附表 4-3）。

附表 4-3　跑道端数据一览表

跑道名称	跑道宽度	跑道端名称	跑道端坐标 X（km）	跑道端坐标 Y（km）

（4）飞行航迹数据。提供机型、对应的发动机名称及类型、最大起飞重量、最大着陆重量、最大着陆距离、发动机数目、发动机推力、推力系数类型、进离场时使用的地面航迹、进离场时使用的飞行剖面、各机型使用某一跑道，在某一操作类型（进场、离场）下，使用某一航迹和某一飞行剖面在每天不同时间段的平均起降次数，同时按照附表 4-4、附表 4-5 内容填写相关信息。

附表 4-4　飞行航迹数据一览表

跑道端名称	航迹名称	航段 1	航段 2	航段 3	…

注　航段的航迹根据飞行程序设计报告确定，直线段给出直线飞行的具体距离，转弯段给出转弯角度和半径。

附表 4-5　机型及起降架次一览表

机型	机型比例	日均	APP/DEP	白天	晚上	夜间
			APP			
			DEP			

三、地表水环境影响技术复核资料清单（电子文件）

（一）基本图件

工程平面布置图、工程地理位置图、工程外环境关系图。

（二）水动力模型

（1）地形、岸线资料。计算区域地形数据；模型坐标系统和基面关系说明；计算区域工程前、后岸线数据（含工程区内已有工程，如堤坝、码头和海岛等，以及工程后岸线变化数据）。

（2）边界资料。模型开边界潮位资料。

（3）验证资料。模型全潮期潮位、潮流实测资料。

（4）模型范围、网格尺度。计算区域四的地理坐标范围；模型建立的网格数据。

（5）模型参数。模型计算时间长度、时间步长；模型糙率；涡黏系数。

（6）模型配置文件。除以上资料外，还需提供输入模型计算的各项配置文件，如：地形文件、边界文件、糙率文件、水动力参数配置文件等。

（三）水质模型

排污口坐标/预测点坐标；源强；排污口网格尺度；扩散系数、衰减系数、散热系数；初始条件、边界条件；水质模型参数配置文件。

水质模型主要参数见附表 4-6。

附表 4-6　水质模型主要参数表

参数名称	取值
模拟时段	
时间步长	
扩散参数	
衰减参数	
热平衡参数	
源强	
初始条件	
边界条件	

（四）冲淤模型

模拟方法（数值模拟、经验公式）；悬沙监测资料；底质监测资料；淤积、冲刷切应力；初始条件、边界条件；冲淤模型参数配置文件。冲淤模型主要参数见附表 4-7。

附表 4-7　泥沙模型主要参数表

参数名称	取值
模拟时段	
时间步长	
沉降速度	
初始条件	
边界条件	
淤积剪切应力	
冲刷剪切应力	
底床干容重	
底床粗糙高度	

（五）局部冲刷模型

模拟方法有数值模拟和经验公式。

数值模拟主要参数，见附表4-7；经验公式主要参数，见附表4-8。

附表4-8　局部冲刷模型主要参数表

参数名称	取值
桩基处水深	
工程区最大流速	
设计高水位下有效波高	
波浪周期	
波长	
泥沙中值粒径	
泥沙水下休止角	
桩基直径	

（六）溢油模型

溢油点坐标；溢油量（源强），油量溢完时间；溢油释放时刻；时间步长；每步释放油粒子数；溢油风况；油品组分（重油、轻油）。

溢油模型主要参数见附表4-9。

附表4-9　溢油模型主要参数表

参数名称	取值
模拟时段	
时间步长	
源强	
风漂移系数	
热交换参数	
乳化参数	
水平扩散系数 D_L 和 Dr	
界面张力	
油品组分	

附录5　环境影响评价文件编写中常出现的错误

一、常出现的错误

（1）报告中出现与本项目无关的地名、河流名称、道路名称、工程名称、敏感目标名称、原料及产品名称等，特别是利用现有环评报告或类比资料时，未剔除与本项目无关内容。

（2）文字错误；标点符号错误，特别是上下标等；错别字或用词不当，语句不通等。

（3）打印错误，出现空白、乱码等。

（4）装订错误，多页少页，顺序颠倒等。

（5）目录与内容不符，目录页码与内容对不上等。

（6）附件不全，编制依据中，除必要的法律法规、产业政策、技术导则、标准及行业技术规定、规范、可研，其他的各有关部门出具的证明、批文、说明、会议记录、有关数据、材料等项目建设支持性文件均应作为附录装订在报告书后，并在目录后列出。

（7）附图不全，地理位置图、平面布置图、四至图、敏感点分布图、现状监测布置图、水系图、水功能区划图、生产工艺流程图、排污节点图必须有，其他图件视具体项目要求增减，如地形地貌图、水文地质图、特殊保护目标保护范围图、水土侵蚀分布图、有关规划图件、生态有关的植被、土壤、物种等图件，评价图件的绘制按导则要求执行。

（8）制图不规范，缺指北针、风玫瑰、比例尺、图例（一般在右下角）等，或图面不清晰，或比例不合适，不足以说明所应说明的内容；如水系图、水现状监测断面布置图中应有排污口位置、水工建构筑物位置。如果入污水处理厂还应有污水管网走向和污水处理厂位置。

（9）图表编号顺序错误，一般为重复、缺跳、颠倒，或与文字描述不一致等。

（10）排版不规范，字号、字体格式不统一，标题与内容隔页断开，表格隔页断开，表宽不一致，表格设计不合理、内容混乱等。

（11）封皮格式混乱，不居中，名称与书中不一致，报审、报批分不清，日期不符，缺建设单位盖章等。

（12）资质页、签字页缺项，缺各有关人员签名、评价单位、法人盖章等。

（13）报告中出现与本项目无关的编制依据，如将大量无关标准或标准值、产业政策、法律法规、各种规划、技术导则、行业技术规定、规范等罗列，而不管其是否为本项目编制所用依据；所列出的与本项目有关的编制依据错误、遗漏、已过时作废或被替代。

（14）所列章节内容重复或标题与其内容不相符合，有时标题不能概括小节叙述内容，有时与标题无关的内容胡乱堆砌在该小节中。

（15）评价目的不明确，评价原则和技术路线针对性不强，所列目的和原则不能体现项目环境和工程特点，技术路线和方法不能解决本项目可能存在的环境问题。

（16）评价等级判定依据没有列全，等级判定错误；有关污染物排放量依据与工程分析结果不一致，致期估算与最终分析结果未核对。

（17）评价范围划定错误，如水环境评价范围未考虑是否为感潮河段、河网水体流动规律、受纳水体规模，有行业导则的未按其规定执行等；未考虑附近有特殊保护敏感区点。

（18）监测点位、断面未根据项目工程、环境特点，严格按导则、标准规定方法设置。

（19）所识别环境影响因素不全面，与评价内容不相符；或评价专题缺漏、评价重点没抓住等重大失误。

（20）工程分析时项目组成分析不全，评价时段没有涵盖全部过程；污染分析时没有对所有组成和时段分析，因此出现遗漏。

（21）现状、预测评价因子遗漏，项目和环境的特征因子遗漏；环境调查不全面，重要敏感点遗漏。

（22）数据引用前后不一致，特别注意：资源、能源消耗（原材料、水、燃料等）；物料平衡与水平衡；工程分析污染源强；防治措施效率和效果；预测时源强；风险源强和风险物质储量；污染物排放总量；清洁生产中所引用的指标计算数据；公众参与调查表及公示中的有关工程环境影响介绍内容等相关数据的一致性。

（23）类比和引用数据未说明来源，并进行可比性论证。

（24）污染源分析中，对污染物排放缺少分析评价内容，没有达标情况的说明和超标问题的分析和解决方案。

（25）缺少污染防治措施论证内容，只简单罗列措施，没有进行技术、经济可行性、可靠性分析；缺少对依托治理设施的可行性、可靠性分析内容。

（26）未给出有关规划的相关内容简介，并未进行规划符合性论证。

（27）环境概况缺项目本身的地理定位，评价区域的地形、地貌、地质、纳污水体、地下水、土壤、植被等自然环境概况描述内容，评价区域人口与分布、工业与能源、农业与土地利用、文物景观、交通运输、人群健康与疾病等社会环境概况内容，没有给出与评价内容密切相关的环境分析。

（28）环境风险评价中没有在图中标示评价范围内所有敏感目标，风险防范和应急措施不具有针对性和可操作性。

（29）公众参与没有按规定进行公示，或公示信息和图片的媒体不符合要求，或反对人数比例超过5%，或对公众意见没有回应采纳不采纳说明。

（30）清洁生产未按导则要求的"六个方面"进行论述，自编体系和指标进行评价，结果不可信（一般有标准应按标准评估，没有标准的应取同行业统计数据指标进行分析评价）。

（31）预测模式没有根据工程、环境特点及模式应用范围进行选用。

（32）预测、评价内容不全，没有按导则对不同评价等级的要求内容进行预测评价。

（33）现状超标，没有考虑区域削减方案；改扩建工程没有"以新带老"方案；没有为本项目建设腾出足够容量。

（34）没有给出"三同时验收一览表"，包括具体的环保实施方案及投资和进度安排，以方便环保局验收。

（35）结论不明确，出现可能、或者等类似的结论和两可的方案；结论内容过于繁杂，不明了；对关心的环境问题没有给予回答。

二、评价专题工作容易出现的问题

（1）评价专题的设置是否齐全。

（2）各专题的评价方法是否恰当。

（3）环境空气现状监测布点是否兼顾了风向、地形、污染物扩散、环境敏感点等因素。

（4）地表水监测断面的布设是否考虑了拟建项目水环境的影响范围，是否包括了河段下游取水口、排污口，是否考虑了评价河段水环境功能，是否考虑了评价范围内的河流交汇情况，是否考虑了拟建项目排污口，是否考虑了对照断面。

（5）噪声现状监测布点是否考虑了厂界、声环境敏感点、声环境功能区等因素。

（6）各环境要素的监测因子是否齐全，监测周期和监测频率是否符合所确定的评价工作等级的要求，监测方法是否符合国家有关技术规范。

（7）生态环境现状调查是否符合拟建项目特点和当地环境特征。

（8）非污染生态类的环境现状调查是否包括了植物分类、植物区系、植物类型、植物群落、植物生长状况、生物多样性、生产力等内容，样方设置是否符合有关技术规范或要求，涉及水土流失的项目是否包括了水土流失现状和程度的调查。

（9）以水环境评价为重点并可能对水生态环境造成影响的项目，其生态环境现状调查是否包括了浮游动物、浮游植物、潮间带生物、底栖生物、游泳生物、底质等调查内容。

（10）社会环境调查内容是否齐全和有针对性。

（11）环境质量现状评价方法和模式是否恰当。

（12）各评价专题的环境影响预测内容、预测时段、预测方法和预测模式是否符合有关环评技术导则的要求，是否符合拟建项目工程特征和当地环境特征。

（13）凡是涉及环境风险评价内容的项目应审查大纲是否有最大可信事故源项分析、事故原因分析、风险概率分析、火灾爆炸及泄漏的环境影响预测与评价、风险防范及应急反应计划等工作内容。

（14）环境保护和污染防治措施所涉及的内容是否齐全，是否包括技术经济论证内容。

（15）清洁生产评价所采用的评价方法是否适宜，所涉及的内容是否符合拟建项目工程特征。

（16）污染物排放总量控制因子的确定是否正确，总量控制指标确定的方法是否贯彻"一控双达标""以新带老""增产不增污""循环经济""绿色 GDP"等原则。

（17）环境经济损益分析的内容设置及其工作方法是否正确。

（18）公众参与调查拟采用的方法是否合适，《公众参与调查表》的设置是否科学及合理，公众参与调查范围是否适宜，调查表发放的数量是否能够满足工作要求。

三、环境影响报告书容易出现的问题

1. 报告书完成工作情况

（1）报告书是否完成规定的技术内容，有无漏项和缺项。

（2）报告书编制是否采纳国家和地方有关部门要求执行。

2. 报告书编制符合规范的情况

（1）报告书编制格式是否符合国家有关环评技术导则和有关行业技术规范。

（2）报告书的编制是否贯彻了有关地方环境保护行政主管部门对环境影响评价的有关要求和精神。

（3）报告书中的计量单位是否规范化和标准化，单位是否统一。

（4）报告书的附件、图表是否齐全，图件是否标明比例尺、方向标、风玫瑰等，图件是否清晰，表格设计是否合理和清楚。

（5）报告书扉页设计是否符合有关部门的要求，环评编写人员有无上岗证，参加编写和审核人员有没有签名，需要项目负责人到会的项目，确定项目负责人是否可以到现场开评审会。

3. 报告书贯彻有关法律法规情况

（1）报告书是否贯彻了国家和地方有关产业政策和经济发展政策。

（2）报告书是否贯彻了国家和地方省市有关环境保护政策、法规、规划的精神和原则。

（3）报告书是否体现了节约用水、节约用能和采用清洁能源、循环经济、节约土地资源等精神。

（4）报告书是否严格执行了所确定的评价标准。

4. 报告书的技术内容

（1）报告书总论所设置的内容是否合理。

（2）拟建项目概况内容是否齐全，是否简明，是否存在漏项。

（3）工程分析是否符合拟建项目工程特征，是否清晰合理，产污环节是否清楚，源强核算是否准确。

（4）拟建项目所在地区环境和社会概况是否阐述全面，是否与本拟建项目密切相关。

（5）环境现状监测是否完成原定任务，监测结果是否可信。

（6）各环境要素的环境影响预测结果是否正确，预测模式中有关参数的选择是否恰当。

（7）报告书所提出的环境保护措施是否具有可操作性，技术经济论证方法是否可行，结果是否科学和可信。

（8）污染物总量控制因子选择是否正确，所建议的总量控制指标是否合理，是否具有可达性。

（9）环境经济损益分析方法是否得当，分析结论是否合情合理。

（10）清洁生产评价方法是否适宜，是否明确了拟建项目清洁生产的水平，是否总结出了清洁生产方面存在的问题及提出了改进措施和建议。

（11）公众参与调查是否按照预定方案完成，报告书对公众所提出的问题是否作出了采纳与不采纳的回应，公众提出的合理建议报告书有无予以落实。

（12）环境管理和监测制度的制定是否符合拟建项目工程特征和当地环境特征，计划是否周密和可行，监测布点、监测时间和频率、监测因子等是否合理。

（13）报告书的结论和建议是否包括了工程主要污染源及源强、评价区环境质量现状、工程的环境影响、拟建项目清洁生产水平及存在的主要问题、环境经济损益分析、污染物排放总量控制指标及可达性、公众参与等方面的明确结论，是否明确说明了拟建项目与当地环境的相融性，工程规模、总图布置、项目选址是否合理，拟采取的污染控制和环境保护措施是否可行及存在的主要问题，拟建项目是否符合国家和地方省市有关产业政策和环境政策，是否有可操作的合理性建议。

5. 是否按环保部评估中心要求填写了行业环评指标？

截至 2013 年 7 月，评估中心发布的各行业环评指标库模板有火电、造纸、铜冶炼、铁路、水泥、石化、煤炭、煤化工、机场、管道、公路、铬盐、港口码头、钢铁、抽水蓄能、常规电站等 16 个行业环评指标库模板，要求行业环评指标与环评文件一同上报环境管理有关部门。

四、环境影响报告表容易出现的问题

（1）建设项目基本情况是否按照报告表的要求填写齐全，有无漏项，有无错误。

（2）工程内容是否阐述清楚，文字是否简明扼要。

（3）工程规模是否按照主体工程及规模、辅助工程及规模、产品方案及生产规模、原料消耗及储存规模、土地利用规模、用能及规模、给水排水及规模、总图布置及运输规模等有关内容阐述清楚。

（4）与本项目有关的原有污染源情况及主要环境问题是否分析清楚，此处的关键问题是"与本项目有关的"，与本项目无关的污染源不要在此栏中涉及。

（5）自然环境简况是否按照环境影响报告表所要求的项目——阐述清楚，有无漏项，数据和资料是否可信。

（6）社会环境简况是否按照环境影响报告表要求的内容阐述清楚，所说明的问题是否与本拟建项目有内在和外在的联系。

（7）环境质量状况所描述的环境要素是否齐全，监测数据来源是否注明，数据是否真实可信。

（8）主要环境保护目标是否明确，是否符合项目所在地区环境保护规划（区划）要求，是否具有可达性。

（9）评价适用标准中的"环境质量标准"一栏所提出的标准及拟执行的标准级别是否正确。"污染物排放标准"一栏所提出的标准及拟执行的级别是否正确，有无主要标准的摘录；"总量控制指标"一栏所提出的项目是否符合国家和地方省市污染物排放总量控制指标的范畴，有无漏项，指标计算有无错误。

（10）建设项目工程分析有无工艺流程简述，工艺流程图绘制是否规范，主要污染工序是否描述清楚。

（11）"项目主要污染物产生及预计排放情况"一栏的污染源有无编号。污染物名称是否准确和体现拟建工程特征，处理前后的浓度及排放量计算是否正确。"主要生态影响"所述内容是否与本项目有直接的关系，是否说清楚了影响的方式和影响程度。

（12）"环境影响分析"一栏是否包括了建设施工期和营运期两个阶段，是否体现了拟建项目工程特征和项目所在地的环境特征，是否包括了可能影响的全部环境要素和有无漏项，分析结果是否准确和可信。

（13）"建设项目拟采取的防治措施及预期治理效果"一栏的排放源和编号与项目"主要污染物产生及预计排放情况"一栏所述的排放源是否一致，防治措施是否明确及是否具有可

操作性，预期的治理效果能否达标，生态保护措施是否明确和具有可操作性。

（14）结论与建议是否明确和清楚，是否可信，是否贯彻了国家和地方省市有关产业政策、环境政策、环境保护规划等原则和精神；是否明确回应了环评批复各项内容。

（15）报告表的附件是否齐全，计量单位是否规范和表达统一。所附图件绘制是否符合要求（有无比例尺、方向标、风玫瑰）和清晰。特别是支撑性文件要齐全，要有"三同时一览表"。

附录6 规范火电等七个行业建设项目环境影响评价文件审批目录

2015年12月，为进一步规范建设项目环境影响评价文件审批，统一管理尺度，环境保护部组织编制了火电、水电、钢铁、铜铅锌冶炼、石化、制浆造纸、高速公路等七个行业建设项目环境影响评价文件审批原则（试行），具体目录如下。

（1）火电建设项目环境影响评价文件审批原则（试行）。

（2）水电建设项目环境影响评价文件审批原则（试行）。

（3）钢铁建设项目环境影响评价文件审批原则（试行）。

（4）铜铅锌冶炼建设项目环境影响评价文件审批原则（试行）。

（5）石化建设项目环境影响评价文件审批原则（试行）。

（6）制浆造纸建设项目环境影响评价文件审批原则（试行）。

（7）高速公路建设项目环境影响评价文件审批原则（试行）。

附录7 水泥制造等七个行业建设项目环境影响评价文件审批目录

2016年12月，为进一步规范建设项目环境影响评价文件审批，统一管理尺度，环境保护部组织编制了水泥制造、煤炭采选、汽车整车制造、铁路、制药、水利（引调水工程）、航道等七个行业建设项目环境影响评价文件审批原则（试行），具体目录如下。

（1）水泥制造建设项目环境影响评价文件审批原则（试行）。

（2）煤炭采选建设项目环境影响评价文件审批原则（试行）。

（3）汽车整车制造建设项目环境影响评价文件审批原则（试行）。

（4）铁路建设项目环境影响评价文件审批原则（试行）。

（5）制药建设项目环境影响评价文件审批原则（试行）。

（6）水利建设项目（引调水工程）环境影响评价文件审批原则（试行）。

（7）航道建设项目环境影响评价文件审批原则（试行）。